U0244545

高效养猪你问我答

周元军　刘金东　王庆峰　编著

机械工业出版社

本书采取一问一答的形式，以通俗的语言分别就猪的类型与品种、猪的营养需要与饲料、猪场的规划与建设、猪的繁殖与杂交、仔猪的生产、育肥猪的生产、猪病的防治及猪场的经营管理共8个方面266个问题，给读者提供了简明扼要的解答；同时，还配有形象直观的图片，使读者易学易懂。问题的设置，力求实用，配图一目了然，与生产实践紧密结合。

本书可供养猪专业户、猪场及基层畜牧养殖技术人员、兽医工作者使用，也可供农业院校相关专业师生参考。

图书在版编目(CIP)数据

高效养猪你问我答/周元军，刘金东，王庆峰编著. —北京：机械工业出版社，2014.6（2016.7重印）
（高效养殖致富直通车）
ISBN 978-7-111-46787-8

Ⅰ.①高… Ⅱ.①周…②刘…③王… Ⅲ.①养猪学-问题解答
Ⅳ.①S828-44

中国版本图书馆CIP数据核字（2014）第106058号

机械工业出版社(北京市百万庄大街22号 邮政编码100037)
总策划：李俊玲 张敬柱 策划编辑：郎 峰 高 伟
责任编辑：郎 峰 高 伟 周晓伟 版式设计：霍永明
责任校对：郭明磊 责任印制：常天培
北京圣夫亚美印刷有限公司印刷
2016年7月第1版第2次印刷
140mm×203mm ·8印张·225千字
4001—5900册
标准书号：ISBN 978-7-111-46787-8
定价：19.90元

凡购本书，如有缺页、倒页、脱页，由本社发行部调换
电话服务 网络服务
服务咨询热线：010-88361066 机工官网：www.cmpbook.com
读者购书热线：010-68326294 机工官博：weibo.com/cmp1952
010-88379203 金书网：www.golden-book.com

教育服务网：www.cmpedu.com

改革开放以来，我国养殖业发展非常迅速，肉、蛋、奶、鱼等产品产量稳步增加，在提高人民生活水平方面发挥着越来越重要的作用。同时，从事各种养殖业也已成为农民脱贫致富的重要途径。近年来，我国经济的快速发展为养殖业提出了新要求，以市场为导向，从传统的养殖生产经营模式向现代高科技生产经营模式转变，安全、健康、优质、高效和环保已成为养殖业发展的既定方向。

针对我国养殖业发展的迫切需要，机械工业出版社坚持高起点、高质量、高标准的原则，组织全国20多家科研院所的理论水平高、实践经验丰富的专家学者、科研人员及一线技术人员编写了这套“高效养殖致富直通车”丛书，范围涵盖了畜牧、水产及特种经济动物的养殖技术和疾病防治技术等。

丛书应用了大量生产现场图片，形象直观，语言精练、简洁，深入浅出，重点突出，篇幅适中，并面向产业发展需求，密切联系生产实际，吸纳了最新科研成果，使读者能科学、快速地解决养殖过程中遇到的各种难题。丛书表现形式新颖，大部分图书采用双色印刷，设有“提示”“注意”等小栏目，配有一些成功养殖的典型案例，突出实用性、可操作性和指导性。

丛书针对性强，性价比高，易学易用，是广大养殖户和相关技术人员、管理人员不可多得的好参谋、好帮手。

祝大家学用相长，读书愉快！

赵广永

中国农业大学动物科技学院

2014年1月

随着规模化、集约化、工厂化养猪的快速发展，人们对优质、安全猪肉产品的需求也越来越高。为了让广大养猪场（户）能够了解和掌握更新、更实用的养猪技术，以及取得更好的养猪效益，我们编写了《高效养猪你问我答》一书。

全书从猪的类型与品种，猪的营养需要与饲料、猪场的规划与建设、猪的繁殖与杂交、仔猪的生产、育肥猪的生产、猪病的防治及猪场的经营管理等方面，以一事一问、一问一答的形式，阐述了养猪时会遇到的最主要和最常见的问题，并配有图片，内容实用、简明扼要，以促进我国养猪业的快速发展。

需要特别说明的是，本书所用药物及其使用剂量仅供读者参考，不可照搬。在生产实际中，所用药物学名、常用名和实际商品名称有差异，药物浓度也有所不同，建议读者在使用每一种药物之前，参阅厂家提供的产品说明以确认药物用量、用药方法、用药时间及禁忌等。

本书可供养猪专业户、猪场及基层畜牧养殖技术人员、兽医工作者使用，也可供农业院校相关专业师生参考。

限于时间仓促和编者的水平，书中错误和不当之处在所难免，诚望广大读者予以指正。

编　者

2014 年 4 月

目 录

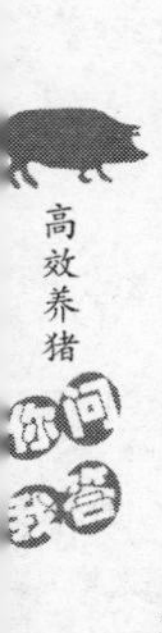

三、猪场的规划与建设

四、猪的繁殖与杂交

五、仔猪的生产

六、育肥猪的生产

七、猪病的防治

目录

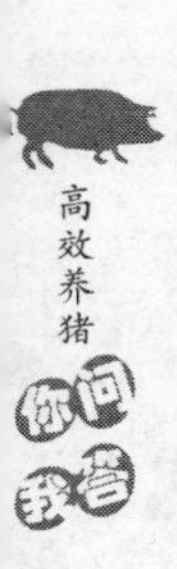
高效养猪
你问我答

八、猪场的经营管理

附录

参考文献

一、猪的类型与品种

1 我国的猪种是怎样分类的?

我国幅员辽阔，猪种资源丰富。根据来源，我国的猪种可分为地方品种、培育品种和引入品种 3 大类型；根据猪胴体瘦肉含量，可分为脂肪性品种、兼用型（脂肉兼用型和肉脂兼用型）品种和瘦肉型品种。多数地方猪种属于脂肪型品种，大部分培育猪种属于兼用型品种，所引入猪种多属于瘦肉型品种。

2 按经济用途可把猪分为几种类型？各有什么特点？

不同猪种的肉脂生产能力和外形特点不同，按胴体的经济用途可把猪分为瘦肉型（腌肉型）、脂肪型和介于二者之间的兼用型 3 个类型。

（1）瘦肉型 该种类型的猪，生产方向以腌肉用为主，胴体瘦肉率达 55% ~65%，脂肪含量为 30% 左右。膘厚 1.5 ~3.5cm，可供以加工成长期保存的肉制品，如腌肉、香肠、火腿等。其外形特点是：前躯轻，后躯重，中躯长，背线与腹线平直，四肢较高，体长大于胸围 15cm 以上。我国近年来引入的各种瘦肉猪良种均属此类型，如杜洛克猪、汉普夏猪、大约克夏猪、长白猪等，如图 1-1 所示。

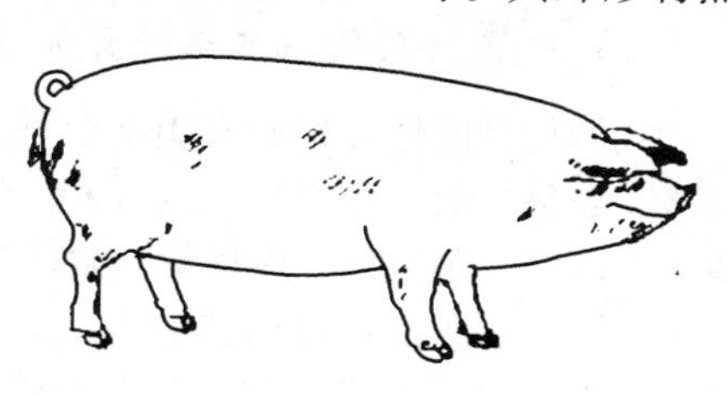

图 1-1 瘦肉型猪

（2）脂肪型　该种类型猪以产脂肪为主，脂肪含量一般占胴体质量的45%以上，膘厚4cm以上。其外形特点是：头颈粗重，体躯宽、深而短，体长与胸围相等或略小于胸围2～5cm，四肢较短。我国大多数地方猪种都属此类型。如太湖猪、民猪、八眉猪、内江猪、荣昌猪、藏猪、金华猪、大花白猪等，如图1-2所示。

图1-2　脂肪型猪

（3）兼用型　该种类型猪以生产鲜肉为主，胴体中的瘦肉和脂肪比例相近，各占45%左右，外形介于脂肪型和瘦肉型之间。在这类猪种中，凡偏向于脂肪型者称为脂肉兼用型，凡偏向于瘦肉型者称为肉脂兼用型。我国大多数的地方培育猪种都属于此类型，如北京黑猪、上海白猪、关中黑猪、汉白猪、哈白猪、沂蒙黑猪等，如图1-3所示。

图1-3　兼用型猪

以上3种类型猪种，在我国都有存在，而脂肪型猪在国外已基本绝迹。猪的经济类型实质上是指生长发育类型，既是可遗传的，又是可塑的，是不同时期消费需求和生产水平的反映。随着市场对瘦肉需求的不断增加，脂肪型猪逐渐向兼用型和瘦肉型转变。

3　我国优良的地方猪种有哪些？

我国优良的地方猪种有100余种，具有突出特点的猪种有东北民猪、香猪、两广小花猪、内江猪、宁乡猪、金华猪、华中两头乌猪、太湖猪、荣昌猪、成华猪、藏猪等。

我国经过改良培育的猪种主要有哈尔滨白猪、上海白猪、新淮猪、三江白猪、北京黑猪、湖北白猪、苏太猪、军牧1号白猪、沂

蒙黑猪等。

4 我国地方猪种有哪些种质特性？

我国地方猪种有很多优良的种质特性，有些特性是我国猪种所特有的，其中最突出的是繁殖力高、肉质好、抗逆性强。

（1）繁殖力高 我国地方猪种性成熟早，排卵数多。据有关资料统计，嘉兴黑猪、二花脸猪、东北民猪、金华猪、大花白猪、内江猪、姜曲海猪、大围子猪、河套大耳猪这 9 个品种，性成熟时间平均为 130 日龄，初产猪的排卵数平均为 7.21 个，经产猪为 21.58 个。外国猪种性成熟时间一般在 180 日龄以上，排卵数也没有中国猪种多。

我国地方猪种产仔数多，上述 9 个品种初产猪平均产仔 10.54 头，经产猪平均产仔 13.64 头。东北民猪初产猪产仔数达 12.70 头，经产猪产仔数达 15.50 头；太湖猪初产猪产仔数达 13.48 头，经产猪产仔数达 16.65 头。外国繁殖力高的品种如长白猪、大约克夏猪产仔数也只有 10~11 头。产仔数为低遗传力性状，品种选育方法基本无效。因此，我国地方猪种的高繁殖力性状就显得更加重要。养猪技术先进的国家，都竞相引进我国的太湖猪和东北民猪与本国品种杂交，以期利用我国猪种的高产基因。

我国地方猪种与外国猪种比较，还具有乳头数多、发情明显、受孕率高、产后疾患少、护仔能力强、仔猪育成率高等优良繁殖特性（图 1-4）。

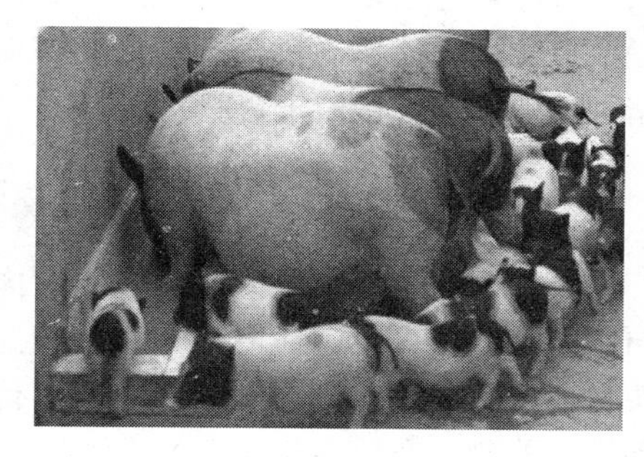

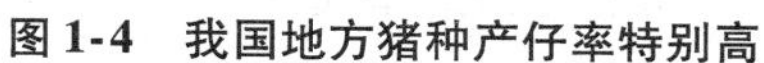

图 1-4 我国地方猪种产仔率特别高

（2）肉质好 我国地方猪种虽然脂肪较多，瘦肉比较少，但是肉质显著优于外国猪种。国外一些高度培育的瘦肉型品种和品系，劣质肉（PSE 肉，即肉色苍白、质地松软、切面渗水）发生率很高，给养猪生产造成了巨大的经济损失，改良

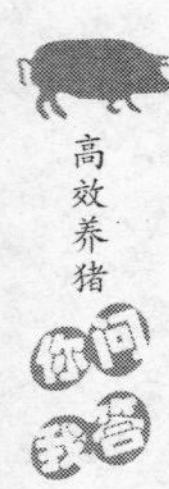

肉质已成为目前猪育种工作的重点。而我国猪肉色鲜红，pH 均属正常，没有 PSE 肉；肌肉嫩而多汁，肌纤维较细，密度较大，肌肉大理石花纹分布适中，肌纤维间充满脂肪颗粒，烹调时产生特殊的香味；食用口感上，产生细嫩多汁和肉味香浓的感觉，色、香、味俱佳。

(3) 抗逆性强 我国地方猪种比任何外国猪种都能更好地适应当地的饲养管理和环境条件，在长期的自然选择和人工选择过程中，地方猪种具有良好的抗寒能力、耐热能力、抗病能力、对低营养的耐受能力、对粗纤维饲料的适应能力及高海拔适应性。用氟烷测验测定猪的应激敏感性，没有发现我国地方猪种出现氟烷阳性的报道；而外国猪种氟烷阳性发生率相当高，如荷兰皮特兰猪 94%、德国皮特兰猪 87%、法国皮特兰猪 31%、丹麦长白猪 7%、英国长白猪 11%、瑞士长白猪 20%、瑞典长白猪 15%、法国长白猪 17%、荷兰长白猪 22%、德国长白猪 68%、比利时长白猪 86%、荷兰约克夏猪 3%、美国汉普夏猪 25%。氟烷阳性猪遇到应激因素的刺激，绝大部分猪会发生应激综合征（PSS），由此带来的损失是巨大的。

我国地方猪种与外国猪种相比，虽然具有一些独特的优点，但缺点也是明显的，如我国猪种的初生重小，平均 700g 左右，因而生长发育起点低，是导致生长慢的因素之一；另外还有肥育猪生长较慢，单位增重消耗饲料较多，瘦肉率低，皮厚等。所以，我国地方猪种一般不宜直接用于育肥。

5 我国引进的优良品种猪主要有哪些？它们有何优点？

近二十年来，我国从国外引入的优良品种猪主要有 4 种，即长白猪、大约克夏猪、杜洛克猪和皮特兰猪。这些猪种具有生长速度快、瘦肉含量高和饲料利用效率高等优点，对加速我国猪种的改良和提高养猪生产效率起到了重要作用。

6 长白猪有什么特性？

长白猪，原产于丹麦的兰德瑞斯，是世界上第一个育成的、分布最广、最著名的瘦肉型品种。它是用丹麦本地猪与英国大约克夏猪杂交，经过长期系统选育形成的，现在分布于世界各地。

该猪种全身被毛为白色，头小清秀，颜面平直，两耳向前平伸略下耷，体躯长，背微弓，腹平直，腿臀肌肉丰满，四肢健壮，整个体形呈前窄后宽的流线型。有效乳头为6～8对，成年母猪体重为300～400kg，成年公猪体重为400～500kg（图1-5和图1-6）。

图1-5　长白公猪

图1-6　长白母猪

在良好的饲养条件下，长白猪生长发育迅速，6月龄猪体重可达90kg以上。体重90kg时屠宰，屠宰率为70%～78%，胴体瘦肉率为55%～64%。母猪性成熟较晚，6月龄达性成熟，10月龄可开始配种。母猪发情周期为21～23天，发情持续期为2～3天，初产母猪窝产仔数达9头以上，经产母猪窝产仔数达12头以上，60日龄窝重150kg以上。

由于长白猪生产性能高，遗传性稳定，一般配合力好，杂交效果显著。所以，在国内各地广泛用作杂交的父本，其杂种表现为生长快、省饲料、胴体瘦肉率高，颇受群众欢迎。

7 大约克夏猪（大白猪）有什么特性？

大约克夏猪，又叫大白猪，原产于英国北部的约克夏郡及其邻近地区，是世界著名的瘦肉型品种。由于该猪种体格大、生长快，已被很多国家引进，并相继育成了不同国家的大约克夏猪品系。目前在我国影响比较大、性能比较好的有从英国引进的英系大约克夏猪、从丹麦引进的丹系大约克夏猪和从加拿大引进的加系大约克夏猪。这些大约克夏猪新品系保持了原大约克夏猪全部的特点。

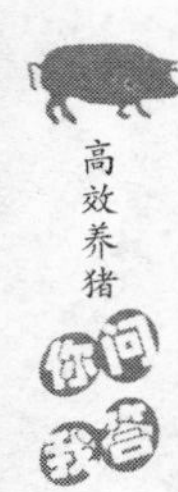

该猪种体格大，体型匀称，全身被毛为白色，头颈较长，颜面微凹，耳薄大、稍向前直立，身腰长，背平直而稍呈弓形，腹平直，胸深广，肋开张，四肢高而强健，肌肉发达。有效乳头为6～7对，成年母猪体重达230～350kg，成年公猪体重达300～500kg（图1-7和图1-8）。

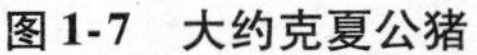

图1-7　大约克夏公猪

图1-8　大约克夏母猪

在良好的饲养条件下，大约克夏猪生长发育迅速，6月龄体重达90kg以上。体重90kg时屠宰，屠宰率为71%～73%，胴体瘦肉率为60%～65%。母猪性成熟较晚，一般6月龄达性成熟，8.5～10月龄可开始配种。母猪发情周期为20～23天，发情持续期为3～4天，适应性强，繁殖力好，初产母猪窝产仔数达9头以上，经产母猪窝产仔数达12头以上。

由于大约克夏猪体质健壮，适应性强，肉的品质好，繁殖性能也不错，因此越来越受到养猪生产者的重视。大约克夏猪不仅可以作为父本与我国的培育猪种、地方猪种杂交，而且既可以作为父本，又可以作为母本与外国猪种杂交。

8 杜洛克猪有什么特性？

杜洛克猪，原产于美国东部，最早为脂肪型猪，后经选育成为瘦肉型猪，也是世界四大著名猪种之一。该猪种以全身红毛色为突出特征，色泽从金黄色到棕红色，色泽深浅不一。在世界上分布较广。最近几年我国引进的杜洛克猪主要有台系杜洛克猪、加系杜洛克猪、丹系杜洛克猪和美系杜洛克猪。

该猪种头小清秀，嘴短直，两耳中等大小、略向前倾，颜面稍凹，体躯瘦长，胸宽而深，背略呈弓形，腿臀部肌肉发达丰满，四肢粗壮结实，蹄呈黑色。成年母猪体重达300～390kg，成年公猪体重达340～450kg（图1-9和图1-10）。

图1-9　杜洛克公猪

图1-10　杜洛克母猪

在良好的饲养条件下，杜洛克猪生长发育迅速，饲料转化率和瘦肉率高，抗逆性较强，容易饲养。但性成熟较晚，繁殖率不高。一般母猪在6～7月龄开始第一次发情，发情周期为21天左右，发情持续期为1～2天。初产母猪窝产仔数为9头左右，经产母猪窝产仔数为10头左右，育肥期日增重950～960g，140日龄猪体重可达95kg，90kg猪屠宰时，屠宰率为71%～73%，胴体瘦肉率为60%～66%。因其繁殖能力不如其他几个国外猪种，故在生产商品猪的杂交中多用作三元杂交的终端父本，或二元杂交的父本。

9 皮特兰猪有什么特性？

皮特兰猪，原产于比利时国家的布拉帮特省，是由法国的贝叶杂交猪与英国的巴克夏猪进行回交，然后再与英国的大约克夏猪杂交育成的。

该猪种毛色呈灰白色，并带有不规则的深黑色斑点，偶尔出现少量棕色毛。头部清秀，颜面平直，嘴大且直，双耳略微向前，体躯呈圆柱形，腹部平行于背部，肩部肌肉丰满，背直而宽大，体长为1.5～1.6m（图1-11和图1-12）。屠宰率为76%，瘦肉率可高达70%。

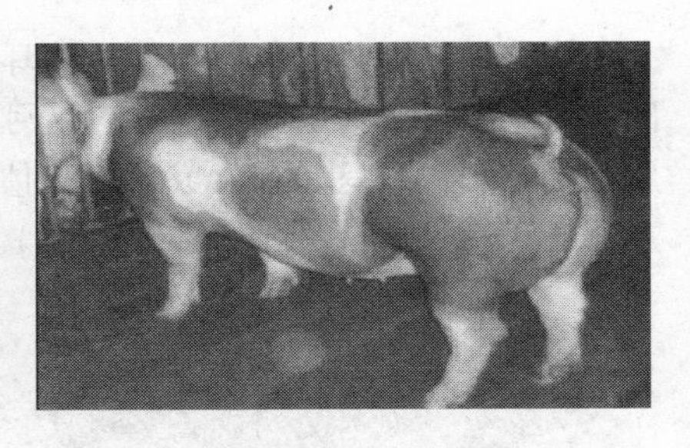

图 1-11　皮特兰公猪

图 1-12　皮特兰母猪

在较好的饲养条件下，皮特兰猪生长迅速，6 月龄猪体重可达 90～100kg，日增重 750g 左右。公猪一旦达到性成熟就有较强的性欲，采精调教一般一次就会成功，射精量为 250～300mL/次，精子数为 3 亿个/mL。母猪的母性不亚于我国地方品种，母猪的初情期一般在 190 日龄，发情周期为 18～21 天，窝产仔数为 10 头左右，窝产活仔数为 9 头左右，仔猪育成率为 92%～98%。

10 农村养猪场（户）饲养什么类型的猪种好？

在目前的社会经济条件下，养猪生产的经济效益主要由猪种、饲料（营养）、管理、防疫、设备和市场等因素来决定，其中猪种是养猪生产的基础，决定着养猪生产的最大潜力。由于我国地方猪种较多，各有其特点，因此在饲养过程中要根据不同的生产目的、地理位置和饲养条件，选择适宜的猪种进行饲养。根据国内外资料和广大养猪场（户）的养猪经验证明，农村养猪场（户）以喂养杂种一代猪最好。因为多数杂种一代猪有明显的杂种优势。该种猪生命力、耐受性及抗病性增强，生长发育快，遗传缺损、致死、半致死率减少，产仔数多而均匀，初生仔猪体重大，成活率高，耐粗饲，增重快，饲料利用率高，易饲养管理，经济效益好。

11 选购种猪有什么标准？

在选购种猪时，要注意以下标准。

1）健康无病：指无外伤、疫病、皮肤病。

2）无遗传疾患：主要指无阴囊疝、脐疝、隐睾、瞎乳头、六趾。

3）符合品种外貌特征：如长白猪具有头型小，耳前倾，被毛为白色，四肢结实等特点；大约克夏猪具有头较大，耳形直立，被毛为白色，四肢结实等特点；杜洛克猪具有头适中，耳形半垂半立，被毛呈红棕色，四肢粗壮等特点；北京花猪具有头适中，耳前倾，被毛为白底黑花，四肢结实等特点；太湖猪具有头大额宽，耳大下垂，被毛为全黑或青灰色，四肢稍高且结实等特点。

4）其他特殊标准：如生殖器官发育正常，公猪睾丸大小整齐、均匀一致；对已经进入繁殖年龄的公猪，要求其精液质量良好；母猪不能有瞎乳头，乳头排列均匀，有6对以上，阴户明显，没有损伤。

12 为什么杜长大三元杂交母猪不宜留种?

目前我国规模猪场常用的三元杂交组合是杜长大，其中杜洛克血缘占50%，主要目的是利用杜洛克猪瘦肉率高、生产快等一系列好的肉用性能。这种组合的母猪其母本性能不突出，明显不及长大或大长二元杂交组合。如果用杜长大三元杂交母猪作为母本还要引进其他父本如皮特兰猪进行杂交等，生产上会增加成本，也会影响商品猪质量的整齐性，不利于企业养猪生产，因此目前情况下，杜长大三元杂交母猪不宜留种。

13 如何选择育肥猪品种?

要想养好育肥猪，提高经济效益，选购育肥的瘦肉型仔猪时要注意以下几方面的问题。

（1）选择优良的瘦肉型杂交猪　对于经济条件好的或实力雄厚的养猪场（户），可利用引进的国外优良瘦肉型品种，即采用杜长大、杜大长等杂交后代的洋三元仔猪进行肥育，或者到一些规模化良种猪场购买三元仔猪育肥（图1-13）。对于经济实力稍差一些的养猪场（户），可利用本地优良母猪与引进的优良瘦肉型猪种进行杂交，即采用长大本、杜大本等杂交后代生产商品猪，称之用土三元或内三元仔猪进行育肥。

杜长大杂交组合猪是利用了三个外来品种的优点，体型好、出肉率高，深受中国港澳市场欢迎。

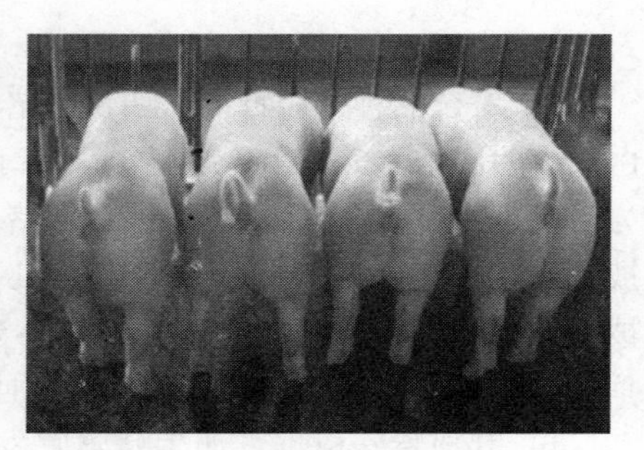

图 1-13　杜长大杂交商品猪

(2) 要看体型外貌特性　一般腰身长、腰细、四肢稍高而粗壮、臀部丰满、毛细、嘴长、耳稍大向前平伸或斜立的仔猪，多属于瘦肉型猪或良种杂交猪。

(3) 挑选健康无病的猪　一般来说，凡眼神好、反应快、被毛发亮、精力旺盛、活泼、常摇头摆尾、叫声清脆的都是健康猪。另外，还可以观察其粪便，健康猪不拉稀，粪成团，无特殊异味。反之，若仔猪精神萎靡不振、毛粗乱、叫声嘶哑、鼻尖发干、拉稀或拉干小球状粪便，身上发红、流鼻涕等，说明该猪有病。

(4) 要挑选同窝猪　若一次购买几头仔猪，最好是挑选同窝猪，因为同窝猪有共同的生活习惯，购入后放在一起好饲养，应激小，不会发生互相殴斗、追咬，生长快。

(5) 就近选购　选购仔猪时最好到附近了解情况的猪场，一是运输方便，二是对猪场防疫及繁殖情况比较了解。要注意避免近交繁殖，更不能用杂种与杂种进行再杂交乱配，否则，猪群的杂种优势就容易保持不住而退化。

14 购进生猪应注意哪些问题？

(1) 进猪前的准备　在进猪前 1 周，对猪舍进行全面清洗、消毒，运猪车在前 3 天清洗消毒，进猪前 2 天对猪舍加温，温度控制在 26 ~ 30℃之间，湿度小于 70%，并准备好相应的猪料、电解多维、小苏打（碳酸氢钠）片、防下痢的药、防感冒的药和应激类药物等物品。

(2) 购前应了解的相关问题　了解购猪当地有无疫病流行、猪场的营运是否正常、有无发病史，购买种猪要查看是否有《种畜禽生产经营许可证》，同时要了解猪的饲养方式，包括是否脱温饲养、饲粮购成及类型、日喂次数、断奶时间、防疫情况等。

（3）索要手续 种猪必须有猪场出具的《种畜禽合格证明》、家畜系谱，当地动物防疫监督机构出具的《检疫合格证明》（有畜禽标志）、《运输车辆消毒证明》、《非疫区证明》；购买商品仔猪只需后 3 个手续即可。必要时也可索要销售发票。

（4）健康猪的判断 如果猪尾巴摇摆自如，精神活泼，拉粪成团、松软适中、尾部无黏液，皮毛红润，无红点、红紫斑，食欲旺盛，肚子饱满，可初步定为健康猪，同群中若发现有 1 头不健康，全群都不能购买。

（5）安全运输 装车前让猪吃饱饮足，途中一般不要补饲，密度不宜过大，运输要平稳，防止颠簸，注意防暑、保暖和通风，尽量缩短运输时间。

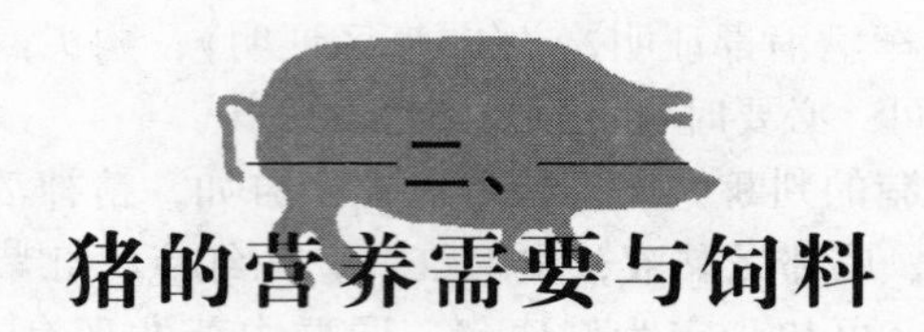

二、猪的营养需要与饲料

15 养猪为什么要讲究营养？

猪在一生中要吃很多的饲料，猪的生长、发育和繁殖，都需要从饲料中获得营养来保证。但不同的品种在不同的阶段及不同经济类型的猪种，所需要的营养各异，按照猪的饲养标准定时、定量喂给饲料，猪只就可以获得最佳的营养效果。如母猪窝产仔数多、仔猪初生重大、小猪生长速度快、日增重高、料肉比理想、肉质好等，这就是养猪讲究营养的目的。

16 猪有什么消化生理特征？

（1）食性杂，饲料来源广泛 猪属单胃杂食动物，能利用的饲料种类较多，对饲料的消化能力很强，既能食用植物性饲料，又能食用动物性饲料和其他饲料，因而可供食用的饲料种类多，来源广泛。但猪也有较强的择食性，能够辨别口味，特别喜爱甜食，仔猪对乳香味饲料也颇有兴趣。

（2）具有较发达的消化系统 猪对饲料的利用率高、消化能力强，食物消化主要依靠化学的消化作用。猪具有发达的门齿，适于切断食物或从地上摄取食物；猪的唾液腺发达，可消化饲料中的一部分淀粉；猪胃腺能分泌盐酸、胃蛋白酶等消化液，对饲料中的蛋白质进行初步消化，同时为胰蛋白酶消化蛋白质创造条件；猪的小肠比较发达，大约为体长的15倍，能很好地消化、吸收饲料中的各种营养物质，满足其机体生长发育的需要。

（3）对粗纤维的消化率低 猪对粗纤维的消化主要是在大肠内，仅靠大肠（盲肠和回肠）中的微生物的分解作用，发酵产生挥发性脂肪酸，但利用率很低。猪日粮中粗纤维含量越高消化率越低。一般仔猪料中粗纤维含量应低于4%，肥育料中粗纤维含量低于7%，种母猪料中粗纤维含量以11%左右为宜（有报道饲料中含16%的粗纤维有利于母猪肠道改善，利于哺乳期母猪多采食，并有防止便秘等功能）。

（4）采食量大，对饲料质量要求较高 猪的消化道容积大，特别是胃的伸缩性较大，能储存大量的食物，每天采食风干饲料可达3~5kg。但猪对饲料质量要求较高，饲料质量好的采食量少，质量差的不仅采食量增多，而且影响猪只生长发育。因此必须给猪饲喂营养全价饲料。

17 常用的饲料是如何分类的？

饲料的种类很多，分类方法也不一样，主要有以下几种。

1）按照饲料的来源，分为植物性饲料、动物性饲料和矿物质饲料。植物性饲料又包括精饲料、粗饲料和青绿饲料。

2）按照饲料特性和营养价值，分为能量饲料、蛋白质饲料、青绿饲料、青贮饲料、矿物质饲料、维生素饲料和饲料添加剂等。

3）按照饲料的配合方式，分为预混料、浓缩料、全价料；

4）按照饲料的使用阶段，分为教槽料、保育料、仔猪料、中猪料、大猪料。

18 饲料中含有哪些营养成分？用于养猪的饲料主要有哪些？

饲料中一般含有蛋白质、脂肪、矿物质、碳水化合物、维生素和水分等机体所需的6大营养成分（图2-1）。用于养猪的饲料主要有以下几种：

（1）蛋白质饲料 指干物质中粗纤维含量在18%以下、粗蛋白质含量在20%以上的一类饲料，主要包括植物性蛋白质饲料、动物性蛋白质饲料、单细胞蛋白质饲料等。如鱼粉、豆粕（饼）、花生饼、血粉、肉粉、酵母、棉籽粕（饼）、菜籽粕（饼）等。

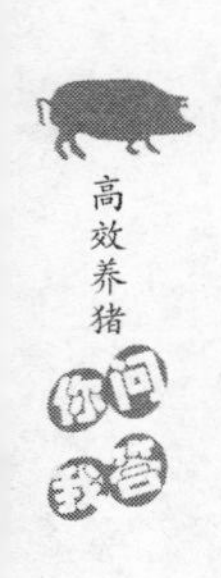

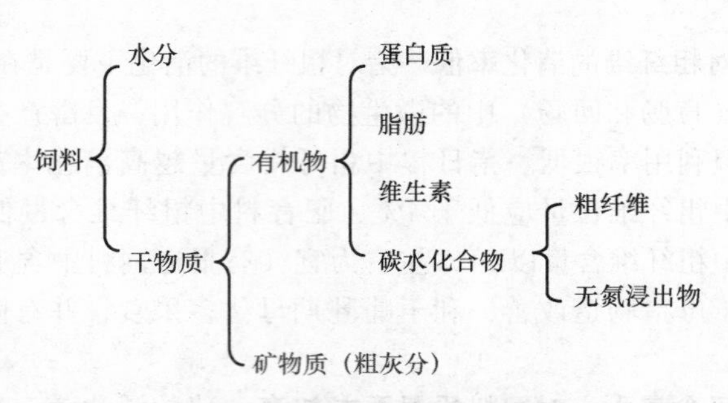

图 2-1　饲料中营养物质组成

（2）能量饲料　指干物质中粗纤维的含量在 18% 以下、粗蛋白质的含量在 20% 以下的一类饲料，主要包括谷实类、糠麸类、淀粉质的根茎瓜果类、油脂、草籽树实类等，如玉米、稻谷、大麦、红薯等。

饲料中的碳水化合物、脂肪和蛋白质都是能量的来源（图 2-2）。

图 2-2　能量的来源

（3）粗饲料　指干物质中粗纤维的含量在 18% 以上的一类饲料，主要包括干草类、秸秆类、农副产品类及干物质中粗纤维含量为 18% 以上的糟渣类、树叶类等。如干草、秕壳、砻糠等。

（4）青绿饲料　指自然水分含量在 60% 以上的一类饲料，包括牧草类、叶菜类、非淀粉质的根茎瓜果类、水草类等，不考虑折干后粗蛋白质及粗纤维含量。如青草、野菜、水生饲料、块根、块茎等。

（5）青贮饲料　用新鲜的天然植物性饲料制成的青贮饲料及加有适量糠麸类或其他添加物的青贮饲料，包括水分含量为 45% ~ 55% 的半干青贮饲料。如青贮玉米秸、青贮花生秧、青贮苜蓿

草等。

（6）矿物质饲料 包括工业合成的或天然的单一矿物质饲料，多种矿物质混合的矿物质饲料，以及加有载体或稀释剂的矿物质添加剂预混料。如食盐、贝壳粉、蛋壳粉、骨粉、石粉等。

（7）维生素饲料 指人工合成或提纯的单一维生素或复合维生素，但不包括某项维生素含量较多的天然饲料。

（8）饲料添加剂 指在饲料生产加工、使用过程中添加的少量或微量物质，在饲料中用量很少但作用显著。一般分为两大类，一类是促进猪只生长发育和繁殖的营养性添加剂，主要有维生素、微量元素、氨基酸等；另一类是用于强化饲养效果，有利于配合饲料生产和储存的非营养性添加剂原料及其配制产品，主要包括促生长剂、驱虫剂、抗氧化剂、防霉剂、黏结剂、着色剂、食欲增进剂及保健与代谢调节药物等。

19 蛋白质对猪有什么作用？

蛋白质是由氨基酸组成的一类化合物，它是构成猪体的组织、器官和进行正常生理活动的最重要的营养物质，是猪体的肌肉、皮肤、神经、脏器、血液、淋巴液、鬃毛、蹄壳、酶、激素、抗体、甚至骨骼的主要构成原料。这些组织、器官都需要不断地增生、修补、替换（如血球的不断生与死、子宫的增大、蹄壳的生长等），母猪的怀胎、授乳，仔猪的生长发育，公猪的配种排精等，都需要大量的蛋白质。

当蛋白质的供给富余，或碳水化合物及脂肪的供应不足时，蛋白质可以代替碳水化合物和脂肪等营养，即把体内多余的部分变成热能，供猪体维持生命和进行生长发育。如果日粮中蛋白质含量太低，不能满足猪的需要时，猪的生长将受限，体重下降，饲料利用率低，繁殖机能紊乱。当然蛋白质饲料喂量也不宜过多，喂量过多不仅造成浪费、不经济，而且猪吸收不了会造成其消化不良和氨中毒等疾病。

20 氨基酸对猪有什么作用？

氨基酸是构成蛋白质的基本单位，饲料中的蛋白质并不能直接

被猪吸收利用，而是在胃蛋白酶和胰蛋白酶的作用下，被分解为氨基酸之后吸收进入血液，运输到全身组织器官参与新陈代谢而发挥作用。

限制性氨基酸直接影响其他氨基酸的利用。只有当日粮中各种氨基酸的组成和比例与猪的需要相吻合时，饲料蛋白质才能最大限度地被猪体利用（图 2-3）。

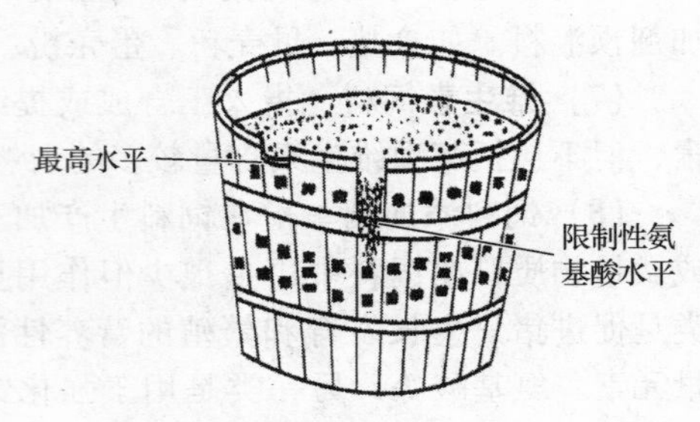

图 2-3　限制性氨基酸的重要性

构成蛋白质的氨基酸有 20 多种，分为必需氨基酸和非必需氨基酸 2 大类。必需氨基酸是指在体内不能合成或合成的速度很慢，不能满足猪的生长和生产需要，必须由饲料供给的氨基酸，是蛋白质营养的核心。猪所需的必需氨基酸有 10 种，即赖氨酸、蛋氨酸、色氨酸、精氨酸、组氨酸、亮氨酸、异亮氨酸、苯丙氨酸、苏氨酸和缬氨酸。其中，赖氨酸、蛋氨酸、色氨酸在猪常用饲料中比较缺乏，不能满足其需要，并成为限制其他氨基酸利用率的因子，又称为限制性氨基酸。特别是目前我国饲料原料组成的日粮中赖氨酸、蛋氨酸 + 胱氨酸、苏氨酸、色氨酸比较缺乏，降低了饲料的利用率和猪只的生产性能，因此，应根据日粮类型在猪饲料中适当添加相应的氨基酸，以提高饲料的利用率。

21 猪常用的蛋白质饲料有哪些？它们有什么特点？

猪常用的蛋白质饲料主要有植物性蛋白质饲料和动物性蛋白质饲料 2 大类。植物性蛋白质饲料是提供猪蛋白质营养最多的饲料，主要有豆类籽实和饼粕类（图 2-4）；动物性蛋白质饲料主要包括血粉、肉骨粉、鱼粉、蚕蛹等。

（1）大豆　大豆含有丰富的蛋白质（35% 左右），与玉米相比，赖氨酸含量高 10 倍、蛋氨酸含量高 2 倍、胱氨酸含量高 3.5 倍、色氨酸含量高 4 倍。但大豆含有抗胰蛋白酶、血细胞凝集素、甲状腺肿诱发因子等有害物质，能降低饲料的转化率，影响饲料的适口性、消化性和一些生理过程，所以，用大豆喂猪时，一定要将其煮熟或炒熟，或经过110℃至少3min的加热处理后再饲喂。

在植物性蛋白质饲料中，豆类籽实和饼粕类饲料最为常用，且蛋白质含量丰富

图2-4　豆类籽实、饼粕类饲料

（2）豆饼　豆饼粗蛋白质含量较高，平均达43%，且赖氨酸、色氨酸、胱氨酸含量比大豆高15%以上，各种氨基酸极为平衡，是目前使用最广泛、饲用价值最高的植物性蛋白质饲料。其缺点是：蛋氨酸含量偏低，含胡萝卜素、维生素 B_1 和维生素 B_2 较低。在配制日粮时，添加少量动物性蛋白质饲料，如鱼粉，即可达到蛋白质的互补作用。但在生榨豆饼中同样含有抗胰蛋白酶、血细胞凝集素、甲状腺肿诱发因子等有害物质，使用时一定要加热处理，破坏这些不良因子，以提高蛋白质利用率。豆饼的饲喂量一般以占日粮的10%～20%为宜。

（3）花生饼　花生饼含蛋白质40%左右，大部分氨基酸基本平衡，适口性好，无毒性。但脂肪含量高，不易储存，易产生黄曲霉毒素，限制了其在猪饲料中的使用量，一般多与豆饼合并使用。

（4）棉籽饼　棉籽饼含蛋白质34%左右，品质也很好，但由于游离棉酚的存在，适口性较差，喂猪后易发生累积性中毒，加之粗纤维含量高，因而在猪饲料中要限制其使用量。一般须经过蒸煮去毒后饲喂，但喂量不要超过饲料的10%；如未经脱毒处理，不要超过3%。

（5）菜籽饼　菜籽饼含蛋白质36%左右，可代替部分豆饼喂猪。由于含有毒物质芥子苷，喂前宜采取脱毒措施。未经脱毒处理的菜籽饼要严格控制喂量，在饲料中一般不宜超过8%，妊娠后期母猪和泌乳母猪不宜饲用。

（6）鱼粉 鱼粉蛋白质含量一般在50%以上，品质好。对于养猪而言，其氨基酸组成是接近平衡的，因而利用率高，是养猪理想的蛋白质饲料。优质进口鱼粉蛋白质含量在65%以上，赖氨酸含量在3.5%～6.5%之间，蛋氨酸含量在1.6%以上，矿物质钙、磷含量较高，所有的磷都是可利用磷（有效磷）。不含粗纤维，维生素、矿物质含量丰富。据分析，每千克秘鲁鱼粉含维生素 B_2 7.1mg、维生素 B_5 9.5mg、维生素 H 390mg、维生素 B_{11} 0.22mg、维生素 B_4 3978mg、维生素 B_3 68.8mg、维生素 B_{12} 110m，另外还富含不知道的促成长因子。在猪日粮中添加5%～8%的鱼粉，能明显促进其生长，提高饲料转化率。其缺点：鱼粉内含水量较高的脂肪高，储存过久易发生氧化酸败，影响适口性，乳猪使用后可出现下痢。次鱼粉含盐量过高会引起食盐中毒。

（7）血粉 血粉的粗蛋白含量可达80%～90%，高于鱼粉和肉粉。血粉中赖氨酸、亮氨酸、缬氨酸、组氨酸、苯丙氨酸及色氨酸的含量都很丰富。其中赖氨酸的含量居所有天然饲料之首，为7%～8%，比常用鱼粉中的含量还高。相对而言，精氨酸、蛋氨酸、胱氨酸的含量很低，异亮氨酸的含量很少，几乎为零。另外，血粉中还含有多种微量元素，如钠、钴、锰、铜、磷、铁、钙、锌、硒等，其中含铁量是所有饲料中最丰富的。血粉还含有可帮助消化的多种酶类和维生素A、B_2、B_6、C等，但与其他动物性蛋白质饲料相比，维生素 B_{12} 和维生素 B_2 的含量较低，如维生素 B_2 含量仅为115mg/kg左右。其缺点是：血粉中钙、磷含量很低，氨基酸组成平衡性差，并因加工方法的不同，其营养成分、适口性和可消化性都有较大的差异。

（8）肉骨粉 是指利用动物屠宰后的下脚料及肉品加工厂的残余碎肉、内脏连同骨骼等，经过加工处理后制成的饲料。一般蛋白质含量为30%～50%，磷为2.5%～7.5%，钙为6%～18%，粗脂肪为6%～12%，粗纤维为2.5%～3.5%，蛋氨酸为0.6%～0.8%，赖氨酸为1.5%～2.6%。其缺点是：肉骨粉的品质稳定性差，蛋氨酸和色氨酸的含量较低，饲养价值比不上鱼粉与豆饼，用量限制在5%以下为宜，并需补充所缺乏的氨基酸，还应注意钙、磷平衡。一般多用于肉猪、种猪的饲料中，不宜用于仔猪饲料中。

22 用豆饼喂猪时应注意哪些问题?

（1）饲喂量不宜过多 豆饼中含有一些有害物质，如抗胰蛋白酶、皂素、血细胞凝集素等，会影响蛋白质的吸收，喂多了容易引起猪拉稀，一般以占猪日粮的10% ~20%为宜。

（2）配合其他饲料应用 豆饼中蛋氨酸的含量较低，应用时如与鱼粉、苜蓿草粉合用效果更佳。

（3）煮熟或炒熟后应用 生豆饼，特别是豆粕中含有一些不良物质，会影响适口性、蛋白质的消化率及猪的一些生理过程。加热处理后可除去有害物质，一般以加热到100 ~110℃为宜。

（4）注意储存 豆饼中含有脂肪较多，易霉烂变质，应将其存放在干燥、通风、避光之处。

23 怎样鉴别鱼粉的质量?

（1）查袋法 检查包装袋上的缝线是否有被拆开的痕迹，如有被拆开的痕迹则为重新包装的假鱼粉。

（2）闻味法 正常鱼粉具有强烈的海鲜味或鱼腥味，假鱼粉则有氨味或刺激性气味。

（3）闻烟味 燃烧鱼粉闻其气味，纯鱼粉具有烧头发味道，假的为谷物芳香味。

（4）外观法 看其鱼粉的外观性状，纯正鱼粉颗粒大小均匀，可以看到鱼肉纤维，多呈黄白色或棕色，手捻松软；假的鱼粉粉磨得很细，呈粉末状，色较深。

（5）水浸法 将鱼粉与水按1∶5的比例放入烧杯内，如有沉淀或漂浮物多为假鱼粉，真鱼粉无此现象。

（6）碱溶解反应 将鱼粉放入10%的氢氧化钠溶液内并煮沸，溶解的为真鱼粉，不溶解的为假鱼粉。

（7）石蕊试纸法 燃烧鱼粉，用石蕊试纸测定，若试纸为红色，则是假鱼粉。

（8）加热法 在杯内放入30g的鱼粉、10 ~15g的大豆粉及适量

的水，加热15min后，如有氨味，则为假鱼粉。

（9）酒浸法 将鱼粉用白酒浸泡15～20min，然后滴入1～2滴浓盐酸，如发生反应并出现深红色，则为假鱼粉。

24 用豆腐渣喂猪时应注意哪些问题？

（1）不能喂生豆腐渣 生豆腐渣中含有抗胰蛋白酶，易阻碍猪体对蛋白质的消化吸收，因此不宜喂生的，应煮熟之后再喂。

（2）喂量不宜过大 豆腐渣内含有丰富的蛋白质，如果喂量过大，易引起生猪的消化不良，一般以不超过饲料总量的1/3为宜。

（3）搭配其他饲料混喂 豆腐渣中缺少维生素和矿物质，所以，饲喂豆腐渣时必须搭配一定数量的大麦、玉米等精饲料。

（4）冰冻豆腐渣不能直接喂猪 用冰冻豆腐渣喂猪，易引起猪的消化机能紊乱，一般应等解冻后再饲喂。

（5）忌喂酸败的豆腐渣 鲜豆腐渣内含水分较多，易变酸变质。所以，用豆腐渣喂猪时，应尽量使用新鲜无酸败的。

25 碳水化合物对猪有什么作用？

碳水化合物是猪饲料中主要的能量来源，谷实类饲料中占70%～80%，青粗饲料的干物质中也占50%以上。碳水化合物进入猪体内经过一系列化学变化转变成能量，为猪的呼吸、运动、循环、消化、吸收、分泌、细胞更新、神经传导及维持体温等各种生命活动提供热量。当猪从饲料中获得的碳水化合物的量满足上述生命活动的需要而有剩余时，便会在体内转化成脂肪储存起来，作为能量储备，留给饥饿时利用。这种储备，也就是人们见到的肥膘、板油等各组织器官中的脂肪。

猪对食入体内的碳水化合物转变成脂肪的能力很强，大量食入碳水化合物时，体内脂肪的增加也很快，故用含碳水化合物多的饲料喂猪，容易转变为体内脂肪。但是碳水化合物在猪体内不能转化为蛋白质，满足需要时可以减少蛋白质的消耗。反之，当碳水化合物不能满足猪的能量需要时，猪为了维持其生命活动，必得动用储存的脂肪，脂肪严重缺乏时会增加体内蛋白质的消耗，此时猪体表现为消瘦，严重时影响其正常生长、发育和繁殖，甚至造成死亡。另外，由于猪易于沉积脂肪，对瘦肉型猪来说，应合理地供给碳水化合物饲料，特别是在育肥后期，应适当减少此类饲料的喂量，以防猪体过肥，瘦肉率降低，影响经济效益。

碳水化合物包括无氮浸出物和粗纤维2大部分，无氮浸出物主要包括淀粉和糖类。因其容易消化吸收而且产热量高，一般把其含量高的饲料，称为碳水化合物饲料或能量饲料，如玉米、大麦、高粱、甘薯、土豆等。粗纤维是植物细胞壁的组成部分，包括纤维素、半纤维素和木质素，是饲料中较难被消化的一种物质。粗纤维吸水量大，可起到填充胃肠道的作用，使生猪有饱的感觉；粗纤维对猪肠道黏膜有一定的刺激作用，可促进胃肠道的蠕动和粪便的排泄，并能提供一定的能量。因此，粗纤维营养价值虽低，但仍是畜禽饲料中的一种重要物质。一般认为，生猪的日粮中粗纤维的含量，2月龄以内的仔猪为3%～4%，育肥猪为4%～8%，成年种公猪、哺乳母猪为7%，空怀、妊娠母猪10%～12%为最好。妊娠母猪采食量大，对粗饲料的利用率高，故可适当增加粗饲料比例，以降低饲养成本和增加母猪的饱感。

26 脂肪对猪有什么作用？

猪日粮中的脂肪在体内与碳水化合物的营养作用类似，主要提供热能。脂肪的能值很高，所提供的能量是同等重量碳水化合物或蛋白质的2.5倍。

脂肪对猪体主要有四大功能：一是脂肪是脂溶性维生素的溶剂，例如维生素A、D、E、K等，都只有溶解在脂肪中才能被猪体消化、吸收和利用；二是脂肪给幼猪提供必需脂肪酸，在脂肪中含有幼猪生长所必需的、不能在体内合成的、必须从饲料脂肪中摄取的3种不饱和脂肪酸，即亚麻油酸、次亚麻油酸和花生油酸，当猪缺乏这些脂肪酸时，就会引起幼猪生长发育停滞、皮毛粗乱、皮肤发炎等；三是脂肪在形成磷脂中有重要意义；四是脂肪是合成某些维生素和激素的原料。

另外，脂肪还有调节日粮适口性、润滑胃肠、促进消化等作用。

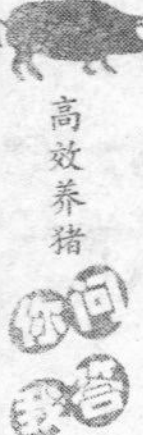

在仔猪的日粮中添加适量的脂肪，对生长发育及提高日增重和成活率都有益。但是猪对脂肪的需要量很少，幼猪大约有0.12%就能满足需要，如日粮中脂肪含量降到0.06%时，猪才会出现皮炎、脱毛等症状。一般猪饲料中不用额外添加脂肪，只要有足够的碳水化合物就能满足猪的需要。

27 矿物质对猪有什么作用？

矿物质是生猪生长发育和繁殖等生命活动中不可缺少的一些金属和非金属元素，是生理、生化酶类催化物的组成成分。矿物质参与肌肉、神经组织兴奋性调节，维持细胞膜的通透性，保持体液一定的渗透压和酸碱平衡。矿物质还是形成骨骼、血红蛋白、甲状腺素等的重要组成成分，对机体新陈代谢起重要作用。

猪所必需的矿物质元素有19种，根据其在体内含量的不同，可分为常量矿物质元素和微量矿物质元素。常量矿物质元素（指含量在0.01%以上的）包括钙、磷、硫、钾、钠、氯、镁等；微量矿物质元素（指含量在0.01%以下的）包括铁、锌、碘、钴、硒、铬、硅等。微量元素在猪体内含量虽少，但作用很大。猪日粮中矿物质供给不足时，则猪表现出矿物质缺乏症状；而供给量过多时，常发生猪中毒现象，甚至死亡。

28 猪常用的矿物质饲料有哪些？

养猪常用的矿物质饲料主要有食盐、石粉、贝壳粉、蛋壳粉、红黏土等，添加在猪日粮中以补充猪体矿物质元素的不足。

（1）食盐 食盐的主要化学成分为氯化钠，其在食盐中的含量高达99%，而钠和氯都是动物所需的重要无机物。因此食盐成为补充钠、氯的最简单、价廉、有效的物质。在猪的日粮中加入适量的食盐，可刺激唾液分泌、促进其他消化酶的作用，同时可改善饲料的味道，增加饲料的适口性，增进猪的食欲，帮助消化，保持体内细胞的正常渗透压，另外氯还是胃液的组成成分，对蛋白质的消化具有重要作用。如果喂量过大，轻则拉稀，重则中毒，甚至死亡。一般情况下，每头每天最适宜喂量：大猪为15g，架子猪为8～10g，小猪为5～6g。在日粮配方中，适宜添加量：生长肥育猪为0.5%，仔猪为0.3%。

（2）石粉 为石灰岩、大理石矿综合开采的产品，基本成分是碳酸钙，含钙量为34%～38%，并含少量的铁和碘，是最廉价、最可靠的钙源饲料，常用量为1%。

（3）贝壳粉 多由海水或淡水软体动物的外壳（如贝壳、蛎壳）粉碎而得，常用作钙的补充饲料。贝壳含钙量为4%，常用量为1%。主要成分为碳酸钙，含钙量与石粉相似，是很好的矿物质饲料。

（4）骨粉 骨粉是优质的钙、磷补充饲料，分蒸骨粉、生骨粉和骨炭粉3种。蒸骨粉是用新鲜兽骨经高压蒸煮、除去有机物后磨成的粉状物，含钙为38.7%、磷为20%，养猪中应用较为普遍；生骨粉为蒸煮非高压处理过的兽骨粉，含有多量的有机物，质地坚硬，易消化，且易于腐败，很少使用。

（5）红黏土 红黏土中含有丰富的铁和其他微量元素，最好挖深层的土，而不是表面污染的土，红黏土对猪的健康有许多好处。

29 维生素对猪有什么作用？

维生素是促进猪体蛋白质、碳水化合物和脂肪代谢，维持猪只健康、正常生长和繁殖所必需的营养物质。

维生素有30多种，分为两大类：一类是溶于脂肪才能被畜禽机体吸收的脂溶性维生素，包括维生素A、维生素D、维生素E、维生素K等；另一类是溶于水中才能被畜禽机体吸收的水溶性维生素，包括B族维生素和维生素C。对猪正常生长和繁殖有影响的维生素有14种：维生素A、维生素D、维生素E、维生素K、维生素B、维生素B_1（硫胺素）、维生素B_2（核黄素）、维生素B_3（烟酸）、维生素B_4（胆碱）、维生素B_5（泛酸）、维生素B_6（吡哆素）、维生素B_{11}（叶酸）、维生素C（抗坏血酸）和维生素H（生物素）。

猪对维生素的需要量很少，通常以毫克计算，但是维生素对猪的生长发育却起着重要作用。如果猪缺乏某一种维生素时，会引起猪的代谢紊乱，甚至发生严重的疾病，以至死亡。在养猪实践中常遇到的是维生素供应不足，其结果是引起猪只消瘦，仔猪生长停滞，

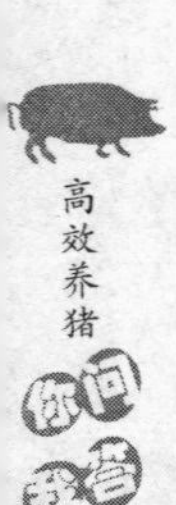

胃肠及呼吸道疾病增多，母猪不孕和流产等。

30 水对猪有什么作用？

水具有参与机体细胞和组织的构成、溶解和运输营养物质的作用。另外，水的比热大，导热性好，蒸发热高，可以很好地调节体温；猪体内的关节囊内、体腔内及各种器官间的组织液中的水，可减少关节和器官间的摩擦力，起到润滑作用。如供水不足，会严重影响猪只采食与生长代谢；如无水供应，可在数天内造成猪死亡。所以养猪必须供应充足的饮水。

31 哺乳仔猪需要饮水吗？

哺乳仔猪生长快、代谢旺盛，每天需要许多乳汁，同时，由于母猪乳中含脂率高，可达7%～11%，哺乳仔猪常感口渴，哺乳仔猪在出生2～3天后就开始饮水。一般哺乳仔猪第1周龄每天的需水量为每千克体重190g，包括从母乳中获得的水。若不及时补水，仔猪便会饮圈内不清洁的水或母猪的尿液而容易发生下痢（如仔猪白痢）。因此在2～3天之内要让哺乳仔猪学会喝水，尤其是在比较温暖的环境条件下，给予清洁、新鲜的饮水，这样既可以稀释奶水更有利于哺乳仔猪的消化和吸收，同时又能刺激哺乳仔猪胃肠道的发育和生长。猪圈内以安装小号的自动饮水器为佳。

32 猪在不同生长阶段需要多大的水流速度？

一般情况下，猪必须能随时饮水并且供应充足，以下是猪在不同生长阶段建议自动饮水器的水流速度见表2-1。

表2-1　猪在不同生长阶段建议自动饮水器的水流速度

生长阶段	水流速度
仔猪（4.5～6.8kg）	250～500mL/min
生长猪（22.7～63kg）	500～750mL/min
肥育猪（63～113kg）	750～1000mL/min
母猪和公猪	1500～2000mL/min

33 能量饲料对猪有什么作用？

能量饲料主要是指含碳水化合物如淀粉质比较多的原料。如玉米、大米、碎米、小麦、大麦、高粱、薯干粉及一些农副产物（如麦麸、米糠、精糠等）。其中玉米是用量最多、质量最好的能量饲料。猪采食上述饲料后，能将其中的淀粉、糖类、脂肪和少量的纤维物质转化为能量，以满足猪只维持和生长的需要。淀粉、糖类和脂肪容易被消化吸收，产热量高，而粗纤维较难被消化，提供的能量少，但具有使动物产生饱感和促进肠道蠕动的作用，饲料中纤维含量因猪的不同生理阶段而有差异。当饲料中能量不能满足猪需要时会降低蛋白质的利用率，猪体消瘦，影响正常的生长和繁殖。

34 玉米有什么营养价值？如何用玉米喂猪？

玉米是养猪生产中最常用的能量饲料，产区分布广、产量高，含粗纤维很少，仅25%左右，而无氮浸出物高达70%以上，能值为14.5MJ/kg以上，居各种饲料原料之首，适口性好，易于消化，有“饲料之王”的美誉，尤其是黄玉米营养价值较高。

黄玉米种皮发黄，含色素较多，主要是β-胡萝卜素、叶黄素和玉米黄质，维生素E和维生素B_1含量较高，其营养价值高于其他玉米（图2-5）。

图2-5　黄玉米

缺点是蛋白质含量低，只有8%~9%，并缺乏赖氨酸、蛋氨酸、色氨酸，矿物质和维生素不足，但黄玉米含胡萝卜素较多，在体内可转化为维生素A。近年来育成的高赖氨酸玉米，赖氨酸和色氨酸含量比普通玉米高2.5倍，赖氨酸含量在0.4%以上。此外，玉米含脂肪多，一般在4%以上，并且不饱和脂肪酸比例大，粉碎后易吸水结成块、酸败变质、发苦、口味变差，不宜长久储存，如大量用作育肥猪饲料，还会使

脂肪变软，影响猪肉的品质。尤其被黄曲霉菌污染后，会产生黄曲霉毒素，对猪毒性很大。因此，玉米入仓或进料时，要选择优质玉米以整粒储存，控制仓内适宜的温度和湿度，避免霉菌的生长。

使用玉米喂猪时，一定要选择水分低、无霉变的。在肉猪的日粮中玉米含量最好不超过50%。夏季粉碎后的玉米宜在5~7天内喂完，以免吸收水分而发生霉变。对于新玉米，要放置2个月后才可使用。因为刚收获的新玉米含有一种抗性淀粉，小猪食后容易发生腹泻。自拌粉料喂猪时，要采取湿拌料的方式，将干粉料与水的比例调为1∶1.5，浸泡20min，以料中没有水分、在手中捏不成团、松手便散为宜。

35 猪常用的粗饲料有哪些？它们有什么作用？

猪常用的粗饲料包括干草与秸秆、秕壳2类。干草是人工栽培与野生青草收割后阴干或人工干燥制成的，其营养价值较高。秸秆与秕壳是籽实收割后剩余的茎叶及皮壳，如稻草、玉米秸、豆秸、豆壳、麦壳等，它们的营养价值比青草低。

粗饲料中粗纤维含量高（25%~30%），木质素多，体积大，消化率不高，可利用养分少，营养价值较低。但可填充猪的胃肠，给猪有饱的感觉，并可增加胃肠蠕动，刺激消化功能。

青草或青绿饲料，在结籽形成之前割下来晒干制成的干草，其营养价值虽不如精料和青绿饲料，但比其他种类的饲料要好，可适当搭配在精、青绿饲料内饲喂母猪和育肥猪。豆科植物含有较多的粗蛋白和可消化粗蛋白，采用高温快速烘干，其营养物质损失较少。

农作物籽实的外壳或夹皮称为秕壳，收获籽实后的茎叶部分称为秸秆。秸秆和秕壳中含粗纤维达30~50%，木质素含量占粗纤维的6%~12%。因此，除薯秧、豌豆秸、青态绿豆秸、花生秧外，绝大部分秸秆、秕壳饲料质地很差，粗蛋白含量低，不宜用于养猪，但鲜嫩的青绿饲料可以用于喂猪，并可节省精饲料，降低养猪成本。

36 怎样识别伪劣饲料？

由于原料和加工工艺不同，饲料的质量存在很大差别，在购买和使用时要注意识别。识别方法主要有以下几点。

一看：看饲料颗粒的大小、形状、色泽，混合是否均匀，色泽是否一致，是否有异物、霉烂变质现象。

二闻：闻其饲料固有的气味，好的饲料有油脂香味或不太强的鱼腥味。有腐败气味、霉变气味和异常的刺激味均为劣质饲料。

三摸：用手抓起饲料并握紧，松开手后饲料不散时，说明饲料中含有水量过高，这种饲料放置时间过长易霉烂变质。将手插入饲料中有热感，说明饲料已开始发霉。

四听：搅动饲料听其声音，若发出类似金属振动的声音，说明饲料干燥，含水量过高的饲料搅动时无此声。

五尝：用嘴咀嚼品尝，看其是否混有泥沙、锯末及其他异物、异味。

37 什么叫饲料添加剂？其可分为哪几类？

在养殖业中，人们为了补充饲料日粮营养成分的不足，防止和延缓饲料变质，提高饲料的适口性，改善饲料的利用率，预防猪受病原微生物的侵扰，促进猪只正常发育和加速其生长，提高产品质量，常常在饲料中加入一些有效的微量成分，俗称饲料添加剂。

根据饲料添加剂的不同功能，主要分为营养性饲料添加剂和非营养性饲料添加剂 2 大类。营养性饲料添加剂主要有维生素添加剂、微量元素添加剂和氨基酸添加剂；非营养性饲料添加剂主要有保健助长添加剂、饲料品质保护添加剂和产品品质改良添加剂等。

38 使用饲料添加剂应注意哪些问题？

1）首先要掌握饲料添加剂的特点、功效、协同或对抗作用、剂量和用法等，然后根据猪的日龄、体重、健康状况等做到有的放矢地使用，切勿滥用。

2）必须按照使用说明书严格控制剂量，遵守注意事项，不要随意变更和增减。

3）使用时，务必搅拌均匀，一般采取逐级拌料法。

4）带有维生素的添加剂勿与发酵饲料掺水拌后储存，切勿煮沸食用。

5）饲料添加剂应存放在干燥、阴凉、避光、通风的地方，切勿暴晒、受潮，一般储存期不要超过 6 个月，最好是现购现用。

6）维生素添加剂，无论是水制剂还是粉制剂，加水拌和时，水温不得超过 60℃，以免高温破坏其有效成分，浸泡时间也不宜过长，一般以 20min 为宜，否则易造成水溶性维生素丢失。

7）注意配伍禁忌，使用饲料添加剂应注意他们之间的互补与拮抗作用。如矿物质添加剂最好不要与维生素添加剂配在一起使用，以免氧化失效。

8）各种抗生素添加剂应交替使用，避免单一添喂，以防猪体产生抗药性。

39 猪粪便越黑说明饲料消化的越好吗?

许多养猪户要求饲料厂家的饲料喂猪，粪便越黑越好，认为粪便黑即消化吸收好，粪便黄说明消化吸收差。其实不然，衡量饲料消化率的标志不在粪便的颜色，而在于饲料转化率（料重比）。吃某些饲料厂的饲料，猪拉的粪便颜色非常黑，是因为饲料中添加了高剂量的硫酸铜，消化吸收不了的硫酸铜在猪体内经过化学变化后，变成黑色的氧化铜，从而使粪便颜色变黑，所以粪便黑只能表示饲料中添加了高剂量的硫酸铜。

高剂量的硫酸铜在一定的剂量范围内对仔猪有促生长作用，而对生长肥育猪效果不明显，反而有害，一方面高剂量的硫酸铜随粪便排出会造成水土环境污染；另一方面，猪肉中残留的铜对人体健康有害，因此国家已规定禁止在饲料里添加高剂量的硫酸铜。

40 生产绿色猪肉对饲料添加剂有哪些要求?

绿色猪肉是指按特定生产方式生产不含对人体健康有害物质或因素，经有关主管部门严格检测合格，并经专门机构认定、许可使用“绿色食品”标志的猪肉。因此要求所使用的饲料添加剂必须符合饲料添加剂标准的有关规定。所用饲料添加剂必须来自有生产许可证的企业，并且具有企业、行业或国家标准，产品批准文号，进口饲料和饲料添加剂产品登记证及配套的质量手段。同时禁止使用任何药物性饲料添加剂，禁止使用激素类、安眠镇静类药品。营养性饲料添加剂的使用量应符合国家有关规定的营养需要量及营养安全幅度。

41 什么叫配合饲料？其有什么特点？

根据饲养标准科学地将几种饲料原料按一定比例混合在一起制成的营养全面的饲料称为配合饲料。用配合饲料饲养猪具有以下几点好处：

（1）促进生长 由于配合饲料是根据不同品种类型、不同生长阶段、不同生产目的猪的营养需要而设计的饲料配方，配合制成营养平衡的日粮，营养物质利用率高，可促使生猪快速生长。

（2）合理利用各种饲料资源 配合饲料生产加工时是将几种饲料原料混合使用，原料之间营养物质相互补充，可以最合理地利用各种原料，减少浪费。

（3）预防营养不足 配合饲料中添加的微量元素、维生素和氨基酸等添加剂，对生猪的生长发育极为有利，可防止营养不足、缺乏和中毒现象，可以抑制病原微生物的生长，减少疾病的发生。

（4）降低成本，提高经济效益 配合饲料可直接用于喂猪，不需再加工、煮熟，既节省劳力，又节省燃料，降低养猪成本，提高经济效益。

42 配制配合饲料的基本原则有哪些？

（1）选用适合的饲养标准 根据猪的品种、年龄、生长发育阶段及生产目的和水平，选用适当的饲养标准，确定营养需要量。

（2）饲料品种多样化，搭配合理 可充分利用当地饲料资源，力求饲料品种多样化，至少要 4 ~ 5 种，精、青、粗饲料合理搭配，以发挥饲料原料相互促进、协作、互补、制约的生物学作用，提高利用率。

（3）保证饲料品质，注意适口性 要求采用的原料无毒害，不霉烂变质，不苦涩，无污染，无砂石杂质等，适口性好。

（4）注意日粮体积，控制粗纤维含量 要注意饲料干物质含量，使饲料的体积与猪的消化道容积相适应，保证猪只既能吃得下、吃得饱，又能满足其营养需要。应根据猪的消化生理特点，按照饲料标准的限量，有区别地控制饲料中纤维含量，以仔猪不超过4%，生长肥育猪不超过6%～8%，种公猪、种母猪不超过10%～12%为宜。

（5）饲料要相对稳定，配合要均匀 改变饲料种类或比例时要缓慢进行，骤变会造成猪只消化不良，影响其生长。饲料配合要均匀，特别是微量元素和维生素，在饲料配制中所占比例甚微，必须粉碎后与少量辅料混合均匀，然后再与更多辅料逐渐混合，再混入混合料中。

（6）要考虑经济原则 在满足猪营养需要的前提下，应尽量选用价格低廉、来源广泛的原料，坚持因时、因地制宜，就地取材，充分利用当地饲料品种资源，节省运费，降低饲料成本，提高经济效益。

43 喂干粉料、湿拌料、颗粒料各有何优缺点？

（1）干粉料 喂干粉料增重和饲料利用率均比喂稀粥料好，省工、易于掌握喂量，同时能促进猪只唾液分泌与咀嚼，促进消化，剩料不易霉变，在冬季不结冻，在自由采食和自动饮水条件下，可提高劳动生产率和圈栏的利用率。但干粉料粉尘多，猪只在抢食过程中容易发生呼吸道感染，猪只食入后加大胃的负担，易造成胃炎，过细的粉料还容易粘于口腔上不容易吞咽，影响猪采食量。此外干粉料还容易抛洒，会造成浪费。因此，饲喂干粉料时，30kg以下的猪，干粉料的颗粒直径控制在0.5～1mm为宜；30kg以上的猪，颗粒直径以2～3mm为宜。目前大型猪场仍多使用干粉料喂猪。

（2）湿拌料 喂湿拌料通常适口性较好，猪只喜食，也可减少饮水次数，提高劳动效率。但喂湿拌料时由于猪只践踏、抢食等，易造成饲料污染而发生疾病，由于猪只抢食，咀嚼不充分，消化利用不全面，饲料报酬低。若料槽内剩余饲料，还容易发生酸败。另外，由于湿拌料费时费工，也不利于机械化大规模饲养，只适于小型猪场和散养户使用。

（3）颗粒料　现在规模化猪场和越来越多的养猪户广泛采用的是饲喂颗粒料，颗粒饲料营养全，便于投食，适口性好，损耗小，储存的时间稍长，不易发霉，由于是熟料，营养物质的消化率高，猪只增重速度和饲料转化率等都好于干粉料和湿拌料。通过用临沂富道饲料科技有限公司生产的“富道”饲料，大量的饲喂试验证明，使用颗粒饲料饲喂生长育肥猪，体重每增长1kg可比使用其他饲料节省饲料0.2kg。

44 用生料喂猪时应注意什么？

（1）生料喂猪要有选择　可作生喂饲料的主要是禾本科植物，如玉米、小麦、稻谷等及其加工副产品，这些粮食类饲料煮熟后饲料效果相当于生喂的87%。青绿饲料也应生喂，熟喂则部分蛋白质和维生素遭到破坏。豆科植物饲料如黄豆及其加工副产品（如豆饼、花生麸、豆渣等）因含有一种抗胰蛋白酶，能阻碍猪体内胰蛋白酶对豆类蛋白质的消化吸收，因此此类饲料不能生喂，须经过高温煮熟处理后再喂。

（2）生料喂猪要注意清洁和去毒　有些生料如棉籽饼、菜籽饼等，因含有毒素，一般须经粉碎、浸水、发酵及青贮工序，待去除毒素后才可生喂。生喂可分湿喂和干喂2种。湿喂时料与水的比例不能超过1∶2.5，否则就会减少消化液的分泌，降低消化酶的活性，影响饲料的消化吸收，最适宜的比例应为1∶1.5。

（3）生料粉碎要适当　一般育肥猪生料粉碎颗粒直径以1.2～1.8mm为宜，这种粒型猪吃起来爽口，采食量大，长膘快；直径小于1mm，则影响适口性，并易引发猪胃溃疡；直径大于2mm，饲料粗糙，适口性差，猪不喜采食。

（4）控制喂量　生料喂猪，喂量因猪的不同生长阶段和生产性能而有所区别。仔猪和育肥猪可自由采食，种猪则要定量供应，否则会因采食过量造成脂肪沉积而影响种猪繁殖。通常非配种期的种公猪，生料日用量要控制在2～2.5kg之间，配种期可控制在3～3.5kg之间。妊娠期母猪，生料日用量为2～2.5kg，哺乳期为5～6kg。

（5）供足饮水　喂生料的猪，须供应足够的饮水。冬季饮水量为干饲料的2～3倍，春、秋季为4倍，夏季为5倍。特别是哺乳母

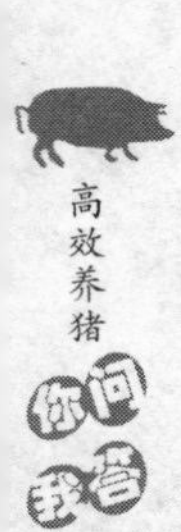

猪和仔猪更不能缺水，母猪缺水会影响乳汁分泌。水质要清洁，水温保持冬暖夏凉。

45 什么叫饲养标准？

根据猪的不同性别、年龄、体重、生产目的和水平，以生产实践中积累的经验为基础，结合能量和物质代谢试验和饲养试验的结果，科学地规定一头猪每天应该给予的能量和营养物质的数量，这种规定，称为饲养标准。

饲养标准包括日粮标准和每千克饲粮养分含量标准 2 项基本内容。日粮标准即规定每头猪每天需要喂多少风干料，主要有日增重、采食量、饲粮所含有的消化能、粗蛋白质、氨基酸、钙、磷、微量元素和多种维生素等指标。每千克饲粮养分含量标准具体指标同日粮标准，在生产实践中，一般均是按照每千克饲粮养分含量标准设计饲料配方。然后按日粮标准规定的风干料量定额投料饲喂，或不限量饲喂。

46 养殖户自己配制饲料应注意哪些问题？

（1）合理选择原料 原料品种要多样化，以 6 种以上为宜，以达到其营养成分互相补充的目的。原料适口性要好，并注意因地制宜，就地取材，宜选用营养成分高、价格便宜、来源有保障的原料。所选原料的体积应与生猪消化道容积相适应，体积过大，消化道负担过重，影响饲料的消化吸收；体积过小，虽然营养得到满足，但生猪仍有饥饿感，表现出急躁不安，影响生长发育。

（2）加工调制要合理 对玉米、豆类、稻谷等籽实原料要粉碎，豆类、棉籽饼均要煮沸，破坏胰蛋白酶抑制素和棉酚毒，菜籽饼要去掉芥酸等，以提高饲料的消化率。

（3）混合要均匀 各种原料按照配比称好后，先把玉米、麸糠、饼类等数量多的基础料混合均匀，再加入用量少的其他原料混合均匀。

（4）科学存放与管理 养殖户自配饲料应遵循随配随用的原则，配好的饲料不宜长期保存，以防霉败变质。一般夏季存放 20 天左右，冬、春季节可稍长一些。存放时要注意室内通风、透光、干燥，做到无毒、无鼠害、无污染。

47 怎样防止饲料发霉变质？

用于养猪的饲料及原料在储存、加工、运输等过程中，通过对温度、湿度和环境等进行控制，可有效地防止饲料产生霉变。

（1）严格控制含水量 要选择高质量和水分含量低的饲料：如玉米的水分含量要在12.5%以下，植物饼粕、鱼粉、肉骨粉、麸皮等水分含量不宜超过12%，以控制霉菌的繁殖。

（2）尽量缩短储存期 缩短饲料的储存期可有效减少霉菌的污染，成品饲料储存期一般不宜超过1周。麸皮的储存期一般不宜超过3个月，储存在4个月以上酸败就会加快。

（3）高温高湿时防返潮 饲料存放地点的温度、湿度要尽量降低，防止返潮产生霉变。特别是在高温高湿多雨的季节，更要降低温度、湿度，保持干燥状态，能有效地控制霉菌的繁殖和毒素的产生。在储存过程中，包装袋要完整无损，饲料要不接触地面及墙体，保持良好的通风、干燥的储存环境。粉类及颗粒饲料最好用塑料袋密封包装。

（4）加工过程防吸湿 饲料在粉碎、制粒等加工过程中，会使温度上升，湿度加大，渗透作用增强，以致形成一种高温多湿的状态，易激发霉菌的繁殖和生长。因此，饲料加工后要及时冷却至12℃以下，含水量达12%以下后再进行包装和储存，尤其是玉米，夏季粉碎后要及时饲喂，储存期不要超过5天。

（5）及时使用防霉剂 使用防霉剂可有效抑制霉菌的繁殖，具有理想的防霉效果。常用的防霉剂有丙酸、丙酸盐、山梨酸、双乙酸钠、延胡索酸等。如与上述防霉措施相结合，则效果更为理想。

48 怎样去除饲料中的霉菌毒素？

从理论上讲对饲料霉菌毒素的脱毒方法有多种，但在生产中真正能完全除尽霉菌毒素而又较实用的方法很难找到。一般购进饲料

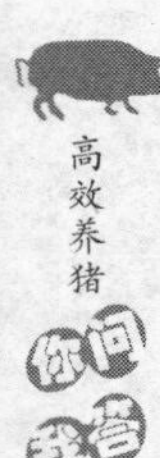

原料时应抽样检测其水分、毒素指标和营养成分等，筛除破碎和霉变的籽粒及杂质，尤其应注意有无外观正常但已被霉菌污染的原料。严格来讲霉变饲料是不能用来喂猪的，轻度霉变饲料可适当采取下列方法进行去毒处理后再使用。

（1）水洗去毒法 水洗去毒法可将饲料中90%以上的毒素去除。如黄曲霉素在玉米表皮、胚部的存在量为总量的80%以上，水洗去毒法就是利用玉米胚部、乳胚部在水中比重的差异，将大部分毒素除去。

（2）辐射去毒法 辐射去毒法去毒效果也较好，紫外线可以有效地杀死霉菌和破坏黄曲霉毒素的结构，达到去毒的目的。

（3）化学去毒法 采用次氯酸、次氯酸钠、过氧化氢、氨、氢氧化钠等化学制剂，对已发生霉变的饲料进行处理，可将大部分黄曲霉毒素去除掉。

（4）维生素C去毒法 维生素C可阻断黄曲霉毒素B_1的环氧化作用，从而阻止其氧化为活性形式的毒性物质。日粮及饲料中添加一定量的维生素C，再加上适量的氨基酸，是克服黄曲霉毒素中毒的有效方法。

（5）吸附去毒法 使用霉菌毒素吸附剂可有效去除霉变饲料中的毒素。它是通过霉菌毒素吸附剂在猪体内发挥吸附毒素的功效，以达到去毒的目的，是常用、简便、安全、有效的去毒方法。应用中要选用具有广谱吸附能力、又不吸附营养成分、对动物无负面影响的吸附剂，较好的吸附剂有百安明、霉可脱、霉消安-Ⅰ、抗敌霉、霉可吸等。

（6）其他去毒法 在饲料中添加益生素以保持肠道菌群的平衡，增强机体的免疫力，以减轻毒素的危害；也有的在饲料中添加抗氧化剂、含硫氨基酸、维生素和微量元素等，以减轻霉菌毒素的有害作用，但是它们对毒素没有特异性。

49 为什么养猪饲料要多样化？

饲料的多样搭配包括青绿、粗、精饲料的合理搭配，碳水化合物、蛋白质、矿物质和维生素饲料的合理搭配，以及同类饲料的多种搭配3个方面。总之，饲料中所含原料的品种越多，搭配得越合理，喂猪的效果就越好。

就青绿、粗、精3种饲料来说，青绿多汁饲料的特点是含水分多、体积大、能量少，其适口性好、易于消化，且含有多种维生素、矿物质和质量较好的蛋白质，若能常年饲喂青绿饲料，猪的食欲旺盛，生长发育快，皮光毛顺，健康无病（图2-6）；粗饲料的特点是体积大、含粗纤维较多、质地粗硬，猪吃多了不易消化，营养价值较低，如在饲料中少量搭配，可增大饲料体积，让猪有饱食感；精饲料的特点是体积小、营养价值高、易于消化，但矿物质、维生素缺乏。在这3种饲料中，如果单用某种饲料喂猪，易造成猪吃不饱或营养不足，或吃多了却还有饿的感觉，所以，只有把青绿、粗、精3种饲料合理搭配起来，才能保持饲料营养的平衡，才能提高饲料的适口性，让猪既吃饱、又吃好，使饲料发挥最高的效率。

用青绿饲料喂猪，以选择优质、幼嫩、柔软适口的为宜，如苜蓿、蔬菜类和一些水生饲料等

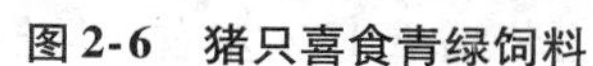

图2-6　猪只喜食青绿饲料

就碳水化合物、蛋白质、矿物质和维生素的营养成分来说，这些都是猪所必需的营养物质，缺一不可。但几乎没有任何一种饲料原料能全部满足猪对以上营养物质的需要，虽然每种饲料原料都含有多种营养物质，但往往是有些营养物质含量高，有些营养物质含量少，有些营养物质缺乏。若单纯用某种或某几种饲料原料来喂猪，不仅猪长不好，还浪费饲料。如单用玉米面喂猪，其蛋白质的利用率为51%，单用骨肉粉则为41%，如果将2份玉米和1份骨肉粉混合喂猪，蛋白质利用率可提高到61%。因此，必须根据各阶段猪的营养需要，实行多种饲料原料合理搭配。即使在同一类饲料原料中，

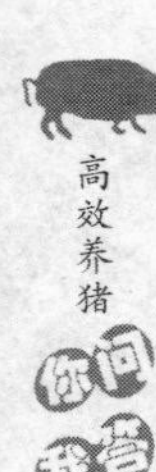

也必须实行多样配合。例如，同样是蛋白质补充饲料，各种饲料原料中的蛋白质品质也是不一样的。饲料原料的种类越多，蛋白质营养价值就越高。

因此，在养猪生产中，无论是青绿、粗、精各类饲料也好，蛋白质补充饲料也好，或其他添加剂饲料也好，都要实行多品种搭配，没有条件的要创造条件，争取做到饲料的合理搭配。

50 养猪如何节省饲料?

在养猪生产的直接成本中，饲料占70%左右。怎样才能做到既满足猪机体的营养要求，又能降低饲养成本呢?可采用以下技术措施:

(1) 选好仔猪 规模养猪必须选养“三元”杂交仔猪，以身腰长、前胸宽、嘴短、后臀丰满、四肢粗壮、争食抢食的“杜长大”品种猪为最好，只需150天左右即可达到90kg以上，可缩短育肥期20~50天。

(2) 多阶段饲养 猪体组织的生长过程是一个连续渐进的过程，所以对各种营养成分的需要量也是在各个阶段渐次发生的。为此可把猪的整个饲养划分为3个阶段，即20~35kg、35~60kg、60~90kg，不同时期饲喂不同营养价值的饲料。根据试验日增重可提高5.5%，料耗降低2.8%，每头增加经济收入24元以上。

(3) 早去势 小公猪8日龄、小母猪40日龄去势（杂交育肥猪可不去势），分别比习惯的60日龄去势增重15%左右，且伤口愈合较快。

(4) 健好胃 仔猪60日龄时进行第一次驱虫，以后每2~3月驱虫1次，按猪每千克体重用驱虫净15~20mg，一次拌料喂服，以驱除体内寄生虫。如有猪虱等体外寄生虫，可用食盐10g、煤油10mL、温水20mL混匀涂抹。驱虫的同时，每头猪用生石灰1kg溶于5kg水中，取上清液拌料饲喂，每天2次，连喂3天进行洗胃，以清除体内各种害虫。

(5) 早配种 将仔猪60日龄断奶提早到21~28日龄，这样可促使母猪早发情、早配种，缩短空怀期，相对节省饲料。

（6）保持适宜的温度 圈舍要保持清洁、干燥，冬天有利于保暖，夏天有利于散热，为猪创造一个适宜生长的环境，以减少疾病的发生。一般猪的适宜温度为17～21℃，过高或过低都会影响猪对饲料的利用率。

（7）适时出栏 猪的生长发育是按“骨—肉—脂”的顺序规律进行的，猪的饲养期越长或体重越大，脂肪沉积越多，猪皮就越厚，瘦肉率就会降低。一般前期长瘦肉，后期长肥肉（脂肪），后期长肥肉消耗饲料是前期长瘦肉的2.25倍。另外猪体沉积脂肪所消耗的能量是蛋白质的9倍，所以饲养“大猪”将会付出巨大的饲料代价。杂交瘦肉猪出栏体重一般在90～100kg之间为宜。

（8）做好防疫工作 按时给生猪注射各种疫苗，可有效控制猪瘟、猪蓝耳、猪伪狂犬病、猪口蹄疫、猪气喘病、猪副嗜血杆菌病、猪圆环病毒病等传染病，减少死亡率，相对减少耗料。

51 养猪为什么要经常喂食盐？

食盐的主要成分是钠和氯，这两种元素在猪体内是不可缺少的，它们主要存在于细胞外液中，对维持渗透压的稳定、体细胞的正常兴奋性和神经冲动的传递起着非常重要的作用；氯是胃液中盐酸的组成成分，有助于蛋白质的初步消化；食盐还具有刺激唾液分泌，增强消化酶活性，促进食欲的作用。如果饲料中钠、氯供应不足，则猪正常生理机能受到影响，饲料蛋白质消化不良，皮毛粗糙，生长缓慢，产生异嗜癖，舔食污水、尿液等，并且易感染疾病。在猪的饲料中钠、氯的含量有限，必须在日粮中添加食盐才能满足猪的需要。

食盐的供给量，以占风干饲粮的比例计算，一般以仔猪0.25%、生长猪0.3%、妊娠猪0.4%、哺乳猪0.5%为宜。若食盐供给量过多，易造成猪食盐中毒。

52 仔猪日粮配制必须考虑哪几方面的问题？

1）日粮中能量、氨基酸、维生素等营养素含量高，且平衡性好，营养满足仔猪的需要，仔猪才能健康生长。

2）消化率高。由于仔猪消化系统不健全，在原料选择上应采用易消化原料配制日粮，减缓仔猪营养性腹泻。

3）适口性好。改善日粮的适口性，提高仔猪采食量。

4）注意能量采食量，提高仔猪的体重。

53 生长育肥猪日粮配制应遵循哪些原则？

1）按猪品种和性别配制多阶段日粮，满足猪不同阶段的营养需要，提高饲料利用率。

2）注重日粮中能量和氨基酸的平衡，在满足能量需要的基础上，配以合适比例的氨基酸。

3）根据日粮类型，按照猪的营养需求添加适当数量的人工合成氨基酸，满足猪对氨基酸的需要。

54 猪在服药期间有哪些忌口饲料？

（1）绿豆 绿豆可解百药，在给猪服药后应禁喂绿豆。

（2）高粱 高粱中含有鞣酸，收敛作用强，在给猪服用泻药时禁喂高粱；另外鞣酸还可使铁制剂变性，在治疗缺铁性贫血时，亦不能喂高粱。

（3）黄豆 黄豆又称大豆，黄豆经过加工榨油后，剩下的就是豆饼，是喂养猪只的上等饲料。因黄豆中含钙、镁、铁等矿物质，如在服用四环素类药物的同时饲喂豆饼，可生成不溶于水的络合物降低疗效，故应禁喂豆饼。

（4）麸皮 麸皮中富含磷而缺乏钙，在治疗佝偻病、软骨病、胆结石等病时禁喂麸皮。另外麸皮含有较多的膳食纤维，质地蓬松，具有轻泻性，因此在使用止泻剂的时候不能喂麸皮。

（5）麦芽 麦芽中含有大量麦芽糖，具有抑制乳汁分泌的作用，使用催乳药时应禁喂麦芽。

（6）菠菜 菠菜中含有草酸，与钙形成草酸钙沉淀不能消化。在喂贝壳粉、蛋壳份、骨粉等钙质饲料时应停喂菠菜。

（7）食盐 食盐可降低链霉素的疗效，食盐中的钠使水在体内停留，会引起水肿。所以在治疗肾炎和使用链霉素时应限量停喂食盐。

（8）石粉、骨粉 石粉、骨粉因含钙较多，可降低土霉素、四环素的疗效，故在用此类抗生素时应暂停喂石粉、骨粉。

（9）棉籽饼 因棉籽饼中含有毒物质棉酚，还可影响维生素A的吸收，所以在使用维生素A或鱼肝油时应限量或停喂棉籽饼。

55 后备母猪营养水平的要求是什么？

饲养后备母猪的目标是在后备猪进入繁殖群后它们均能达到最大程度的繁殖周期和繁殖性能，因此饲喂后备母猪营养素平衡的日粮是很重要的。饲喂后备母猪要使用专门的日粮而不是育肥猪日粮，以促使体组织中维生素和矿物营养元素的储存；从开始选种（体重60kg）到配种，建议日粮中应含12.5～13.3MJ/kg消化能和粗蛋白16.0%、赖氨酸0.75%～1.2%、钙0.7%～0.8%、有效磷0.35%～0.45%，并采用自由采食的饲喂方式，确保配种时母猪体脂肪和肌肉的储备。

56 妊娠母猪日粮配制有哪些要求？

由于妊娠期母猪采食能量过高会引起母猪产仔和产奶等方面的问题，因此，妊娠母猪宜使用低能量、高蛋白日粮，适当增加日粮中粗纤维的含量、饲喂青绿多汁饲料等可减少母猪便秘。妊娠母猪的营养水平为：消化能12.1～12.6MJ/kg、赖氨酸0.55%～0.6%、钙0.85%～0.9%、有效磷0.45%。

57 哺乳母猪日粮配制有哪些要求？

哺乳母猪日粮一般分为初产母猪日粮和经产母猪日粮，初产母猪营养需要量高于经产母猪。初产母猪日粮营养水平为：消化能14.2MJ/kg以上、赖氨酸1.0%以上、钙0.85%～0.9%、有效磷0.45%。经产母猪日粮营养水平为：消化能13.3～14.3MJ/kg、赖氨酸0.85%以上、钙0.85%～0.9%、有效磷0.45%。

58 什么叫无公害猪和有机猪？

（1）无公害猪 是指在无污染、无残留或低污染、低残留条件

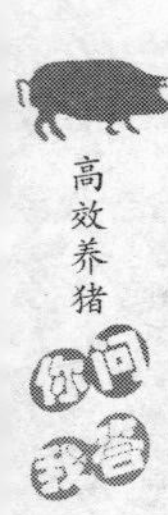

下生产出来的猪，其猪肉产品对人体健康无损害。

（2）有机猪 就是根据有机产品国家标准和《有机产品认证管理办法》的规定，在猪的生产过程中不使用生长激素、化学色素和防腐剂等化学物质，不使用基因工程技术，符合国家食品卫生标准和有机食品技术规范要求，并经国家有机食品认证机构认证，许可使用有机食品标志的猪。

59 无公害生猪生产的关键环节有哪些？

（1）生猪科学饲养模式控制，确保生猪种质优良健康 基地采取种养结合、自繁自养、全进全出的饲养方式，并按无公害饲养标准对生猪饲养基地的环境、水质进行检验、检测。

（2）开展动物疫病检测 对生猪养殖基地开展猪瘟、猪口蹄疫等重大人畜共患病的检测，净化基地环境。

（3）饲料及饲料添加剂质量监控 开展对饲料原料、饲料、饲料预混料及饲料用水质量检测，实行饲料原料、饲料预混料的质量控制和定点生产供应，严禁超量、不合理添加兽药及饲料添加剂，使用宰前停药饲料，全面实行宰前15～20天生猪停药制度。

（4）违禁高残留兽药的控制 筛选养猪基地兽药品种，严格禁用盐酸克仑特罗等国家规定的违禁药物，对生猪养殖基地开展不定期抽样检测，出栏前治疗过的生猪实行隔离饲养。

（5）严格屠宰环节兽医卫生检疫 对生猪实施机械化单独规范屠宰，对生猪旋毛虫、猪囊虫等实施逐头检验，剔除病害生猪，对屠宰加工环节的生产环境卫生进行检验、检测。

（6）开展屠宰环节安全指标检验 重点抽取猪肉、猪肝、猪尿样对盐酸克仑特罗、兽药、农药以及铅、砷、铜等重金属的残留量进行检验，对有害微生物的污染情况进行检验。

（7）屠宰加工运输环节冷链配送 屠宰后胴体猪肉实行0℃预冷，预冷后的胴体猪肉通过封闭悬挂式空调专用车配送到超市，以确保猪肉在运输过程中不混杂、不挤压、不污染、不变质。

（8）销售点环节质量控制 包括猪肉销售点的储藏冷柜的配备，分割操作间及操作刀具的卫生，包装材料的质量控制，销售点的灭蝇、灭鼠措施实施情况，操作人员健康登记检查等。

（9）市场肉品质量监督机制 重点对违禁药物、致病微生物及重金属等有害物质开展检测。

（10）生产环节间质量检控措施的落实 在养殖、屠宰、加工、运输、销售过程建立严格的生产、用药、出栏、检验、检疫等台账目录，并严格归档保存。另外，还要加强无公害猪肉标志的使用和管理。

60 有机猪肉生产应具备哪些条件？

有机猪肉是有机食品的一个部分。它是根据国际有机农业生产和相应标准，生产、加工、储存、运输并经有机食品认证机构认证的猪肉。有机猪肉生产应具备以下基本条件：

1）有机猪要在无污染的环境下饲养，猪种、饲料来自有机畜牧业生产体系。不使用化学肥料，不使用化学药物，不使用化学添加剂，土壤无污染，大气无污染，水质无污染，肉猪饲养尽可能地顺其自然，有机猪应有足够的自由活动空间，禁止被关在笼内饲养，提倡利用自然资源放养。

2）猪肉的整个生产过程应遵循有机食品的生产、加工、储存和运输等标准要求。有机猪提倡采用自然的繁育方式，禁止采用转基因和胚胎移植的方式。有机猪患病时，应优先使用天然的中草药，如果使用了常规兽药，停药期至少是法定期限的2倍。

3）猪肉在生产和流通过程中，有完整可信的记录报告。

4）经权威有机食品认证机构认证。有机猪的管理要点有机规程要求饲料必须是有机生产的，最好是本场自产的，允许使用少量的常规生产饲料。在常规体制下，大豆饼是主要蛋白质营养来源，而有机体制下是依靠豆科作物来提供。与大豆比较，自产的豆科作物的限制性氨基酸含量少，特别是蛋氨酸含量不足，因此，有机猪生产中常用马铃薯蛋白质、乳粉、玉米粉或菜籽饼粉等作为氨基酸补充来源。有机大豆饼粉和非化学浸提大豆饼粉也可作为氨基酸来源。

三、猪场的规划与建设

61 什么是传统养猪？其有什么特点？

传统养猪是以分散饲养、户营为主的饲养方式。其特点是：猪舍简陋，饲养数量较少，一般几头，多的也只有十余头；猪舍缺乏必要的保温或降温设施，受自然条件影响较大，哺乳仔猪死亡率高，育成率低。养猪业仅作为家庭副业，饲料以青绿、粗饲料为主，精饲料喂量少；种母猪多为地方猪种，肉猪主要是含本地猪血缘的杂种一代猪。

采用传统的饲养方法养猪，不但费工、费时，生产效率也不高(图3-1)。

图3-1 传统养猪方式

62 什么是现代化养猪？其有什么特点？

现代化养猪是指广泛采用现代科学技术和设施装备，按照工业生产方式组织养猪生产，进行集约化经营的生产方式。现代化养猪包括规模化养猪、工厂化养猪等生产方式。规模化养猪是现代化养猪的初级阶段，工厂化养猪是现代化养猪的高级阶段。

衡量现代化养猪生产的标准是：饲料转化率高；具有适宜的规模，发挥最佳的技术水平和劳动生产率；经济效益好。

在养猪生产中，只要使用优良的猪种、全价的饲料，进行严格的防疫，获得较高的经济效益，不管采用什么设施都可称为现代化养猪。养猪生产现代化的过程，是采用现代科学技术改造传统养猪生产的过程，提高养猪生产各个环节的科技含量，是为了提高产品质量，获得更高的经济效益。

传统养猪 1 个劳动力最多只能饲养 250 ~ 300 头肉猪或 20 ~ 30 头母猪（图 3-2a）。

现代化养猪场，1 个劳动力一般可饲养 3000 ~ 4500 头肉猪或 100 ~ 200 头母猪（图 3-2b）。

a) 传统养猪

b) 现代化养猪

图 3-2　现代化养猪与传统养猪的比较

63 什么是工厂化养猪？其有什么特点？

工厂化养猪是现代化养猪方式的一种，是指用先进的科学技术和设备，以工业化生产方式进行高效率养猪的方式，它是畜牧业现代化的重要组成部分，也是我国养猪业发展的必然趋势。

工厂化养猪从总体上说，有以下几个特点：一是养猪规模大；二是选用的猪为体型外貌一致、生长发育均衡的杂交组合或配套系等；三是因地制宜地选用一些机械化、自动化设备，如自动饮水器，自动食槽，漏缝地板，自动清粪，饲料粉碎、搅拌、分装、分撒自动化等；四是工作人员少，占用土地面积少，劳动生产效率高；五是采用科学的经营管理方法组织生产，使生产条件、工艺流程等按照标准和有规律地运转，使生产保质、保量地平稳进行。其他包括采用母猪限位饲养、断奶仔猪网上饲养的方法，使用全价配合饲料，实行严密的现代化卫生防疫措施及全进全出的流水式生产工艺等。

工厂化养猪必备的条件是标准化猪群、标准化饲养、标准化环境、卫生防疫现代化、机械设备现代化、生产工艺现代化等。

64 养猪规模以多大为宜？

随着养猪业的发展，现在提倡适度规模养殖。养猪生产的适度规模，是指在一定的社会条件下，养猪生产者结合自身的经济实力、生产条件和技术水平，充分利用自身的各种优势，把各种潜能充分发挥出来，以取得最好经济效益的规模。一个养猪场（户），在确定养猪规模的时候，都必须把经济效益放在首要位置进行考虑；养猪规模太小了不行，但也不是规模越大越好，要以适度为宜。

一般养猪专业户的饲养规模，条件较好的以年出栏育肥猪50～100头的规模为宜，条件一般的以年出栏育肥猪30～50头的规模为宜。这样的养猪规模，在劳动力方面，饲养户可利用自家劳动力，不会因为增加劳动力而提高养猪成本；在饲料方面，可以自己批量购买饲料原料、自己配制饲料，也可直接购买配合饲料。在饲养管理方面，饲养户可以通过参加短期培训班或自学各种养猪知识，很方便、很灵活地采用科学化的饲养管理模式，从而提高养猪水平，缩短饲养周期，提高养猪的总体效益。

办大型养猪场，应以年出栏育肥猪 1 万头的规模为宜。在目前社会化服务体系不十分完善的情况下，这样的养猪规模可使养猪生产中出现的资金缺乏、饲料供应、饲养管理、疫病防治、产品销售、粪尿处理等问题比较容易解决。总之，无论是个人还是企业要发展规模养猪，一定要从实际出发，确定适合自己的养猪规模。发展初期，最好因地制宜、因陋就简，采取“滚雪球”的方法，由小到大逐步稳定地发展，随着经营决策和技术水平的提高、资金的增加，再逐步扩大规模。开始阶段切忌盲目投资、扩大规模、贪大求洋。

65 什么是生态养猪？发展生态养猪有什么意义？

生态养猪是以养殖业为主体进行开发、利用，通过对猪粪的科学处理，实行农牧结合，做到互相利用、互相促进，低投入，高产出，少污染的良性循环的生态养猪系统工程。生态养猪业要求与环境相互依存，不仅生猪生产系统自身是一个良性循环系统，而且能与农业生产系统形成相互依存的关系，使养猪业与农业资源、环境协调统一，走养猪业可持续发展道路。生态养猪业既要考虑满足当代人类对猪产品数量质量的基本需求，又不损害子孙后代养猪生产的基本生态条件。

一个持续发展的系统所追求的是包括生态效益、经济效益和社会效益的综合效益。从我国工厂化养猪的历程看到，由于在沿海城市的猪场生产规模大、引种多、饲养密集，导致猪病严重，特别是猪的呼吸道病更难以净化，而造成这种局面的思想根源则是经营者片面追求经济效益，生态效益意识淡薄，无视动物福利和环境卫生管理所造成的。因此实行生态养猪势在必行。

生态养猪不仅能降低养猪生产成本，而且能生产出有利于人体健康的优质、营养的绿色食品。生态养猪业的基本指导思想是充分利用猪的生物学特性，尽量多用或全部使用各种自然生态环境和各种自然资源，减少或不用人工化学合成物质及人工能源，有利于把动物、植物、微生物 3 大生物资源科学地结合起来，形成一条良性的生物食物链，变废为宝，综合利用，从而大大提高自然资源的利

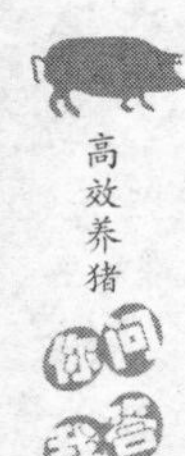

用率，使养猪业的综合成本降低到最低点。

让猪只生活在生物垫料发酵床上——自然养猪法，省力、省料、环保、效益高（图3-3）。

图3-3　生物垫料发酵床养猪

生态养猪的核心内容就是以处理猪场环境公害问题为基础构建，以猪为主要动物种群的生产系统，将猪场粪尿污染污物作为其他生物群落或其他农业生产的宝贵资源，实现养猪无污染，从而十分有效地保护农业生态环境。在没有污染地环境中养猪，尽可能多地利用天然物质、自然饲料资源，少用人工合成的化学物质添加剂、药物及其他抗生素等，也不会造成新的环境污染，就能生产出符合要求的绿色猪肉产品。

由于养猪的规模、场址选择、养猪设备、生产工艺、肥育方法、饲料添加剂的应用、疾病控制等技术上的差异，生态养猪不是传统养猪的复兴，更不是工厂化养猪的否定，而是现代养猪技术的完善和发展。

66 选择猪场场址时应注意哪些问题?

新建猪场场址的选择是一项很重要的工作，场址选择的好坏，直接影响养猪生产水平和经济效益，因此需要多方面考虑（图3-4）。

（1）地势和位置　场址最好选择在地势高燥、排水良好和背风向阳的地方。地势高有利于排出场内的雨水和污水，有利于保持圈舍干燥与环境卫生；背风可以避免或减少冬季西北风对猪群的侵袭；向阳即猪场要朝南或东南有斜坡，这样既有利于排水，又可以充分地利用太阳能采暖，减少能源消耗，降低饲养成本。地面一般以沙壤土为宜，低洼潮湿的地方不宜建场。

猪场的位置应选在距居民生活区、工作区、生产区、学校和公共场所较远（一般在500m以外）的地方，并在下风方向；远离医

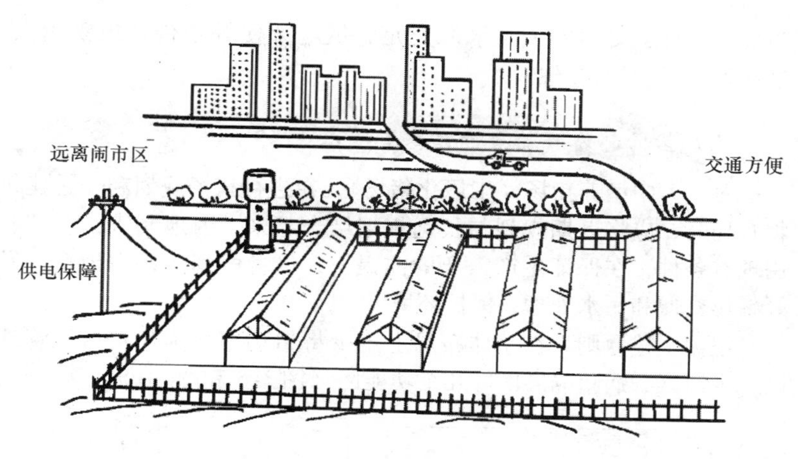

图 3-4　猪场的选址

院、畜产品加工厂、垃圾及污水处理场1000m以上；禁止在旅游区、自然保护区、水源保护区、畜禽疫病区和环境公害污染严重的地区建场。这样既有利于自身的安全，又可减少猪场污水、污物和有害气体对居民健康的危害。

（2）水资源和水质　猪场用水量较大，需要有充足的水源，水质应符合生活饮用水的卫生标准，取水方便，并确保未来若干年不受污染，最好用地下水或自来水。

（3）交通运输　猪场的物质的运输量较大，对外联系密切，故应建在交通比较方便的地区，但由于猪场的防疫要求很严，又要防止对周围环境的污染，因此，猪场场址应选择在交通便利又比较僻静的地方，但必须避开交通主要干道。

（4）能源供应　现代化程序较高的规模化猪场，机电设备较为完善，需要有足够的电力，才能确保养猪生产正常运转。所以，猪场需要建在靠近电源、供电有保障的地方。为预防停电，最好是配备发电机。

（5）排污与环保　猪场周围应有农田、果园、菜园等，并便于自流，以就地消耗大部分或全部粪水是最理想的情况。

专业户养猪场与工厂化养猪场基本相同，主要考虑地势高燥、

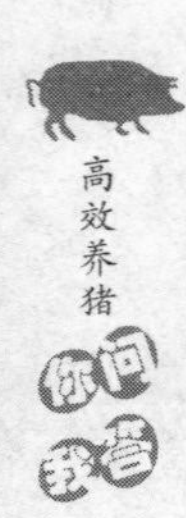

防疫条件好、交通方便、水源充足、供电方便等条件，规模越大，这些条件要求就越严格。

67 猪场总体布局有什么基本要求？

对于大中型养猪场（工厂化猪场），在进行猪场规划和安排建筑物布局时，应将近期规划与长远规划结合起来，因地制宜，合理利用现有条件，在保证生产需要的前提下，尽量做到节约占地，并做好猪场粪便和污水处理，保护环境。

根据上述原则，在总体布局上至少将猪场划分为生产区、管理区、生活区、病猪隔离区等几个功能区（图3-5和图3-6）。

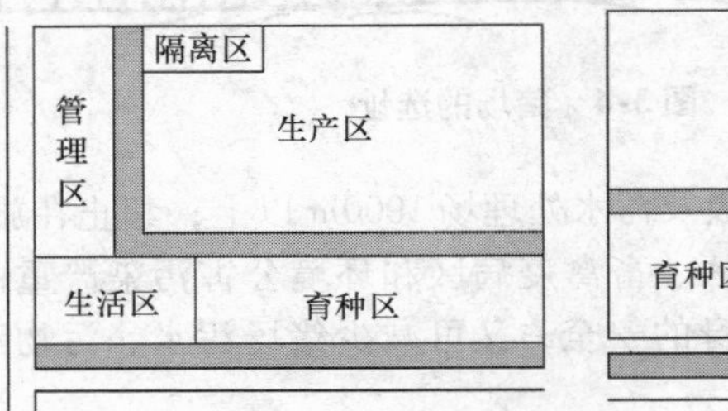

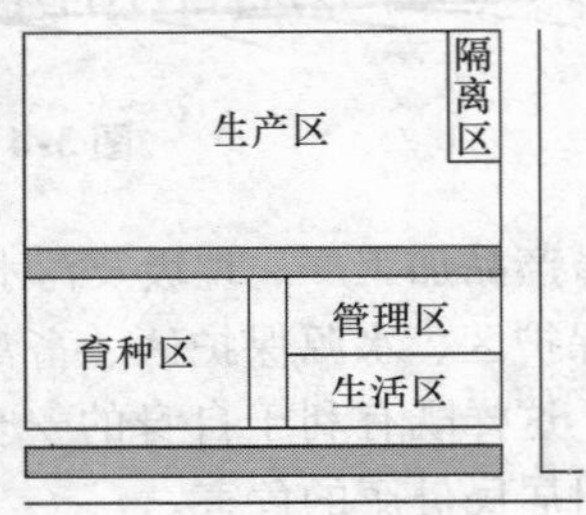

图3-5　专业性养猪场布局方案

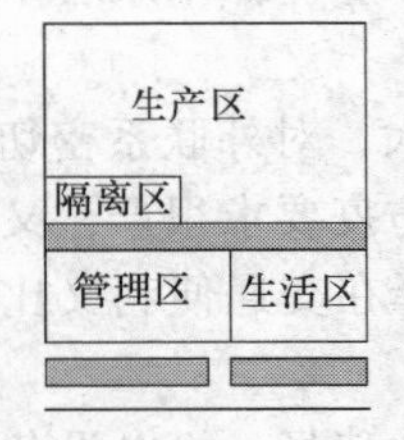

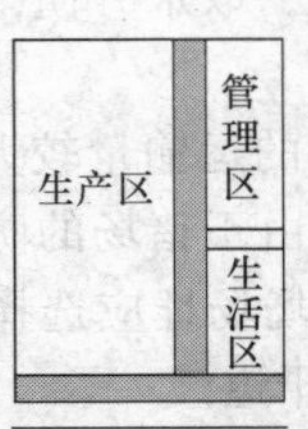

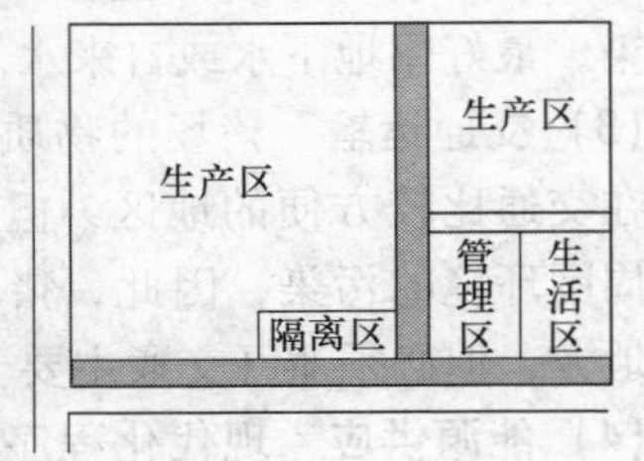

图3-6　综合性养猪场分区布局方案

（1）生产区　该区是整个猪场的核心区，包括各种类别的猪舍、消毒室（更衣室、洗澡间、紫外线消毒通道）、消毒池、兽医化验室、饲料加工调制车间、饲料储存仓库、人工授精室、粪尿处理系统等。该区应放在猪场的适中位置，处于病猪隔离区的上风或偏风方向，地势稍高于病猪隔离区，而低于管理区。该区建筑物布局一般为：种猪舍应放在离隔离区出口较远的位置，并与其他猪舍分开；公猪舍应位于母猪舍上风方向、较偏僻的地方，两者应相距 50m 以上，交配场应设在母猪舍附近，但不宜靠公猪舍太近；育肥猪舍及断奶仔猪舍放在进出口附近。这样既便于生产，又减少了种猪感染疾病的机会。

饲料调制室和仓库应设在与各栋猪舍差不多远的适中位置，且便于取水。

各类猪舍应坐北朝南或稍偏东南而建，以保持充足的光照，达到冬暖夏凉，各类猪舍间距离应保持 50m 以上，各栋猪舍间应保持 15～20m 的安全距离。

猪场生产区四周应设围墙，大门出入口设值班室、人员更衣消毒室、车辆消毒通道和装卸猪料台。猪场的道路应设净道和污道。人员、动物和物质运转应采取单一流向，进料和出料道严格分开，产区净道和污道分开，互不交叉，防止交叉污染和疫病传播。

为防疫和隔离噪声的需要，在猪场四周应设置隔离林，猪舍之间的道路两旁应植树种草，绿化环境。

（2）管理区 包括办公室、后勤保障用房、车库、接待室、会议室等，是猪场与外界接触的门户，应与生产区分开，自成一院，宜建在生产区进出口的外面、上风向处。

（3）生活区 包括职工宿舍、食堂、文化娱乐室、运动场等，应位于生产区的上风向。

（4）病猪隔离区 包括隔离舍、兽医室、病死猪无害化处理室和储粪场等，一般应设在猪场的下风或偏风向位置。隔离舍和兽医室应距生产区 150m 以上，储粪场应距生产区 50m 以上。

68 猪舍的建筑形式有哪几种？

猪舍的建筑形式较多，可分为 3 类：开放式猪舍、大棚式猪舍和封闭式猪舍。

（1）开放式猪舍（图 3-7） 建筑简单，节省材料，通风采光好，舍内有害气体易排出。但由于猪舍不封闭，猪舍内的气温随着

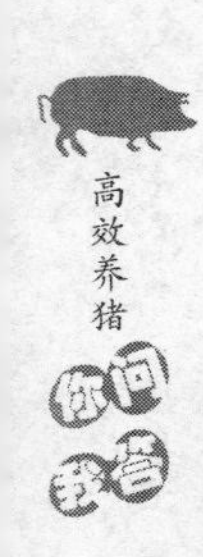

自然界变化而变化，不能人为控制，尤其是北方冬季寒冷，会影响猪的繁殖与生长。另外，相对的占地面积较大。

该种猪舍三面有墙、一面为半截墙，采光和保温效果好，适合广大农村养殖户养猪

图 3-7　开放式猪舍示意图

（2）大棚式猪舍　即用塑料薄膜扣成大棚式的猪舍。利用太阳辐射增高猪舍内温度。北方冬季养猪多采用这种形式。这是一种投资少、效果好的猪舍。根据建筑上塑料薄膜的层数，可分为单层塑料棚猪舍、双层塑料棚猪舍。根据猪舍排列，可分为单列塑料棚猪舍（图 3-8）和双列塑料棚猪舍（图 3-9）。另外还有半地下塑料棚猪舍（图 3-10）、种养结合塑料棚猪舍等。

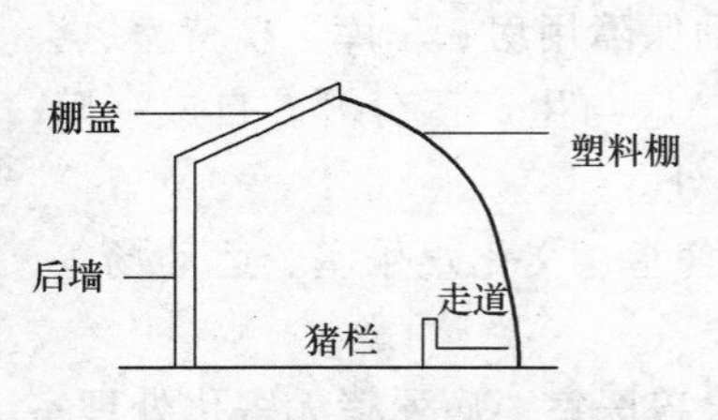

图 3-8　单列塑料棚猪舍示意图

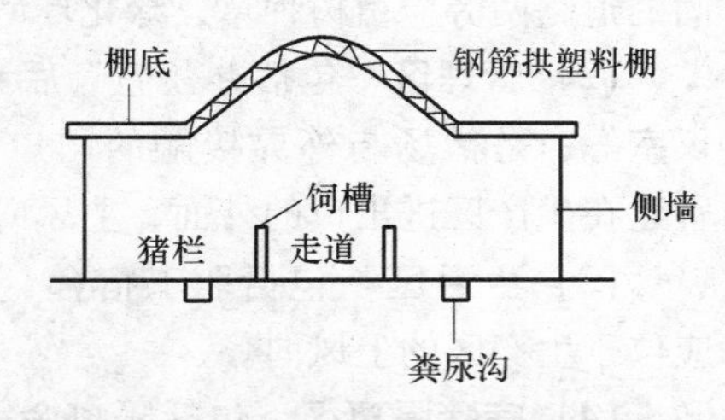

图 3-9　双列塑料棚猪舍示意图

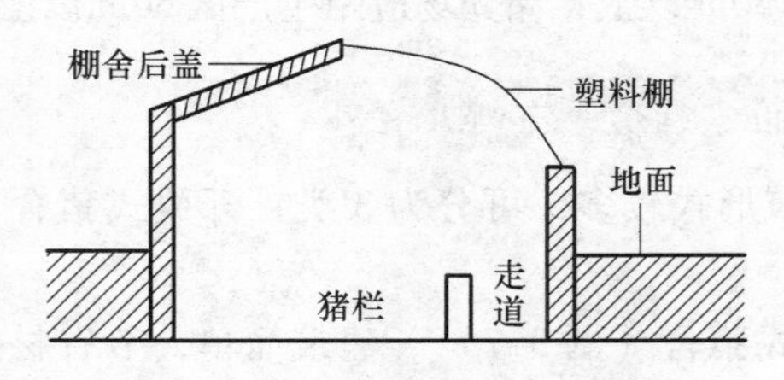

图 3-10　半地下塑料棚猪舍

（3）封闭式猪舍 通常有单列封闭式猪舍（图3-11）、双列封闭式猪舍（图3-12）和多列封闭式猪舍（图3-13）3种。

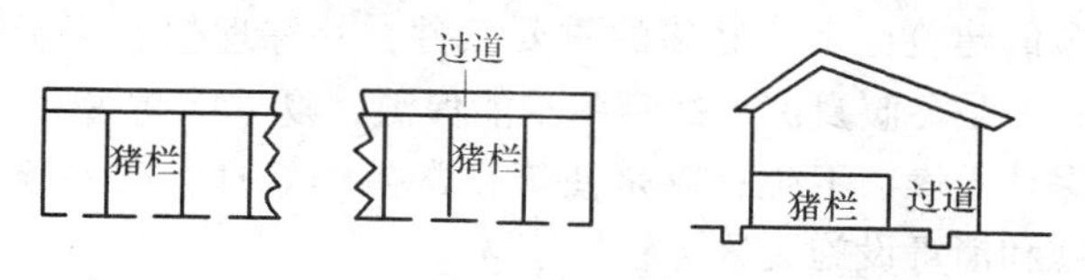

图3-11 单列封闭式猪舍示意图

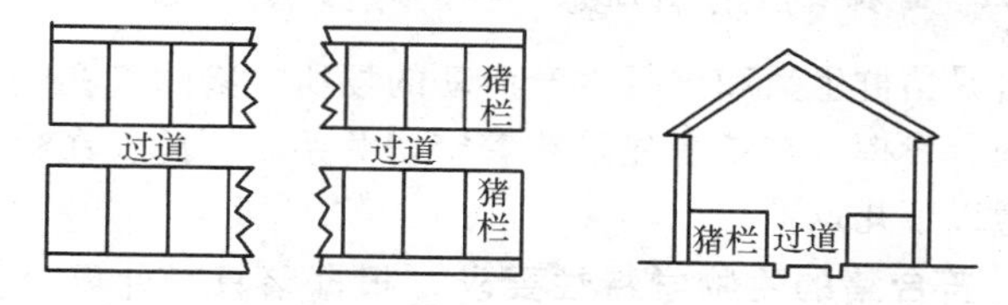

图3-12 双列封闭式猪舍示意图

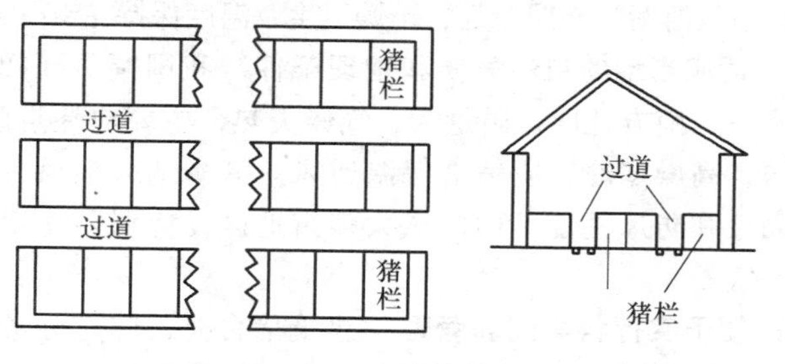

图3-13 多列封闭式猪舍示意图

单列封闭式猪舍：猪栏排成1列，靠北墙可设或不设走道，构造较简单，采光、通风、防潮好，适用于冬季不是很冷的地区。

双列封闭式猪舍：猪栏排成2列，中间设走道，管理方便，利用率高，保温较好，但采光、防潮不如单列式，适用于冬季寒冷的北方地区。

多列封闭式猪舍：猪栏排列成3列或4列，中间设2~3条走道，保温好，利用率高，但构造复杂，造价高，通风降温较困难。

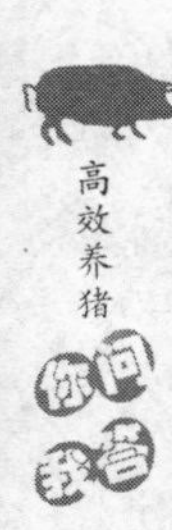

69 建筑猪舍有哪些基本要求?

猪舍的建筑也是养好猪的重要条件，一栋理想的猪舍应符合以下要求：一是冬暖夏凉，做到冬季能保温，夏季能防暑；二是通风、透光，保持干燥、卫生；三是便于日常操作管理；四是要有严格的消毒措施和消毒设施装置。

70 建筑猪舍要特别注意哪些问题?

猪舍是猪群生活和进行生产活动的场所，猪的潜在生产性能能否得到充分发挥，与猪舍建筑有着密切关系。因此，在建筑猪舍时必须注意以下几点：

(1) 符合猪的生物学特性要求 根据猪只对外界冷、热、风、干、雨等条件变化的耐受性，一般较理想的猪舍是坐北朝南或坐西北朝东南，空气清新，光照充足，干燥卫生，温度保持在10~25℃之间。

(2) 适应当地的自然气候和地理条件 我国幅员辽阔，各地自然条件不一，南方地区，雨量大，气候炎热，主要应注意防潮防暑；北方地区，高燥寒冷，应考虑保温通风；沿海地区多风，要加强猪舍的坚固性和防风性能；山高风大多雪地区，特别要注意猪舍屋顶的坚固厚实。

(3) 便于实行科学饲养管理 建筑猪舍时，应充分考虑到操作方便，便于日常管理，猪舍的屋顶、过道、猪栏门、窗户、饲槽、水槽、排污口的设计要合理，以便于操作使用。

(4) 有严格的消毒措施 猪场和猪舍的门口一定要设置消毒池和消毒装置，把传染病减少到最低限度。

71 商品猪场猪舍内部需要装配哪些设备?

一般猪场或工厂化养猪场的主要饲养设备有猪栏和饲喂、饮水、通风、清粪、防疫卫生等设备。受我国目前养殖条件的限制，在配置设备时要从实际出发，既要学习国内外先进的养猪经验，又要注意投资少、效益高、成本低；既要注意设备的标准化、系列化和成套化，尤其要注意设备的质量，又不能盲目购置；既要充分利用机械设备的先进手段，提高劳动生产率，又要发挥人的能动作用（充分利用农村廉价、剩余劳动力），凡是人工可替代的工作，都可由人工进行，以此降低养殖成本。

72 水泥地面猪舍养猪有哪些优缺点？

猪舍采用水泥地面只有保持猪舍的清洁、卫生，便于猪粪尿的清理、冲洗这一优点，但是弊端却比较多。主要缺点有以下几点。

1）影响猪对矿物质的摄取。猪有拱地的习惯，可直接从土壤中或者垫料中摄入矿物质、微量元素如钙、磷、铁等。

2）成活率降低，仔猪死亡率高。由于仔猪对铁等元素的摄入量减少，极易发生缺铁性贫血和红细胞性贫血，甚至造成死亡，极大影响仔猪成活率。

3）种猪种用价值降低。由于缺乏矿物质、微量元素，维生素类补充不全，影响精子生成和活力；公猪自淫损伤阴茎，爬跨围墙损伤身体。

4）发病率高。夏天水泥地面吸热强，猪易发生皮肤病或中暑；冬天地面保暖性差，猪极易受凉感冒，甚至发生肠炎、肺炎（图3-14）。

仔猪怕冷，喜欢扎堆，睡在水泥地面上，夜里容易受凉，造成腹泻

图3-14　仔猪扎堆

5）母猪护仔性差。特别是冬天，刚出生仔猪怕冷，缩于母猪腹下，母猪翻身极易压死仔猪，甚至吃掉仔猪或胎衣。

6）易发生消化器疾病。猪强行拱地面，甚至异食小泥块，损伤吻突、口腔、舌体及食道等不便治疗，有的发生胃肠道损伤。

7）对皮肤有刺激、腐蚀性。水泥地面呈碱性，尤其是新做的地面，刺激、腐蚀皮肤，引起猪脱毛和腐蹄病，甚至诱发寄生虫疾病，如疥螨等。

8）地面强硬板结。猪未接触土地面，行走适应性差，育肥猪出售驱赶尤为明显，行走极度困难，且易发生关节炎。

9）影响猪三角定位。猪爱清洁，吃食、睡觉、休息、大小便各一处，水泥地面的圈舍不吸水、尿，若打扫不及时，易造成猪舍内脏乱不堪，猪只互相打斗时易滑跌，发生意外。

总之，水泥地面对猪的成活、疾病防治、生长等都有极大的影响。因此经过科学实践证明，应少使用水泥地面养猪，可通过生态环保的发酵床养猪方法改善水泥地养猪的种种弊端，给猪只提供一个舒适的环境场所。

73 家庭规模养猪的生产模式有哪些？

在家庭规模养猪中，单一养猪在经营有方的情况下，也能取得较好的经济效益。但由于养猪的饲料是一次性利用，损失和浪费较大。如果采用综合饲养，就可使饲料一次性利用为多层次增值利用，经济效益会更好。

常见的生产模式有以下几种：

（1）猪-鱼综合饲养 即用饲料养猪，猪的粪便喂鱼，可节省鱼的饲料成本，提高鱼的产量，起到互补作用，从而发挥综合效益。

（2）鸡-猪-鱼综合饲养 即用饲料喂鸡，鸡的粪便经处理后作为部分猪的饲料，猪的粪便可作为鱼的饲料，在鱼塘里养水浮萍等再用来喂猪，鱼塘泥又可作种植业的肥料，这样形成鸡-猪-鱼-粮-草的良性生态循环。

（3）养猪-加工结合模式 即利用酒厂、糖厂、面粉厂、酱油厂、豆腐坊等加工副产品，如酒糟、糖糟、麸皮、酱精、豆渣等作为饲料喂猪，可节省一部分养猪精饲料，实现养猪、加工双增收。

（4）猪-果结合模式 即在果林树空隙处栽种各种饲料作物，用于喂猪，用猪的粪便给果树施肥，既可减少肥料开支，又可降低养猪饲料成本，从而达到猪、果双丰收。

（5）猪-沼-鱼模式 即利用养猪废弃物和猪粪尿产生沼气，用沼气燃烧产生的热能取暖、照明，利用沼液、沼渣养鱼的养猪生态模式。

74 用生物发酵床养猪有哪些优点?

生物发酵床养猪法，也称自然养猪法、懒汉养猪法，它是一种健康清洁、环保型、生态型、节能型的养猪技术（图3-15）。使用该种方法养猪具有以下优点：

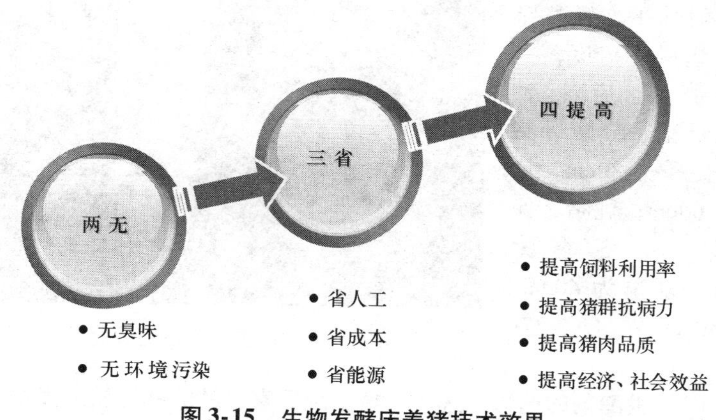

图3-15 生物发酵床养猪技术效果

（1）解决了粪便处理难题，实现了“零排放” 通过生物菌种的作用，猪粪尿全部在垫料内被降解，猪舍里不会臭气冲天和苍蝇滋生。不仅改善了猪场本身的环境，也有利于新农村建设。

（2）改善了猪的生长环境和猪的健康状况 发酵床结合特殊猪舍，使猪舍通风透气，光照、温度、湿度均适于猪的生长。添加的有益微生物改善了生猪消化道微生态条件，增强了机体抗病、抗逆及抗应激能力。

（3）提高了肉的品质 少用或不再使用抗生素、抗菌性药物，提高了猪肉品质。

（4）大幅度提高了劳动生产率 由于生物发酵床养猪技术不需要用水冲猪舍、不需要每天清除猪粪，仅此一项就可以节约劳动力50%以上。一个人可饲养500~1000头肥猪或100~200头母猪。

（5）提高了养猪的经济效益 生物发酵床养猪可节水75%~

90%，仅兽药、水电、饲料的节约，每头猪可以增效50~80元。

75 如何制作和维护生物发酵床？

（1）发酵床的类型 根据当地地下水位高低一般分为地上式、半地上式和地下式3种类型，底面必须是土面或沙土面，不能抹水泥地面，四周墙皮可用水泥抹平。发酵床高（垫料厚）度，一般育肥猪、后备猪、妊娠母猪、分娩母猪舍，冬季为80cm，夏季为60cm；乳猪、保育猪舍，冬季为60cm，夏季为40cm。以80cm左右为宜（图3-16）。

图3-16 猪在发酵床上拱食

（2）发酵剂的选择 选用合格正规厂家出品的酵母素或发酵剂。为了降低成本，也可选择国产EM液等生物制剂作为替代产品。

（3）发酵垫料的选择 一般选择稻壳70%、锯末30%，发酵剂$10m^2$发酵床面积使用1kg固体发酵菌种（以山东康地恩生物有限公司出品的酵源素为例）、30kg玉米面和10kg麸皮。

（4）发酵垫料的制作 主要分在猪舍内制作和在猪舍外制作2种方法。猪舍内制作是将稻壳、锯末、玉米面、麸皮、发酵菌种等按比例混合均匀，在搅拌过程中不断洒水，含水量在40%~45%之间，搅拌均匀后堆成梯形，周围盖上麻袋布保温，开始发酵；猪舍外制作就是在猪舍外面将垫料原料和发酵剂按比例放在一起搅拌均匀后，移入发酵舍内进行发酵。初次发酵垫料以手握成团、指间不出水、松手后垫料自然散开为宜，含水量过高或过低均不利于发酵。

（5）发酵的检查测定 发酵期间，每天测量发酵温度，并做好记录。从第二天开始在不同角度的3个点，约20cm深处插入温度计测量温度，温度可上升到40~50℃（若第二天垫料的初始温度没有上升到40~50℃，有可能是垫料加入防腐剂、杀虫剂或水分过高或其他不足造成的，查找原因及时处理），以后逐渐升高到60~70℃为止，铺开垫料散发出酒曲香味和蒸汽，则表示发酵成功。

图3-17　发酵垫料无异臭味

如图3-17所示，由于猪粪便随排泄随被微生物迅速分解转化，所以走进这种猪舍，没有异味感，圈底有机垫料干净、卫生，铲起来松软适度，放到鼻边轻嗅没有普通猪舍的异臭味。

（6）发酵时间　一般夏季需要5~7天，冬季气温较低时，发酵时间可稍长些，为10~15天。

（7）摊开垫料准备进猪　将发酵好的垫料摊开铺平，然后在上面铺上一层预留的混合好的稻壳、锯末，厚度为5~10cm，等待24h后即可进猪。

（8）垫料的日常维护　一是进猪后每隔7~10天用铁耙或旋耕耙将垫料翻耙一遍，便于垫料充分混合进行发酵，以无氨味和无臭味、20cm以下温度40℃左右为宜；二是注意通风，尤其是排湿，垫料过湿会影响发酵效果，可采用自然通风或者强制通风的方法对圈舍垫料加以减湿；三是注意合理的养殖密度，育肥猪（50~100kg）1.2~1.5m^2/只、育仔猪（50kg以下）0.8~1.2m^2/只、母猪2.0~3.0m^2/只；四是及时分散猪粪，猪经常在同一个地方排便，若猪粪尿堆积过多，湿度过大，影响发酵效果，甚至造成菌种死亡，应人工及时把粪便分散掩埋；五是一批猪育肥出栏后，要将垫料翻起，搅拌均匀，堆积发酵1周左右，杀死垫料中的寄生虫卵和病原微生物，然后摊平备用。如果垫料压实变低，可再添加稻壳、锯末，使垫料始终保持一定的厚度，继续进猪，连续使用2~3年，待发酵垫料腐烂，猪的排泄物比例过高，发酵效果不好时停止使用，彻底清

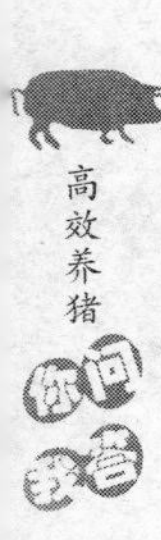

除作有机肥料，重新换上新垫料，继续发酵使用。

76 生物发酵床养猪的饲养管理要点有哪些？

生物发酵床养猪的饲养管理与常规养猪基本相同，只是在部分环节略有差异，主要包括以下几点：

（1）饲养

1）猪的饲养密度不宜过高，要根据猪的不同阶段来合理控制。

2）投放饲料量要恰当，防止料槽中的饲料泼洒，尽量避免饲料洒入垫料，发生霉变。

3）饲料配比、饮水器安装、料槽设置、喂料数量频率等应该与普通饲养一致。

（2）管理

1）进猪前的准备

① 猪舍应彻底消毒，包括门窗、天花板、地面、墙壁、料槽、水管、投药箱等。

② 发酵床垫料要堆积发酵，发酵成熟后待用。

③ 入圈生猪应提前彻底清除体内寄生虫，避免将其带入发酵床，使猪在啃食菌丝时将虫卵吞入肚内感染。

④ 进猪前应检查疫苗注射情况，确保每头猪只无疫苗漏注。

2）进猪后的管理

① 按猪只的品系、体重的大小和公、母猪分开放置，分群饲养。病猪要先隔离治疗、单独饲养，待确认无病健康后再混合饲养。

② 控制发酵床面的温度和湿度。床面不能过于干燥，应具备一定的湿度，以有利于微生物的繁殖。若过于干燥，容易引起猪的呼吸系统疾病。可定期向发酵床喷洒水或活性剂溶液。经常检查温度，看仔猪是否适宜，如果仔猪都集中在一起睡，说明温度偏低；如果仔猪都分散睡，则说明温度正常。减少垫料的补水量，让垫料水分逐步控制在40%～45%之间，这样可以保证微生物的繁殖不受影响，同时又可以控制发酵强度，避免发酵产生高温及高湿。

③ 微生物菌种的合理使用。对自行采集的非专业菌种要加入活性剂进行调节以保证发酵的正常进行；而对于专业菌种，在一般情

况下无须添加活性剂，即可发酵繁殖。若猪舍中垫料变薄变少，应及时补加。夏季适当加大补菌量，特别是粪尿集中排泄区的补菌量。

④ 定期消毒和驱虫。猪只进入发酵床饲养后，应对发酵床采食地面进行定期消毒，对猪群进行定期驱虫。

⑤ 免疫程序的制订。按一般猪场正常免疫程序制订。

⑥ 应预留出病猪的隔离治疗间，对发病猪进行必要的隔离观察及治疗。

77 生物发酵床养猪的菌种如何选择？

早先的生物发酵床养猪是利用自然环境中的生物资源，一般是采集土壤中的多种有益微生物（土著菌），对其进行选择、培养、检验、扩繁，最后形成具有相当活力的微生物母种，再按一定的比例将母种、锯末屑、辅助材料、活性剂、食盐等进行混合、发酵形成有机垫料，然后把猪只放在垫料上饲养，之后要经常给这些微生物补充养分。此种饲养方式不仅成本高、麻烦，而且所采集培养的菌种比较单一（主要是放线菌），时间长了床面容易发生板结，垫料消耗也较大，需要不断添加垫料，增加成本。

随着生物发酵床的推广使用和发展，近年来已经不再需要自己培养土著菌，都改成了人工菌种，而且效果非常好。但市场上出售的菌种很多，价格也不一，因此在选择菌种时要注意，要选择有技术、信誉度高、敢与养殖户签订合同的厂家；选择适应本地地理环境条件、好操作、易管理、维护简单的菌种制作发酵床。

78 怎样用塑料棚猪舍养猪？

由于冬季猪舍内温度低，猪只生长慢，耗用饲料多，影响出栏率和经济效益。因此，在冬季常用塑料薄膜将猪舍的开敞面覆盖，以提高猪舍内的温度。塑料薄膜是用来覆盖圈外的露天部分，可以根据屋檐和圈墙情况，直接或在本框架上覆盖塑料薄膜，单层或双层均可。

如图 3-18 所示的塑料棚猪舍，冬季可用塑料薄膜将四周窗户盖上，炎热的夏季可掀开，以通风降温。

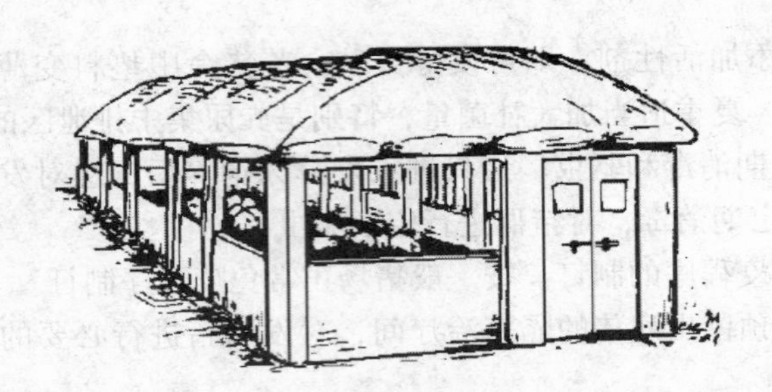

图 3-18　塑料棚猪舍示意图

使用塑料棚猪舍养猪时需要注意以下几点：

1）利用塑料棚猪舍养猪，由于饲养密度较大，相对湿度高，空气中氨气浓度也大，这样会影响猪只的生长发育。因此，猪舍内要设置排气孔，或适时揭盖通风、换气，以降低猪舍内湿度，排出污浊气体。尤其是早上一进猪舍，感到有气味刺鼻、刺眼，要马上通风换气。一般猪舍内相对湿度保持在60% ~70%之间。

2）为了保持塑料棚猪舍内温度，冬季在夜晚于塑料棚的上面可再盖上一层防寒草帘子，以减少塑料棚猪舍内温度的散失，夏、秋季气温较高时可除去塑料膜，但猪舍的周围必须设有遮阴物，做到冬暖夏凉。

3）塑料棚的造型要合理，采光面积要大，最好是冬季阳光能直射入猪舍内，甚至可以达到北墙底。

4）塑料棚猪舍应建在背风、高燥、向阳处，一般方位为坐北朝南，并偏西5°~10°。这样在11~12月，可使每天塑料棚猪舍接受阳光照射的时间达到最长，获取的太阳能最多，对塑料棚猪舍增温效果好。

79 什么是种养结合塑料棚猪舍养猪技术？

种养结合塑料棚猪舍养猪，是近年来推出的一项养猪新技术。这种猪舍既能养猪，又能进行种植（种植蔬菜）。其建筑方式同单列式塑料棚猪舍基本相同，一般在一列塑料棚猪舍内有一半面积用来养猪，一半面积用来种植蔬菜，棚舍的中间设置一道隔离墙（图 3-19）。在隔离墙上留有小窗口，窗户不封闭，这样既可以使猪栏内的污浊空气流动到种菜室内，同时也可以使种菜室内的新鲜空气流动到猪栏内。在蔬菜需要喷洒药物、施肥时，再把隔离墙上的窗户封闭严密，以防有害气体进入猪栏内，引起猪只中毒。有条件的猪场，还可以在猪床位置下面修建沼气池，充分利用猪粪尿生产沼气，以供照明、取暖、煮饲料等用，沼气渣、沼气液还可用作蔬菜、农作物的肥料。

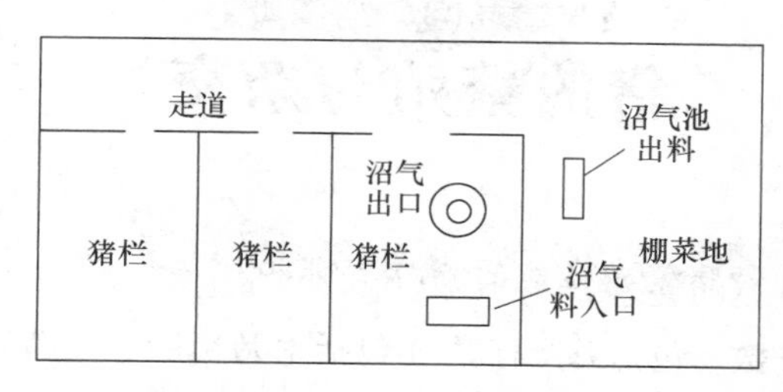

图 3-19　种养结合塑料棚猪舍示意图

80 如何进行猪场粪尿及污水的处理

规模化养猪面临一个很大的问题就是如何处理粪尿及污水，从而保护环境，防止疫病发生。但从目前实际情况看，采用工程措施如污水处理场、沼气工程等，由于资金成本等方面的原因，尚难以达到，为了保护环境，减少污染，各猪场应该达到以下要求：

1）猪场密度要适当，不宜过于集中，猪场间要有一定的距离，周边有足够的农田，以消纳固体粪便。

2）设立猪粪堆肥发酵场。

3）设污水沉淀池及人工湿地，处理后的污水可作为农田灌溉水源。

4）场地要根据各地气候条件等因素选择适宜的植物进行绿化。

以上措施是猪场污染源的初步治理，随着生产发展和资金积累，还要积极引进工程措施处理，以提高处理效果，真正做到化害为利。

四、猪的繁殖与杂交

81 评价种猪繁殖性能的指标有哪些?

(1) 产仔数 包括总产仔数（包括木乃伊胎、死胎）和活仔数(产后24h内存活的仔猪数)。

(2) 初生个体重和初生窝重 初生个体重指出生12h内称的个体重量；初生窝重指同窝仔猪初生个体重的总和（不包括死胎在内)。

(3) 初生日龄 指母猪头胎产仔的日期。

(4) 断奶后再发情间隔 指母猪断奶后到再发情配种的时间。

(5) 断奶窝重 指断奶时全窝仔猪的总重量，是判断母猪哺乳能力的主要指标。

(6) 产仔窝数 指母猪1年内产仔的胎数。

82 后备母猪有什么生长特点?

一般把4月龄以上到配种前的母猪称为后备母猪。4月龄以上的后备母猪，其消化器官比较发达，消化机能和适应环境的能力逐渐增强，也是内部器官发育的生理成熟时期。母猪在4月龄以前，相对生长速度最大，骨骼生长速度最快，4月龄以后逐渐减慢；4～7月龄肌肉生长快；6月龄以后体内开始沉积脂肪。凡是生长快的小母猪，其繁殖能力都比较强，故应在后备母猪生长最快的时期，给予良好的培育条件，以获得较好的成年体重和今后的繁殖成绩。因此，培育后备母猪，要经常观察其生长情况，进行合理的选择和淘汰。

83 怎样选留、饲养和管理后备母猪？

（1）后备母猪的选留

1）父母本的选择。育种猪场要从核心母猪与优秀公猪的后代中挑选，商品猪场也必须是血统清楚的优秀公、母猪的后代。种公猪要生长发育良好，饲料报酬高，胴体瘦肉率高，无遗传隐患；种母猪要产仔多，哺乳力强，母性好，且产仔2窝以上，窝产仔猪头数多，初生体重大。

2）仔猪出生季节的选择。选留后备母猪一般多在春季，因为春季气候温和，阳光充足，青绿饲料容易解决，好饲养，到当年的8~9月体重、月龄均可达到配种的要求，体况、体质和生理机能均已成熟，能准时参加配种。

3）仔猪的选择。仔猪生下后，从哺乳期开始注意挑选初生重，生长发育好，增重快，体质强壮，断奶体重大，有效乳头不少于14个，并且排列整齐均匀，无瞎乳头，外形无重大缺陷的小母猪。其选留的头数应是选留猪的2.5~3倍。

4）终选。仔猪断奶后，公、母猪应分开饲养，直到小母猪体重达到65kg左右时，依据其父母本的性能，再参考个体发育情况，从同窝仔猪中挑选长得最快、个体大、无缺陷的留作种用，即窝选（图4-1）。选留的小母猪按5~10头1组分组饲养，并在10天内每天将成年公猪放入小母猪群中20min，凡是在18~24天内发情，且征兆明显，四肢、乳头数、生长速度和背膘厚度等指标均符合本品种特征的，可鉴定为合格的小母猪，在其第三次发情时可进行配种。在选留的后备母猪生第一窝仔

图4-1　窝选后备母猪

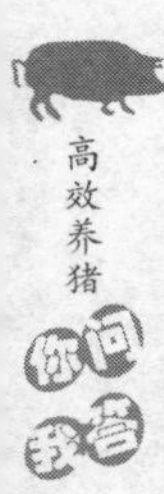

猪后，还要根据其繁殖情况进行第三次选择，选优淘劣。

(2) 后备母猪的饲养 根据后备母猪的生长特点，在长骨骼的阶段，要保证供给足够的矿物质，尤其是供应足够的钙、磷，使骨骼长得细密结实、骨架大；在长肌肉阶段，则应供给足量优质的蛋白质饲料；在防止脂肪沉积阶段，要注意日粮的营养结构，少搭配精料和含碳水化合物饲料，多用青绿多汁饲料，适当加入动物性蛋白饲料。当后备母猪体重达到50kg以上，消化器官发育完善，其消化吸收能力大大增强，这时不仅食欲旺盛，采食量大，而且食饱贪睡。因此，要采取限制饲喂的方法，不能让其自由采食，以免其腹部下垂和过于肥胖，以控制猪的体型和体重（图4-2）。

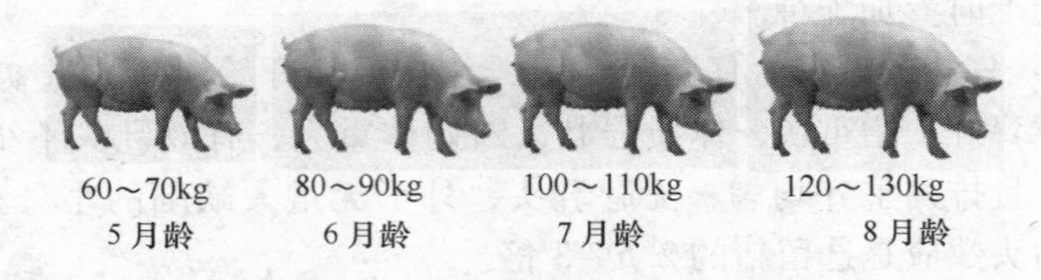

图4-2 控制后备母猪的体重

限制饲喂的方法：根据猪的体重决定每头每天的饲喂量。后备母猪的食量可根据一次饲喂后，猪自动离开食槽时所摄进饲料的数量判定；或根据投食后5～6min内吃食的数量，乘以饲喂次数即可计算出全天应给的饲料量，并随幼猪的增重、食量及粪便形状的变化逐渐增加给量，每天饲喂3餐，其中饲喂量早晨为35%、中午为25%、下午为40%。

(3) 后备母猪的管理

1）适当运动。运动既可锻炼身体，促进骨骼和肌肉的正常发育，保证匀称结实的体型，防止母猪过肥或肢蹄不良，又可增强猪的体质和性活动能力，防止发情失常和寡产。因此，栏舍要设有运动场，让猪自由活动，冬、春季节可进行驱赶运动，每天上午和下午各运动1次，每天运动时间不少于2h（图4-3）。

2）及时淘汰。按照育种要求，应把不符合种用要求的初选后备母猪及时予以淘汰作育肥用。

图 4-3　运动场中的后备母猪

3）做好卫生防疫工作。经常保持栏舍清洁、卫生，根据传染病的发病规律，做好各种预防免疫工作，并定期进行胃肠道和体外寄生虫的驱虫工作，发现疾病，及时给予治疗，以确保后备母猪健康。

4）掌握初配年龄。为了提高繁殖率，必须掌握后备母猪的初配年龄，摸清每头母猪的发情规律，适时配种。

84 后备母猪什么时候开始配种合适?

本地猪品种，一般在出生后的 3～4 月龄开始发情；外国及我国的培育品种，一般在出生后的 4～5 月龄开始发情，虽然此时母猪有配种的欲望及怀孕的可能性，但这时由于母猪本身还未达到体成熟，生殖系统发育尚未完善，自身也正处于生长发育的旺盛时期，因此不能让其参加配种繁殖。如果配种过早，不仅产仔数少，而且初生体重小，体质差，成活率低，还会影响母猪以后的生长发育。

一般认为，地方品种猪的初配年龄应为6～8 月龄，体重达 60～70kg；国外引入品种、我国的培育品种和杂交品种的初配年龄应为8～10月龄，体重达 80～100kg，于母猪的第三个发情期配种最为适宜。根据饲养和管理情况，公、母猪体重达到成年体重的 50%～60% 时即可使用。地方猪种因品种差异较大，一般初配年龄为 6～7 月龄，体重为 60～85kg；外国种猪则要晚些，至 7～8 月龄、公猪体重 110kg 以上、母猪体重 100kg 以上时才开始配种。

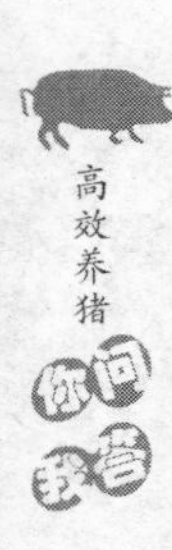

85 什么叫性成熟和体成熟？

公、母猪发育到一定时期，就开始表现性行为，具有第二性征，特别是以能产生成熟的生殖细胞为特征，一旦交配就能使母猪怀孕，这个时期通常称为猪的性成熟时期。

猪的性成熟时间因品种、饲养管理条件、气候、环境、营养和个体情况的不同有较大的差异。国外瘦肉型猪种较地方猪种性成熟晚。就国外种母猪而言，在良好的饲养环境下一般5~6月龄才达到初情期，但研究表明，第一次发情并不意味着都能排卵，就群体而言，要第三次发情才能达到全部排卵。刚达到性成熟的青年猪，不仅身体处在生长发育时期，而且生殖器官也处在发育之中，例如初次发情的母猪的卵巢和子宫的重量仅占成年母猪的1/3左右。

实际生产中，不能过早地利用青年公、母猪，否则会影响猪的身体和生殖器官的发育，降低种公、母猪的种用价值，缩短公、母猪的利用年限。一般应在猪达到或接近体成熟时配种最为适宜。

86 什么叫发情周期？母猪发情有何征兆和规律？

在生理周期或非妊娠条件下，母猪每间隔一定时期均会出现一次发情，通常将这次发情开始至下次发情开始、或这次发情结束至下次发情结束所间隔的时期，称为发情周期。母猪的发情周期，一般平均为21天（18~24天）。

母猪发情时的征兆在不同个体之间也存在一定的差异，其一般特征是：从外表观察，首先是阴户潮红、肿胀，而其红肿程度有轻有重，白毛猪较易看出，黑毛猪不易看出，同时，母猪食欲减退，采食明显减少，精神兴奋，躁动不安，随着阴户的肿胀加重，阴道逐渐流出黏液，但黏液较稀，这时的母猪不让公猪爬跨，此阶段称为发情前期，一般持续1~2天。之后食欲进一步下降，有的猪根本就不采食，在圈内起卧不安，频频排尿，常互相爬跨、爬圈墙等，此时的母猪喜欢公猪爬跨，如用手或木棍按压其腰部，则往往呆立不动，这称为“压背反射”（图4-4），阴户的肿胀减轻，颜色由鲜红变暗，阴道黏液也变得非常浓稠，此阶段称为发情中期。到了后期，母猪阴户逐渐消肿，压背反射消失，也不再接受公猪爬跨，食欲也逐渐趋于正常。

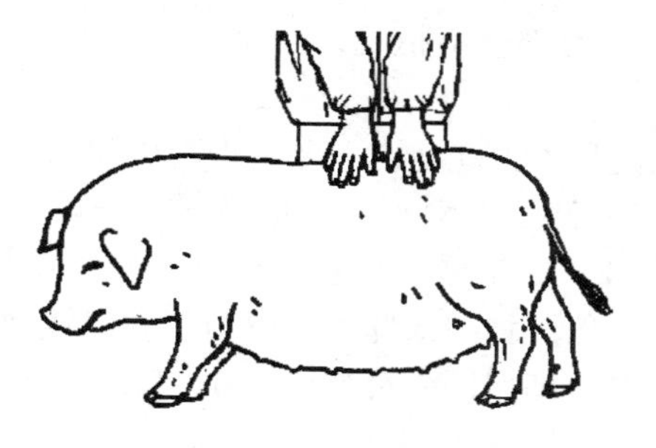

用双手按压母猪腰部，如母猪呆立不动，呈现出接受交配姿势，说明发情母猪已到了交配（输精）的适宜时间

图4-4　压背法鉴定母猪发情

母猪发情持续时间，随品种、年龄、个体不同而有差异，一般为3～4天。后备母猪发情时间比经产母猪长，壮年母猪比老年母猪长，地方品种比国外品种及培育品种时间长。如果在发情期间不配种或配而不孕，那么在下一个发情周期还会发情。在哺乳仔猪断奶后，多数母猪在3～10天内就会再发情。少数母猪也会在哺乳期间发情，但征候不太明显。

87 发情母猪什么时候配种最为适宜？

为给发情母猪适时配种，比较实用而准确的办法就是掌握母猪发情的表征，根据其表征来选择配种时机，可归纳为“四看”。

一看阴户：发情母猪阴户由初期充血红肿、颜色鲜艳，变为紫红暗淡，肿胀开始消退，并出现皱纹，此时为配种最佳时期（图4-5）。

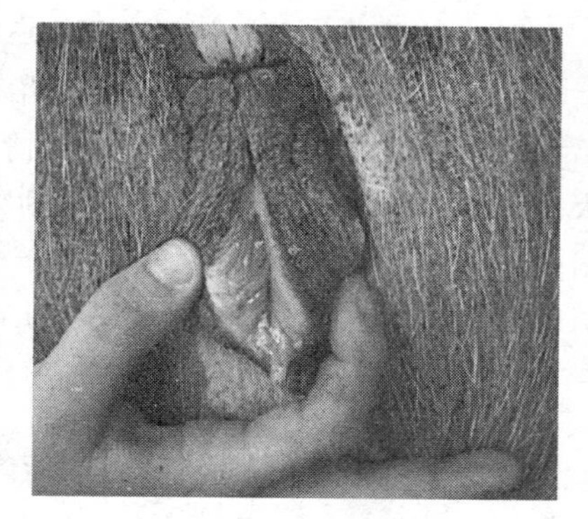

图4-5　母猪发情初期阴户变化

二看黏液：发情母猪从阴户流出浓浊黏液，往往粘有垫草，或用拇、食指扯开黏液呈

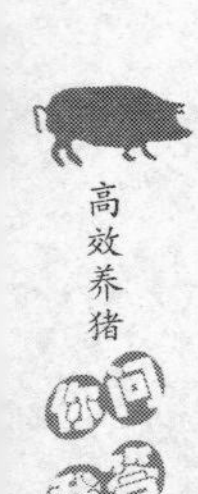

丝状，此时期配种最为适宜。

三看表情：发情母猪表现呆滞，喜伏卧，人以手触摸其背腰，呆立不动，双耳直竖，用手推按臀部，不拒绝，反而向人手方向靠拢，此时配种，受孕率最高。

四看年龄：俗话说，“老配早，少配晚，不老不少配中间”，即老龄母猪发情持续期短，当天发情下午配种；后备母猪（年龄小）发情期较长，一般于第三天配种；中年母猪（经产母猪）宜在第二天配。只要适期配种掌握好，一般配种一次即可。但为了确保怀孕，增加产仔数，通常进行重复配种，即用同一公猪，隔 8 ~ 12h 再交配一次。

对于个别母猪，特别是引进品种（如长白猪），有时看不出任何明显的发情表征，错过时机常会造成失配空怀，影响繁殖。另外，引进品种发情期较短，一般为1 ~ 2天。因此，必须留心察情，或采用公猪试情，抓住时机，适时配种。

88 母猪为什么在夏天发情率低？

猪虽然是无季节性发情，但季节变化对其繁殖力的影响比较明显。一般夏季发情表征不明显，配种的受孕率也较低。这是因为炎热季节（6 ~ 9 月），母猪采食量减少，摄入的有效能量下降，导致正常激素分泌系统机能发生障碍所致。

据资料报道，夏天如果给予含 3% 脂肪水平的饲料，仔猪断奶后 10 天发情的母猪仅占 34%；喂给含 10% 脂肪水平的饲料则比喂给含 3% 脂肪水平的饲料的母猪发情早。试验证明，哺乳期母猪每天摄入 66. 90MJ 消化能，在仔猪断奶后 5 天即可发情；哺乳期母猪每天摄入 50. 21MJ 消化能，在仔猪断奶后则需要 6 ~ 10 天可发情；哺乳期母猪每天摄入 33. 47MJ 消化能，在仔猪断奶后则至少要 25 天才发情。

89 如何促进母猪正常发情和排卵？

促进母猪发情和排卵的方法很多，归纳起来主要有以下几点：

(1) 公猪诱导 用试情公猪追逐久不发情的母猪（图 4-6），或把公猪和母猪关在一栏内饲养，通过公猪爬跨、追逐等刺激可诱导母猪发情、排卵。

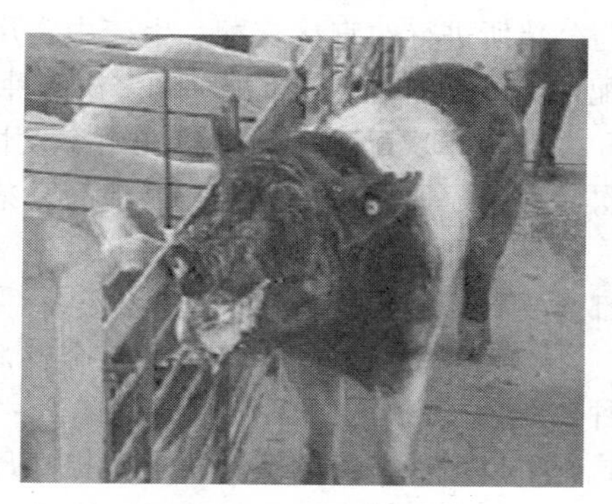

图 4-6　试情公猪试情

（2）并窝饲养　把产仔头数少的母猪所产的仔猪全部寄养给其他母猪哺育，使这些母猪不再哺乳，就可以促进其发情排卵。

（3）仔猪提早断奶　在仔猪 7～10 日龄时开始诱食乳猪开口饲料，在仔猪 21～28 日龄时采取一次性断乳，断奶当天不喂母猪，仅给少量稀食，这样母猪第二天即可停止泌乳，然后给断奶后的母猪饲喂妊娠期饲料催情、促进排卵，这样 3～5 天后母猪便可发情、排卵。

（4）按摩乳房　对空怀母猪或后备母猪在早晨喂料后，使母猪侧卧地面上，饲养人员整个手掌由前往后反复按摩母猪乳房，以母猪乳房皮肤微显红色及按摩者手掌有轻微发热时为度。一般需按摩 10min，每天 1 次，待母猪有发情表征后，将手指做半曲成环状，围绕母猪乳头周围做圆周运动，先表面按摩 5min，再深层按摩 5min，此种方法不仅可以促进母猪乳房和生殖器官的发育，而且还能促进母猪发情、排卵。

（5）户外活动　对长期不发情的母猪，可在晴天放到户外晒太阳，并由饲养人员驱赶母猪运动半小时，天天坚持，一段时间后，即可促进母猪发情、排卵。

（6）激素催情　常用三合激素（丙酮睾丸素 25mg/mL、黄体酮 125mg/mL、苯甲酸雌二醇 15mg/mL），一次肌内注射 2mL，5 天内发情率可达 92% 以上。对因内分泌紊乱引起发情障碍的母猪，也可以试用三合激素催情。

90 母猪常用的配种方式有哪几种？各有什么特点？

母猪的配种方法有本交和人工授精 2 种，其中本交是指发情母猪

与公猪所进行的直接交配。生产中常用的交配方式有4种，即单次配种、重复配种、双重配种和多次配种。

(1) 单次配种 即母猪在1个发情期内，只与1头公猪交配1次。这种配种方式的优点是能提高公猪的利用效率，但是如果饲养人员经验不足，掌握不好母猪的最佳配种火候，受孕率和产仔数则都会受到影响。

(2) 重复配种 即母猪在1个发情期内，用同1头公猪先后配种2次，在第一次配种以后，间隔8～24h再配种1次。这种配种方式，可以增加卵子的受精机会，提高母猪的受孕率和产仔数，在生产中，经产母猪大部分都采用这种方法。

(3) 双重配种 即在母猪的1个发情期内，用同一品种或不同品种的2头公猪，先后间隔10～15min各配种1次。这种配种方式能促使母猪多排卵，并使卵子可选择活力强的精子受精，从而提高母猪的受孕率和产仔数，生产商品猪的猪场多采用此种方式。但在种猪场或准备留种的母猪，则不能采用双重配种，否则会造成血统混乱。

(4) 多次配种 即在母猪的1个发情期内，用同1头公猪交配3次或3次以上，配种时间分别在母猪发情后的第12h、24h和36h。这种配种方式，虽能增加产仔数，但因多次配种不仅费时、费工，也增加了猪生殖道的感染机会，易使母猪患生殖道疾病而降低受孕率。

91 怎样正确给猪配种？

(1) 选好配种地点 公、母猪交配的地点，以在母猪舍附近为好，要绝对禁止在公猪舍附近场地配种，以免引起其他公猪的骚动不安。

(2) 人工辅助 在公、母猪交配时，应当施以适当的人工辅助，当公猪爬稳母猪以后，要迅速从侧面牵拉母猪的尾巴，以避免公猪的阴茎摩擦母猪的尾巴，造成伤害或体外射精。当公猪经过数次努力而阴茎不能顺利进入阴道时，可用手握住公猪包皮引导阴茎插入母猪阴道（图4-7）。交配时要保持环境安静，严禁大声吵闹或鞭打公猪。交配后，用手轻压母猪的腰部，以免母猪拱腰导致精液流出。配种完毕后，要及时登记配种公猪的耳号和配种日期，以便推算预产期和以后查找后代的血统。

图 4-7　人工辅助配种

（3）控制公猪体力　公猪是多次射精的家畜，一次交配时间可长达 15 ~ 20min，射精的累计时间约 6min，体力消耗较大。如果公猪配种量不大，可以不控制其射精，任其配完下来。但当公猪配种负担量较大或很集中时，为减少体力消耗，则可把每次交配的射精次数控制在 2 次为宜。其方法是：当公猪射精 2 次后，慢慢赶母猪向前走动，当公猪跟不上时，自然会从母猪背上滑下来，切忌用鞭子驱赶公猪下来。公猪射精时停止抽动，睾丸紧缩，肛门不停地颤动。在射精间歇期间，公猪又重新抽动，睾丸松弛，肛门停止颤动。

92 给母猪配种时应注意哪些事项？

（1）避开公、母猪血缘，防止近亲交配　近亲交配会产生退化，使产仔数减少，死胎、畸形胎大量增多，即使产下活的仔猪，也往往体质不强，生长缓慢，一般应事先做好配种计划，配种时严格按照配种计划执行。

（2）公、母猪体格不能差别太大　如果母猪太小或后腿太软（太瘦），公猪体格过大，母猪承受不了，则易使母猪腿部受伤。如果公猪过小，母猪太高大，则不能使配种顺利进行。

（3）公猪采食后半小时内不宜配种　刚采食完的公猪腹内充满食物，行动不便，影响配种质量，配种时劳动强度很大，体力消耗较多，影响食物消化。

（4）选择一天当中合适的时间配种　一般夏季中午太热，配种应在早、晚进行。冬天清早太冷，则应适当延后。

（5）配种场地不宜太滑　地面太光滑，再加上交配时流出的精

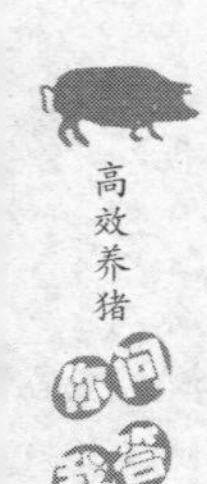

液等洒在地上，特别容易使公、母猪滑倒跌伤；也不要在雪地上配种（图4-8）。

寒冷的冬季，不要在舍外和冰雪地上配种，以免冻伤种公猪

图4-8　不要在雪地上配种

93 怎样让母猪白天产仔？

一般情况下，多数母猪会在夜间安静的时候产仔，但此时往往由于不能及时接产和护理，常会造成仔猪非正常死亡（如冻死、压死等）。如果使母猪在白天产仔，对接产和初生仔猪的护理不仅方便，而且能减少夜间工作人员的工作量，同时发生难产也便于及时处理。常用方法主要有2点：

（1）改变传统配种时间　以往对发情母猪配种时间安排在发情后的次日上午或下午。为了使母猪在白天产仔，可根据发情母猪排卵规律，将配种受精时间调整到母猪发情的次日或第三日的8：00～9：00，这样可使90%的母猪在白天产仔。

（2）给临产母猪注射氯前列烯醇　在母猪临产前1～3天（母猪妊娠的第111～113天）的8：00～9：00，给母猪颈部肌内注射1～2mL氯前列烯醇，可使98%的母猪在注射后的第二天天黑以前开始分娩产仔。因为母猪分娩产仔是由神经体液调节作用所决定的，氯前列烯醇是前列腺素类物质，不仅能促进母猪顺利产仔，还能加速胎衣、恶露排出，预防子宫内膜炎，利于子宫复原。使用此法诱导母猪分娩，对母猪和新生仔猪均无任何副作用，且药物成本低，效果可靠。

94 怎样判断母猪是否怀孕？

母猪妊娠日期平均为114天。根据判定妊娠日期的迟早可分为

早期、中期、后期。

(1) 早期诊断 根据母猪外部特征及行为表现来判断：凡配种后表现安静，能吃能睡，膘情恢复快，性情温驯，皮毛光亮并紧贴身躯，眼睛有神、发亮，行动稳重，腹围逐渐增大，阴户下联合的裂缝紧闭或收缩，并有明显上翘成一条线，可能已经怀孕。经产母猪配种后3~4天，用手轻捏母猪最后第二对乳头，发现有一根较硬的乳管，即表示已怀孕。

验尿液：取配种后5~10天的母猪晨尿10mL左右，放入试管内测出比重（应在1.01~1.025之间），若过浓，则须加水稀释到上述比重，然后滴入5%~7%的碘酊1mL，在酒精灯上加热，达沸点时，尿液颜色由上到下出现红色，即表示怀孕；若出现淡黄色或褐绿色即表示未怀孕，尿液冷却后颜色消失。

指压法：用拇指与食指用力压捏母猪第9胸椎到第12胸椎背中线处，如背中部指压处母猪表现凹陷反应，即表示未怀孕；如指压时表现不凹陷反应，甚至稍凸起或不动，则表示怀孕。

(2) 中期诊断 母猪配种后18~24天不再发情，并且食欲剧增，槽内不剩料，腹部逐渐增大，则表示已经怀孕。

用妊娠测定仪测定配种后25~30天的母猪，准确率高达98%~100%。

母猪配种后30天乳头发黑，轻轻拉长乳头观察，如果乳头基部呈现黑紫色的晕轮时，表示已怀孕（约克夏母猪明显）。从后侧观察母猪乳头的排列状态时乳头向外开放，乳腺隆起，可作为妊娠的辅助鉴定。

(3) 后期诊断 妊娠70天后能触摸到胎动，80天后母猪侧卧时即可看到触打母猪腹壁的胎动，并且腹围显著增大，乳头变粗，乳房隆起，则表示母猪已经怀孕。

95 推广猪的人工授精有什么优势？

猪的人工授精是利用人工方法采集公猪的精液，经过必要的处理，将合格的精液输入到发情母猪的生殖道内，使母猪怀孕。人工授精与自然交配相比，具有显著的优越性。

1）可以提高优良种公猪的利用率，加速猪种改良。自然交配

（本交）时，1 头公猪 1 次只能和 1 头母猪交配。而人工授精，1 头公猪 1 次的采精量可以给 10～20 头的发情母猪配种，这样可以充分发挥优良种公猪的作用，既提高了种公猪的配种效率，又有利于实现猪群的良种化（图 4-9）。

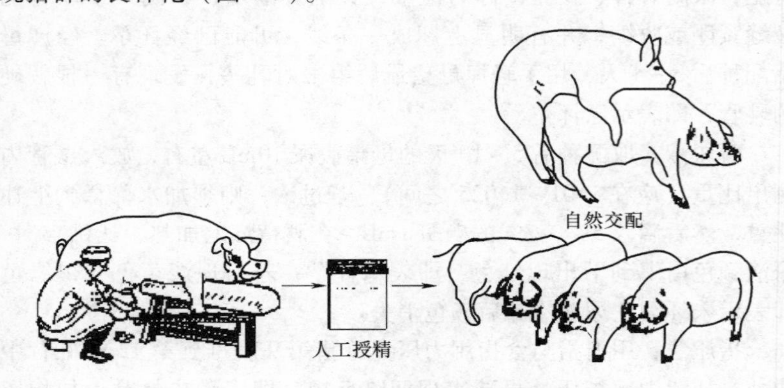

图 4-9　人工授精与自然交配的比较

2）可以少养公猪，节省饲料。人工授精 1 头公猪可顶 10 多头公猪使用。1 头公猪 1 年需要喂给 500～700kg 配合饲料，10 头公猪就是 5000～7000kg 配合饲料，用这些饲料可养出 30～40 头肥猪，这对增产猪肉和增加经济收入都有好处。

3）可以克服因公、母猪体重、体格悬殊太大，进行本交时而造成的配种困难，甚至损伤母猪的矛盾。

4）可以扩大配种范围。在路程隔得远，尤其是山区交通不方便的地方，靠人赶着公猪或母猪去配种，既费人力，也不容易做到适时配种。而人工授精可以将保存好的精液送到较远的地方去给母猪配种，能有效地解决公猪不足地区母猪的配种问题，扩大配种范围，同时还有利于杂交改良工作的开展（图 4-9）。

5）防止疫病的传播。采用人工授精，公、母猪不直接接触，可防止疾病的传播，特别是可有效地防止生殖器官疾病的传播。

6）便于采用重复交配和混合输精等先进的繁殖技术。采用人工授精，输精前精液都需要经过检查，只有优质的合格精液才能用于输精，而且可以选择最适当的时机，将精液输到最适当的部位，能提高母猪的受孕率，增加产仔数和仔猪成活数。

96 怎样采集种公猪的精液？

采集种公猪精液的方法主要有两种：一种是假阴道采精法，另一种是手握采精法。目前常用的是手握采精法，因为采用此种方法可灵活掌握公猪射精所需要的压力，操作较为简便，且精液品质好。

操作步骤：采精前，先消毒好采精所用的器械，并用4～5层纱布放在采精杯上备用。采精者应先剪平指甲，洗净、消毒、擦干或戴上消毒过的软胶手套，穿上清洁的工作服，然后进行采精，其操作要领如下：

（1）握 采精员蹲在假母猪的右后方，待公猪爬上假母猪，应立即用0.1%的高锰酸钾水溶液擦洗公猪的包皮和污物，并用清洁毛巾擦干。在公猪出现性欲高潮伸出阴茎时，采精员应立即用左手（手心向下）握住公猪阴茎前端的螺旋部，握的松紧度以不让阴茎滑落为准（图4-10）。

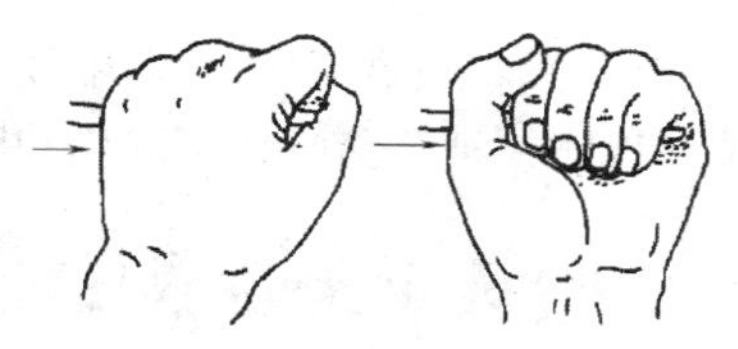

箭头表示阴茎进入方向

图4-10 手握采精法的手握方式

（2）拉 随着公猪阴茎的抽动，顺势小心地把阴茎全部拉出包皮外。

（3）擦 拉出阴茎后，将拇指轻轻顶住并按摩阴茎前端，可增加公猪快感，促进公猪完全射精。

（4）收 当公猪静伏射精时，左手应有节奏地一松一紧地捏动，以刺激公猪充分射精，一般先去掉最先射出的混有尿液等污物的精液，待射出乳白色精液时，再用右手持集精瓶收集。当排出胶样凝块时用手排除掉（图4-11）。

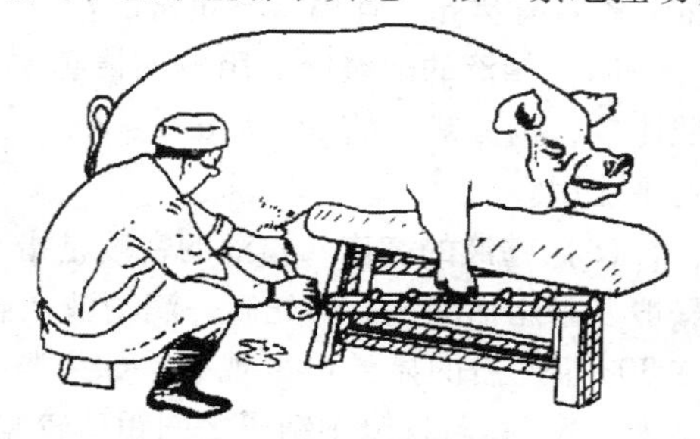

图4-11 手握采精法示意图

手握采精法不需要更

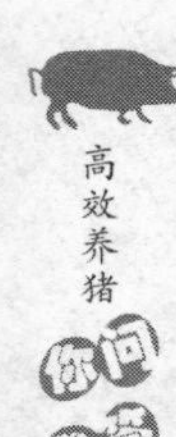

多设备，而且操作简单易行，是当前较广泛使用的一种采集精液的方法。

采精完成后，顺势将阴茎送入包皮内，将公猪从假母猪身上赶下来。

97 采精时应注意哪些事项？

1）采精时一定要保持周围环境安静。

2）种公猪在吃食前、后半小时内不能进行采精。

3）采精最好在天亮前进行。

4）采精后严禁种公猪下水洗澡和受到惊吓。

5）采精员在采精过程中要注意安全，小心操作，做好自我保护，以防被种公猪咬伤、踩伤和踏伤。

98 怎样检查精液的品质？

为了保证输精后有较高的受孕率和产仔数，每次采精后和输精前必须进行精液检查。评定精液品质的主要指标如下：

（1）射精量　过滤后的精液数量叫射精量，一般为 200 ~ 300mL，最高可达 400 ~ 500mL。

（2）精液的颜色　正常的精液为乳白色或灰白色。如精液中混有尿液则呈黄褐色，混有血液则呈淡红色，混有脓汁则呈黄绿色，混有絮状物则表示公猪患有副性腺炎症，这些精液都不能用于输精。

（3）精液的气味　正常的精液有一种特殊的腥味，新鲜精液较浓。若带有臭味，均属于不正常的精液。

（4）精液的酸碱度　用玻璃棒蘸取少许精液于酸碱试纸上，对照比较，正常精液的 pH 为 6.9 ~ 7.5。pH 超过或低于这一范围的，均不能用。

（5）精液的密度　精液的密度是指一定容积内精子数量的多少，一般多采用估测法。即先滴一滴精液在载玻片上，轻轻盖上盖玻片，在 300 倍左右的显微镜下观察，如果整个视野中布满了精子，则表示为“密”；若视野中精子之间距离较宽，均为一个精子的长度，则表示为“中”；若在视野中精子分布较稀，空隙很大，精子间的距离超过一个精子的长度，则为“稀”（图4-12）。

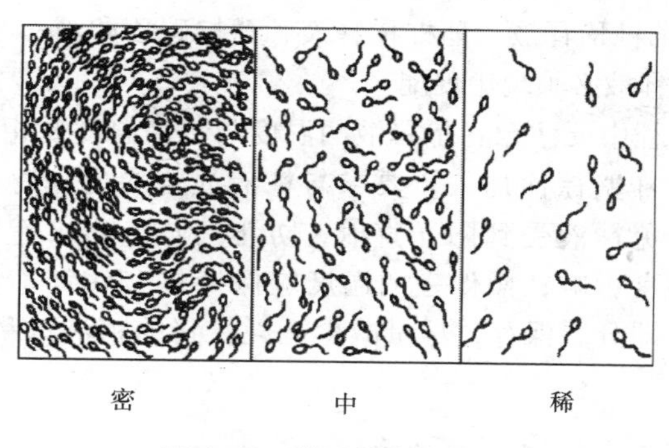

图4-12　精子的密度等级

（6）精子的活力　指精子活动的能力。一般是根据显微镜下呈直线前进运动精子所占全部精子的百分比来表示精子的活力。呈直线前进运动的精子越多，精子活力越强，输精后受孕率越高。活力低于0.6级（60%的精子做直线运动），畸形精子超过10%的精液一般不用。检查方法：先在载玻片上滴一滴精液，盖上盖玻片（注意不要产生气泡），然后置于300倍左右的显微镜下进行观察。

99 怎样稀释精液？

采集完精液后要先过滤（图4-13），在输精前再用配制好的稀释液进行稀释。稀释的目的是为了延长精子的存活时间，增加精液量，使精液得以充分利用。

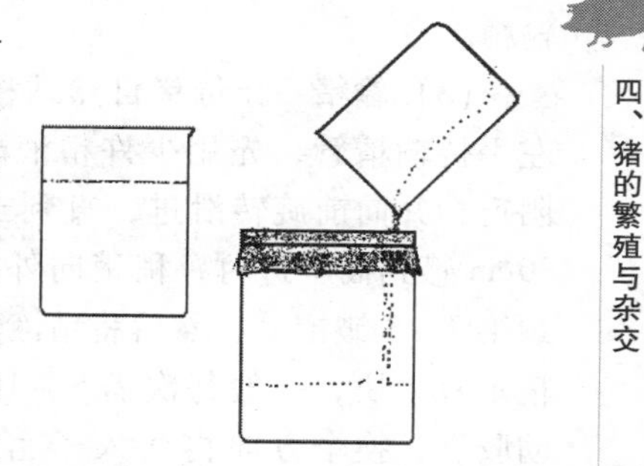

图4-13　过滤精液

如图4-13所示，由于猪的精液中含有胶状物，采精后应先用消毒纱布过滤，然后再稀释使用，将过滤后的精液数量称为射精量。

精液稀释的种类很多，如葡萄糖-柠檬酸-卵黄稀释液。其制作方法：葡萄糖5g，柠檬酸钠0.5g，加蒸馏水至100mL混匀过滤，煮沸消毒后冷却至25～27℃，用消毒

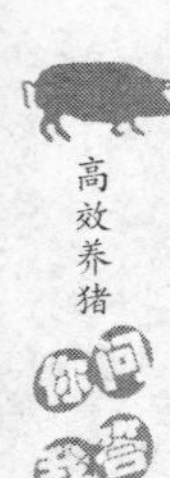

过的注射器吸取卵黄15mL注入稀释液中，充分摇匀即成。此外，还有5%的葡萄糖稀释液、葡柠稀释液、葡柠碳乙卵液、密-卵稀释液等，所用稀释液必须现用现配。

稀释过程中要注意：稀释液的温度与精液温度要相等，稀释时将稀释液沿杆壁徐徐加入，要求与精液混合均匀，切勿剧烈震荡摇晃；要避免精液受到阳光直射，防止药味、咽味等异常气味对精子产生不良影响；操作室的温度应保持在18~25℃之间；精液稀释后应立即分装保存，尽量减少能耗；猪的精液以稀释1~2倍为宜。

100 怎样进行输精?

输精是人工授精最后一个技术环节，也是决定人工授精技术成败的关键。

(1) 输精用具 猪的输精器由1只50mL的注射器连接1条橡皮输精管组成。

(2) 输精前的准备 输精前，输精员应先将指甲剪短磨光，洗净擦干。所有输精器械要进行彻底洗涤、消毒，冲洗干净擦干。母猪阴户部也要用0.1%的高锰酸钾溶液或1/3000的新洁尔灭溶液清洗消毒。冷冻精液必须先升温解冻，经检查质量合格后方可用于输精。

(3) 输精 让母猪自然站稳，输精员用左手将母猪阴唇张开，左手持输精管，先用少许精液蘸湿阴道口，然后将胶管缓缓插入阴道，并向前旋转滑进，直到子宫颈内（图4-14）。待插进25~30cm感到插不进时，稍稍向外拉出一点，即为输精部位，即子宫颈第2~3皱褶处，然后将精液注入子宫，每次输精15~20mL。输精不宜太快，一般每次需5~10min。输精时如有精液倒流，可转动胶管，换个方向再注入子宫内。输精完毕，缓缓抽出输精管，然后用手按压母猪腰部或在其臀部拍打几下，以免母猪弓腰收腹，造成精液倒流。

输精后，必须立即清洗好用具，然后带回消毒备用，并及时做好配种记录。

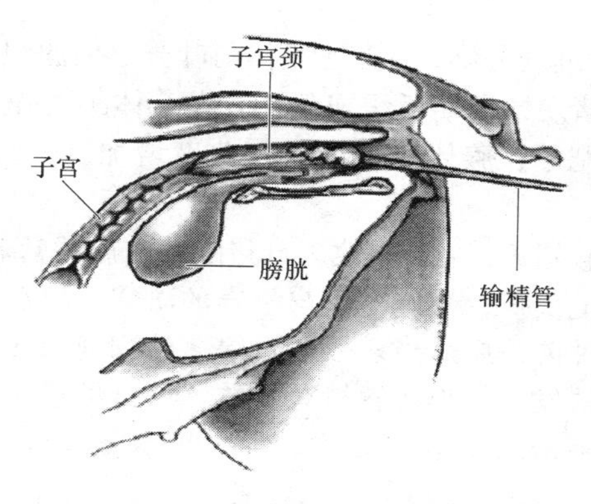

图 4-14　母猪输精部位示意图

101 提高人工授精受孕率有哪些技术要点?

1）加强种公猪的饲养管理，使种公猪常年保持种用体况，精力充沛，性欲旺盛。

2）调教利用好种公猪，使猪建立条件反射。

3）所用器材必须洗刷干净，消毒处理。

4）采的精液必须干净无污染，质量好，符合输精精液的标准要求。

5）在母猪排卵高峰期进行输精，输精管要插入输精部位，即子宫颈第 2～3 皱褶处。经产母猪输精 2 次，初产母猪输精 3 次，每次间隔 24h，每次输精 15～20mL。发现精液逆流，应再补输 1 次。

102 什么叫假妊娠？怎样防治母猪假妊娠?

母猪配种后并未怀孕，但肚子却一天天大起来，乳房也逐渐膨大，到“临产”前，甚至还能挤出一些清奶，但最后却不产仔，肚子与乳房又逐渐缩回，这种现象称作假妊娠。

引起假妊娠的原因：一是由于胚胎早期死亡与吸收，而妊娠黄体不消失（持久黄体），致使黄体酮继续分泌，好像妊娠仍在继续；二是由于营养不良、气候多变及生殖器官疾病，造成母猪内分泌紊乱，致使发情母猪排卵后所形成的性周期黄体不能按时消失（持久

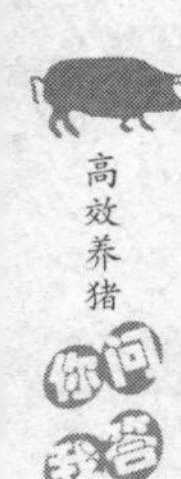

黄体），黄体酮继续分泌，抑制了垂体前叶分泌促滤泡成熟素，滤泡发育停滞，母猪发情周期延缓或停止，在黄体酮的作用下，子宫内膜明显增生、肥厚，腺体的深度与扭曲度增加，子宫的收缩减弱，乳腺小叶发育。

防治母猪假妊娠，主要是改善母猪配种前后的营养条件，预防、治疗母猪生殖道疾病，做好冬季与早春的防寒、保温工作。早春配种的母猪在配种前，应适当多喂些青绿多汁饲料或多种维生素，以保证滤泡的正常发育。为溶解持久黄体，可给母猪肌内注射前列腺素 5mg 与孕马血清 1000 国际单位。

103 妊娠母猪有什么生理特点？

（1）体重增加快 母猪在妊娠期的增重高于饲喂同等日粮的空怀母猪。妊娠母猪具有较强的积蓄营养物质的能力，一方面，妊娠期营养物质用于维持需要的少；另一方面，妊娠母猪对营养物质的利用率高，尤以低水平时更高。妊娠期母猪的增重是由两部分组成的：一是子宫及其内容物（胎膜、胎水和胎儿）的增长；二是母猪本身组织增长（营养物质的贮积）。一般妊娠母猪整个妊娠期体重可增加 10% ~25%，其中妊娠前期增重较慢，后期增重较快，因为胎儿体重的 2/3 是在怀孕最后 1/4 时期内增长的。

（2）对营养物质的利用率提高 妊娠前期，母体受激素控制，处于妊娠合成代谢状态，合成代谢效率高，脂肪沉积加强；到妊娠中期以后，胎儿生长发育加快，胎儿组织合成代谢所消耗的能量增加，造成母体合成代谢效率降低，分解代谢效率提高。一般妊娠期饲料利用率比空怀期提高 9.2% ~18%。

（3）代谢增强 妊娠期间母猪代谢的增强，最初是由于甲状腺和脑垂体等一些内分泌机能的加强而造成的，以后基于胎儿的生长需要由母猪供给的营养物质逐渐增加，引起母猪物质代谢和能量代谢的提高。母猪在整个妊娠期的代谢率比空怀期平均提高 11% ~14%，在妊娠后期更为显著，可达 30% ~40%。

104 妊娠母猪的饲养和管理要点主要有哪些？

（1）妊娠母猪的饲养要点 怀孕后的母猪对营养物质的利用率

逐渐提高，幅度可增加约10%，饲喂相同的饲料，妊娠母猪和非妊娠母猪相比，妊娠母猪经过一个妊娠周期以后，其体重要比非妊娠母猪多增加20kg。一般妊娠母猪每天的可消化能摄入量不能低于6000KJ/kg。

一般从配种后的第二天起应降低母猪的饲料喂量，每天可喂1.9~2.2kg，这样维持10天左右时间，然后根据母猪体况调整到2.2~2.5kg/天的水平。试验证明，若妊娠初期喂高水平饲养，则肝血流量增加，黄体酮代谢清除率增加，血中黄体酮水平下降，子宫特异蛋白分泌下降，胚胎的发育和附值受阻。但如果持续一个月的低水平饲养，则会导致受孕率的下降（64%左右）。在整个妊娠期要始终保持母猪适当的膘情，一般控制在8成膘为宜，防止过肥或过瘦。

（2）妊娠母猪的管理要点 要注意两个关键时期，第一个时期是在母猪妊娠后第一个月，胚胎容易受环境和不合理的营养刺激而脱落死亡，这个时期要特别注意保持妊娠母猪安静，尽量少受应激，防止死胎和流产；第二个时期是在妊娠母猪分娩前的一个月里，由于胎儿增长迅速，所需营养物质显著增加，此时要注意加强营养，并保证饲料的质量，应适当逐渐增加饲喂量。

另外，在配种后18~24天及39~45天，要认真做好妊娠超声诊断，及时检测出再次发情或未怀孕的母猪。同时，要注意圈舍地面不能存水，防止母猪滑倒，任何鞭打、惊吓、追赶过急等都容易造成母猪流产。

105 什么叫季节产仔？其有哪些优点？

季节产仔就是将母猪群集中在一定的季节配种，使其在相同的季节内集中产仔。其优点主要有以下几方面：

（1）可以避开寒冬和炎热的夏季配种、产仔 南方各地可以将母猪安排在5月、11月配种，第二年的3月、9月产仔。

（2）便于管理 在母猪集中配种、产仔期间，可以组织专人负责管理，从而节约人力、物力，减少开支。

（3）提高母猪利用率 母猪产仔多时（超过其有效乳头数时），

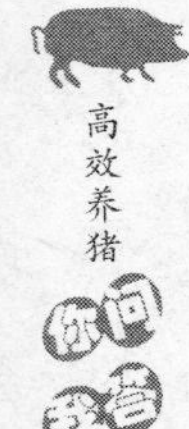

可把多余的仔猪转入产仔较少的母猪舍代哺或几窝仔猪头数少的合并为1窝，让1头母猪哺育，其余母猪就可以发情配种。

（4）便于饲养，节省饲料 母猪集中产仔，可以充分利用本地饲料资源，因地制宜，减少运费等开支。

106 怎样选择母猪产仔季节？

适宜的配种和产仔季节应根据猪场和养猪家庭的具体情况综合考虑。从猪的生理角度考虑，产仔季节的气候温暖，能提高仔猪的成活率，而且青绿饲料丰富，有利于仔猪的生长发育。从经济效益方面来说，产仔季节要选在需要仔猪多，用于出售的时机。另外，产仔数虽然不依产仔时期而变化，但在不同季节母猪的泌乳能力有差异，因而导致仔猪断奶体重也有差异。实践证明，在酷暑7~8月产仔时，不利于仔猪的生长，而且容易发病，母猪哺乳时，也会因吸血昆虫等的袭击而影响健康；从仔猪市场看，此时正处于猪肉消费淡季，养猪户空圈少，因而仔猪销售困难。冬季分娩时，气温低，防寒比较困难，而且青绿饲料不足，仔猪生长发育慢，且容易受凉而发生下痢。

综上所述，产仔季节一般安排在春、秋两季比较合适，即在4~5月配种，8~9月产仔；10~11月再配种，第二年2~3月产仔。

107 怎样推算妊娠母猪的预产期？

母猪的妊娠期为110~120天，平均为114天，预产期的推算方法主要有2种。

（1）“三三三”推算法 在配种的月份上加3个月，在配种的日数上加上3个星期零3天，例如3月9日配种，其预产期是3+3=6月，9+21+3=33天（一个月按30天计算，33天为1个月零3天），故7月3日是预产期。

（2）“进四去六”推算法 在配种的月份上加4个月，在配种的日数上减去6天（不够减时可在月份上减1个月，在日数上加30天计算），例如3月9日配种，其预产期为3+4=7月，9−6=3天，故7月3日是预产期。

108 母猪临产前有什么征兆?

随着胎儿的发育成熟，妊娠母猪在生理上会发生一系列的变化，到后期出现的乳房膨大、产道松弛、阴户红肿、行动异常等，都是准备分娩的表现。

一般母猪分娩前 2 周开始，乳房从后向前逐渐膨大，乳房基部与腹部之间呈现出明显的界限；分娩前 1 周，母猪的乳头呈“八”字形并向两侧分开；分娩前 4 ~ 5 天，母猪的乳房显著膨大，两侧乳房向外明显，呈潮红色发亮，用手挤压乳头有少量稀薄乳汁流出；分娩前 3 天，母猪起卧行动稳重谨慎，乳头可分泌乳汁，用手触摸乳头有热感；分娩前 1 天，挤出的乳汁较浓稠，呈黄色，母猪的阴户肿大、松弛，颜色呈紫红色，并有黏液从阴户流出；分娩前 6 ~ 10h，母猪表现卧立不安，阴户肿胀变红，衔草作窝；分娩前 1 ~ 2h，母猪表现精神极度不安，呼吸急促，挥尾，流泪，时而来回走动，时而像狗坐着的姿势一样坐地，频频排尿、阵痛，阴户中有黏液流出，从乳头中可以挤出较多的乳汁；如母猪躺卧，四肢伸直，阵缩间隔时间越来越短，全身用力努责，阴户流出羊水（破水），则很快就会产出第一头仔猪。

109 母猪分娩前应做好哪些工作?

（1）加强饲养 母猪分娩前 5 ~ 7 天，对体况良好的母猪，应减少日粮中 10% ~ 20% 的精料，以防母猪产后患乳房炎和仔猪下痢；对体况差的母猪，在日粮中可适当添加一些富含蛋白质的饲料；分娩前，母猪日粮中添加 0.5% ~ 1.5% 的氯化钾、硫酸钾、硫酸镁，以防母猪产前、产后便秘；分娩当天，可少喂或停喂饲料（0.5 ~ 1kg/天），仅给予少量的麸皮盐水，天气寒冷时，可添加少许葡萄糖。

（2）加强管理 母猪在分娩前 5 ~ 7 天应单圈管理或转入产房，对于经产母猪可于产前 2 ~ 3 天转入产房。产房应做到干燥（相对湿度应保持在 65% ~ 75% 之间）、保温（温度应保持在 20 ~ 23℃ 之间），阳光充足，空气新鲜，并彻底清扫、消毒。

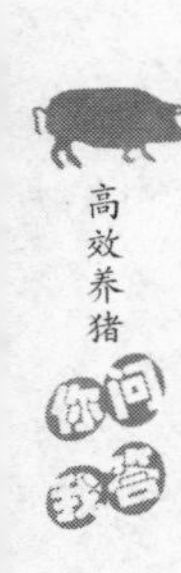

（3）准备物品 于母猪产前1周，将产房彻底清扫干净并消毒，干燥后垫上经过消毒处理的短垫草（有产床的不需要垫草），准备好接生工具，主要有麻袋片或毛巾、手术剪刀、止血钳、针线、一次性卫生手套、消毒液、5%的碘酊、药棉、抗生素、催产素、止血药物及保温用具等。母猪分娩多在夜间，因此还要注意安排专人值夜班，随时准备接产。

110 怎样给母猪接生？

（1）做好产前准备 先计算好预产期，于母猪产前1周，应彻底清扫并消毒产房，干燥后垫上经过消毒处理的短垫草（有产床的不需要垫草），准备好接生工具，主要有麻袋片或毛巾、剪刀、消毒液、碘酊、药棉等。母猪分娩多在夜间，因此要注意安排专人值夜班，随时准备接产。

（2）掌握母猪分娩的时间和过程 母猪临产时，主要表现为腹部膨大下垂，乳房膨胀，乳头外张，用手挤乳头时有几乎透明、稍带黄色、有黏性的乳汁排出（多从前边乳头开始）。初乳一般在产前数小时或一昼夜开始分泌，亦有个别产后才分泌的。若母猪阴部松弛红肿，尾根两侧稍凹陷（骨盆开张），行动不安，叨草作窝或两前肢扒地，这种现象出现后6~12h即要产仔。若母猪呼吸加快，站卧不安，时起时卧，频频排尿，然后卧下，开始阵痛，阴部流出稀薄黏液（破水），这是即将产仔的征兆。此时应先用清水，再用0.1%高锰酸钾水溶液擦洗母猪阴部、后躯和乳房，准备接产。

母猪分娩时，一般多侧卧，经几次剧烈阵缩与努责后，胎衣破裂，血水、羊水流出，随后产出仔猪。

（3）接生操作 当仔猪产出后，用双手托起仔猪，立即清除仔猪口中及鼻孔周围的黏液（图4-15），以免仔猪吸入引起窒息，然后用毛巾或麻袋片擦干仔猪身上的黏液，以免仔猪受冻，处理完毕再断脐

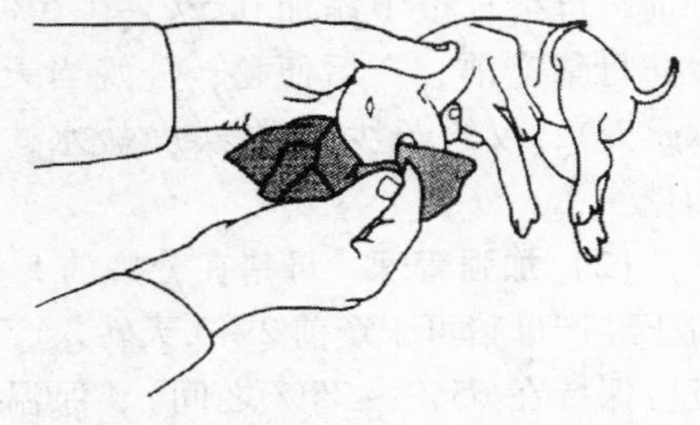

图4-15 擦净仔猪口、鼻内的黏液

带。断脐带时，先将脐带内血液向仔猪腹部方向挤捏几次，将其内血液挤入仔猪腹内后再剪断脐带，断端用碘酊消毒处理（图 4-16），然后再断尾（图 4-17），之后将仔猪放入保育箱或垫有干草的产箱内保温。如遇到假死胎儿需要及时抢救或做人工呼吸（图 4-18）。

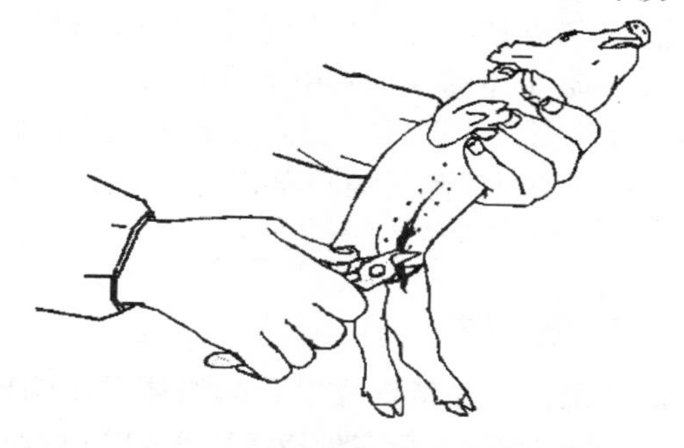

断脐带时在距脐孔 5cm 处将脐带捋细，待脐带内没有血液后将其剪断，然后用 3% 的碘酊消毒

图 4-16　仔猪断脐带示意图

接产人员可用断尾钳在距尾根 2～3cm 处剪断，然后消毒

图 4-17　仔猪断尾示意图

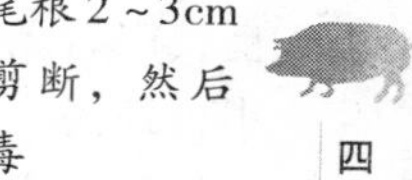

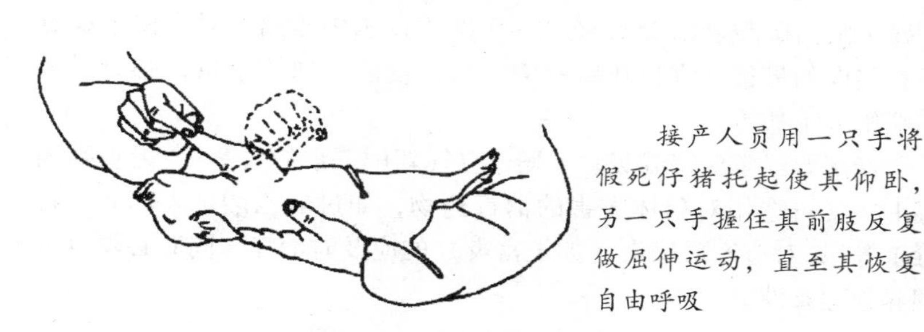

接产人员用一只手将假死仔猪托起使其仰卧，另一只手握住其前肢反复做屈伸运动，直至其恢复自由呼吸

图 4-18　仔猪人工呼吸示意图

一般情况下，母猪分娩时每隔5~25min产1头，2~4h即可产完，1h之内，便可将胎衣排出。也有个别母猪，仔猪与胎衣交替产出，先从一侧子宫角产出胎儿，随后排出胎衣，然后是另一侧。只有胎衣全部排出，才标志产仔过程结束。待胎衣排出之后，应及时将其打扫出圈，避免让母猪吃掉，否则可能会造成吃仔猪的情况（也可以将胎衣收起，煮熟后少量掺入饲料中喂母猪），然后用来苏儿或高锰酸钾溶液擦洗母猪阴户周围及乳房，以免发生阴道炎、乳房炎与子宫炎，同时打扫产房，消除污染垫草，垫上干土，重新更换新鲜垫草。

111 怎样护理分娩后的母猪?

分娩后母猪的健康状况，对仔猪育成率和断奶体重影响极大。因此，必须加强产后母猪的护理，一般在母猪产后8~10h内原则上不喂料，但要保证喂给豆饼、麸皮汤或调得很稀的配合饲料麸皮汤。产后2~3天内不宜喂得过多，饲粮要营养丰富，容易消化，视母猪膘情、体力、泌乳及消化情况逐渐加料。在其产后5~7天内逐渐达到标准喂量或不限量采食。

如果天气温暖，母猪产后2~3天即可使其到舍外自由活动，这对恢复体力，促进消化和泌乳是有利的。有的母猪因妊娠期营养不良，产后无奶或奶量不足，可喂些小米粥、豆浆、煮熟的胎衣汤、小鱼虾汤、海带肉汤等催奶。对膘情好而奶量少的母猪，除喂催乳饲料外，应同时采用药物催奶（调节内分泌）。

为促进母猪的消化功能，改良乳质，预防仔猪下痢，母猪产后可每天喂给碳酸氢钠25g，分2~3次于饮水中投给。对粪便干燥有便秘趋向的母猪，宜投喂些鲜嫩青料，设法增加饮水量，必要时适当喂给人工盐等。

产房要经常保持温暖、干燥、空气新鲜，最好每2~3天喷雾消毒1次（可选用对猪体无害的消毒药物，如过氧乙酸、来苏儿、百毒杀等）；对有产后感染（如子宫炎）的应及时治疗，同时必须改善饲养管理条件。

112 怎样饲养和管理哺乳母猪？

（1）哺乳母猪的饲养 由于母猪在哺乳期间要分泌大量乳汁，才能维持仔猪的生长发育，所以，在饲养上，应注意多喂给有利于母猪泌乳的饲料，如加喂些鱼粉、豆饼（粕）及优质青绿多汁饲料，并充足供应清洁饮水，增加每天的饲喂次数，每次要少喂勤添。有条件的最好饲喂哺乳期全价配合饲料，一般每天饲喂3次，每次间隔时间要均匀，注意每次不能让母猪吃得太多，以免引起母猪消化不良，影响其泌乳。刚分娩后的1周不宜多喂，宜逐渐加料。1周后采取自由采食方式，以每次母猪一次性采完食不剩料为宜。饲喂泌乳母猪不但要定时、定量，而且要求饲料营养丰富、多样化，以满足泌乳的营养需要。仔猪断奶前3~5天可逐渐减少仔猪的精饲料和多汁饲料的喂量，为仔猪断奶做好准备。

（2）哺乳母猪的管理 哺乳母猪应每栏1头，由于产后母猪体力衰退，食欲欠佳，故宜留在栏圈内休息调养。3~5天后可放出活动，7天以后，在晴暖的天气，可让母猪带仔猪一起外出放牧运动、拱土吃青草，晒日光浴，以促进其血液循环和增强消化功能。每天必须清洗饲槽1次，并勤换垫草，保持圈舍清洁、干燥、通风。训练母猪养成两侧交替躺卧的习惯，以便于仔猪吃乳。

113 影响母猪泌乳的因素有哪些？

（1）饮水 母猪乳中含水量为81%~83%，为此每天需要较多的饮水。若供水不足或不供水，都会影响母猪的泌乳量，常使乳汁变浓，含脂量增多，易引起仔猪拉稀。

（2）饲料 有条件的应喂给哺乳期全价配合饲料，或多喂些青绿多汁饮料，如南瓜、胡萝卜等，有利于提高母猪的泌乳力。另外，饲喂次数、饲料的调制，对母猪的泌乳量也有影响。

（3）母猪的年龄与胎次 一般情况下，第一胎的泌乳量较低，以后逐渐会上升，4~5胎后又逐渐下降。

（4）个体大小 一般体重大的母猪泌乳量比体重小的母猪泌乳量要多，因为体重大的母猪失重较多，主要是由于泌乳的需要而造成的。

（5）分娩季节 春、秋两季，天气温和凉爽，青绿饲料多，母猪食欲旺盛，其泌乳量也多；冬季严寒，母猪消耗体热多，泌乳量就少。

（6）母猪发情 母猪在泌乳期间发情，常影响泌乳的质量和数量，仔猪吃不饱，易引起白痢等疾病。泌乳量较多的母猪，泌乳还会抑制其发情。

（7）品种 母猪的品种不同，泌乳量各异。一般来说，兰德瑞斯猪及其杂种母猪的泌乳力显著高于中型的大约克夏和巴克夏及其杂种母猪，我国本地母猪高于引进品种猪。

（8）疾病 泌乳期间母猪若患病，如感冒、乳房炎、肺炎等疾病，可使泌乳量下降。

（9）管理 猪舍内清洁干燥，环境安静，空气新鲜，阳光充足等，有利于母猪泌乳；反之，会降低母猪的泌乳量。

114 怎样选择种公猪？

养好种公猪的目的，是为了获得数量充足、质量好的精液，以提高与其配种母猪的受孕率和产仔数，并可延长种公猪的使用寿命。

（1）选择来自良种公猪场的种公猪 选择有档案记录，经选育的生长速度快、饲料利用率高、酮体品质好的优良种公猪，最好是选择引进品种如杜洛克猪、长白猪、大约克夏猪的后代作为种公猪。

（2）外表特征要基本符合该品种的要求 所选种公猪整体结构要匀称，身体各部分间的结合要良好。要求四肢强健、结实，行走时步伐大而有力，胸部宽深丰满，背腰部长且平直、宽阔，腹部紧凑、不松弛下垂，后躯充实，肌肉丰满，膘情良好；睾丸发育正常，大而明显，两侧匀称一致，无单睾丸或隐睾及赫尔尼亚（阴囊疝），阴囊紧附于体壁，包皮无积尿等现象。

（3）有正常的性行为 种公猪除了睾丸等器官发育正常外，还应具有正常的性行为，包括性成熟行为、求偶行为、交配行为，而且性欲要旺盛（图 4-19）。

选择体况好、符合品种要求、睾丸大、睾丸左右对称、精力旺盛、性欲强的种公猪

图 4-19　种公猪的选择

（4）健康无病　所选种公猪必须来自一个健康的群体，购入种公猪后要先隔离饲养观察 1 个月，检查其健康状况，待适应猪场环境、证明无病后再投入猪群使用和配种。

115 怎样饲养和管理种公猪？

（1）种公猪的饲养　饲养种公猪的目的，就是用来配种。在正常情况下，种公猪配种 1 次其射精量能达 120～150mL（引进品种比本地种公猪高 1～2.5 倍），而精液里含有大量的蛋白质，这些蛋白质必须从饲料中获得。另外，种公猪配种过程中，要消耗大量体力。因此，对于种公猪，要注意蛋白质饲料的供应，尤其在配种季节，必须供应充足的动物性饲料和青绿饲料，以使其生产更多的优质精液，保持旺盛的性欲，完成配种任务。一般可利用小鱼、小虾、鱼粉、骨肉粉、蚕蛹及虫类等作为动物性蛋白质的补充饲料。此外，对配种繁忙的种公猪，每天可加喂 2 个鸡蛋，这不仅能补充因配种消耗的蛋白质，还能增加其射精量。

在饲料配合上，除了保证蛋白质的含量以外，还应注意及时补给维生素、矿物质等微量元素，并多喂些优质的青绿多汁饲料和块茎类饲料，如胡萝卜、南瓜、青草、青贮料、大麦等。有条件的最好饲喂种公猪配合饲料。

（2）种公猪的管理　保持种公猪体质健壮，提高其配种能力，一方面在于喂给营养价值完全的配合饲料；另一方面要科学的管理。

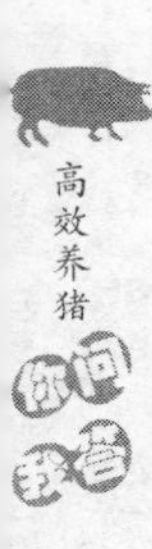

除了经常注意圈舍清洁、干燥、阳光充足，给种公猪创造一个良好的生活环境外，还应使种公猪加强运动，锻炼肢蹄。让种公猪经常合理的运动，不仅可以加强其新陈代谢，促进食欲，帮助消化，增强体质，健全肢蹄，而且还能增强其精子的活力，提高配种性能，延长种公猪的种用年限（图4-20）。

图4-20　让种公猪每天坚持运动

一般情况下，每天要对种公猪进行野外驱赶运动1~2次，每次以2~4km/h的速度行走1~2h为宜。夏季可选择早晚比较凉爽的时间进行，冬季和深秋可选择中午进行。配种期间的运动量应适当减轻。平时应注意让猪养成一个良好的生活习惯，妥善地安排其吃食、饮水、运动、刷拭（图4-21）、休息的生活日程，有条件的应对种公猪定期进行称重和检查精液品质，以此来检查饲养管理和配种利用是否适当，从而适时调整营养、运动和配种，保证种公猪体格不会过瘦或过肥，具有高度的配种受孕率。

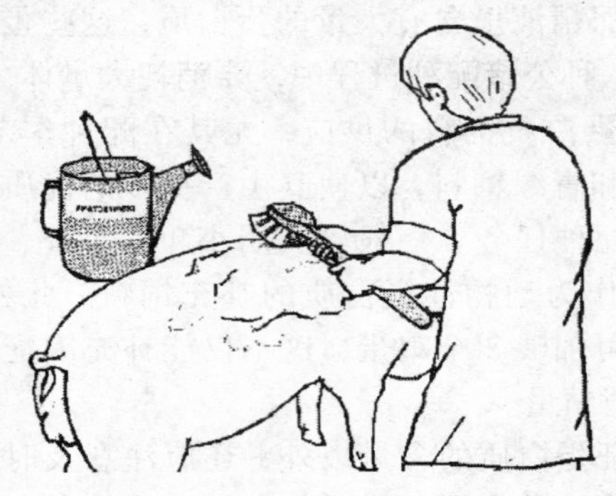
图4-21　刷拭种公猪体

对种公猪应每天坚持刷拭，一般以每天1~2次为宜，并保持种公猪体清洁、卫生

116 后备种公猪什么时候开始配种最为适宜？

后备种公猪达到性成熟后、体成熟前即可开始配种使用。一般情况下，后备种公猪初配年龄，往往随其品种、气候和饲养管理等条件的不同而有所变化。虽然有些猪种性成熟较早，但并不意味着就可以马上配种利用。如果初配时间过早，不仅会影响种公猪今后的生长发育，而且由于机体各器官发育不完善，所产精子活力不足，所生仔猪数目少，体小而弱，生长缓慢，还会缩短种公猪的利用年限。如果初配时间过迟，也会影响种公猪正常性的机能活动、降低其繁殖力，同时还浪费人力、物力、财力，增加养猪成本。

后备种公猪最适宜的初配年龄，培育品种一般不早于8～9月龄，体重不低于90kg；北方地方猪种一般为8月龄，体重为80kg左右；南方早熟猪种一般为6～7月龄，体重达65kg以上（图4-22）。

图4-22　适时配种

117 养猪场公、母猪的比例为多少合适？

养猪场中公、母猪的合适比例要适应猪场规模和性质。猪场中母猪比例过大，可造成公猪负担过重，影响公猪体质和配种力，精子品质下降，从而影响繁殖力。反之，比例过小则造成公猪浪费。实行季节性产仔的自繁复配猪场，公、母猪的比例以1∶20为佳；分散产仔的猪场，公、母猪的比例以1∶30为宜。大规模的良种猪场实行人工授精技术的，1头良种公猪每年可负担1000头母猪的人工授精配种任务。若用2～3头公猪，进行双重交配，其母猪受胎率将比用1头公猪单配要好。

118 什么是优势杂种猪？饲养杂种猪有什么优势？

不同种群（品种或品系）间的交配与繁殖称为杂交，杂交所产生的后代叫杂种。如用大约克夏公猪与太湖母猪交配，所产生的后代叫大太杂种猪。杂种猪的适应性、生命力、生长势与生产性能等方面，都优于其亲本纯繁群体，称为杂交优势（或杂种优势），该种猪称为优势杂种猪。

因为猪杂交后能产生杂种优势，杂交后代与亲本猪相比较，杂种猪生长速度比较快，瘦肉率高，容易饲养管理；杂种母猪繁殖效率高，产仔多，且仔猪初生重和断奶重大；杂种猪饲料利用率高，本地猪每增重1kg，需配合饲料4kg，而杂种猪只需3kg左右。实践证明，利用杂种猪是提高经济效益、大力发展养猪业的重要途径。因此，在养猪生产中被广泛推广应用。

119 什么叫二元杂交？其有何特征？

二元杂交又叫两品种杂交或单杂交，是养猪生产中以经济利用为目的，最简单、最普遍采用的一种杂交方式，它是选用两个不同品种或两个品系猪分别作为杂交的父、母本，只进行1次杂交，专门利用第一代杂种的杂种优势来生产商品肉猪，其特点是杂种一代，无论公猪还是母猪全部不作种用，不进行配种繁殖，而全部作为经济利用。这种杂交方式简单易行，只需进行1次配合测定即可，对提高肉猪的产肉力有显著效果。

120 什么叫三元杂交？其有何特征？

三元杂交又叫三品种或三品系杂交，即先选用两个品种或品系猪进行杂交，产生在繁殖性能方面具有显著杂种优势的子一代杂种母猪，再用第二个父本品种或品系猪与其杂交，称为三元杂交，所产生的后代猪称为三元猪，一般三元猪全部作为商品猪肥育。

根据猪种来源，三元猪分为内三元猪和外三元（又称为洋三元）猪2种。

三元猪的杂种优势一般都超过二元猪，三元猪具有饲料报酬高（即耗料少、长肉多）、生长速度快（即日增重多）、抗病力强（患病少）、生命力强、瘦肉率高、饲养效益好等显著特点，深受养猪场（户）的欢迎和消费者的喜爱，适用于集约化养猪场和生产水平较高的规模化养猪场。

在三元杂交选配过程中，一般母本宜选择母性强、产仔多的品种，第一、第二代父本应选择生长发育快、肥育性能好、瘦肉率高的品种。例如，用生长性能好的长白公猪和母性好的大约克夏母猪进行杂交，选留的杂种母猪（长大二元）作为母本，然后用生长性能好的杜洛克公猪作为父本再进行交配，所得到的二代杂种猪就是三元猪，即杜长大三元猪（图 4-23），又称为洋三元猪、外三元猪。

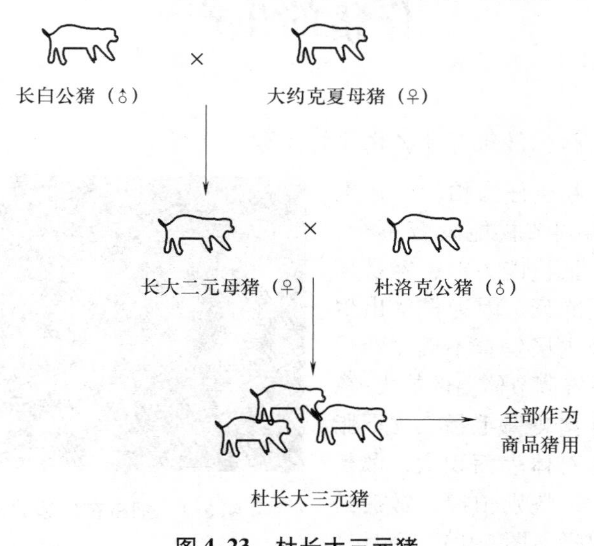

图 4-23　杜长大三元猪

五、仔猪的生产

121 初生仔猪有什么生理特点?

(1) 初生仔猪怕冷 初生仔猪体温调节机能发育不全,对寒冷的抵抗能力差,容易冻僵,甚至冻死。因为仔猪出生时,大脑皮层发育不健全,通过神经系统调节体温的能力差;再加之仔猪皮薄毛稀,皮下脂肪少,相对体表面积大,散热多,因此,特别怕冷,常拥挤在一起取暖(图5-1)。而且仔猪体内能源的储存量很少,遇到寒冷,血糖很快降低,若不及时吃到初乳则很难成活。

图5-1 拥挤在一起的仔猪

(2) 消化能力弱 初生仔猪消化器官不发达,机能不完善。仔猪出生时,消化器官虽然已经形成,但胃肠重量和容积都比较小,胃肠运动机能微弱,胃排空速度快,消化吸收机能不高。又由于消化腺机能尤其是酶系统发育不完善,胃及肠管内pH较高,对进入的细菌缺乏抵抗力,所以初生仔猪容易患病。

(3) 缺乏先天性免疫力 初生仔猪没有先天免疫力,是因为在胚胎期,母体的抗体(免疫球蛋白)不能通过胎盘传给胎儿。出生后仔猪只有依靠食入母乳,特别是初乳,才可获得被动免疫。初生仔猪肠道具有原样吸收这些免疫球蛋白的能力，而这种能力在48h后消失。自身的抗体产生系统在30日龄后才能真正发挥作用，所以仔猪患病往往是在出生后3～20天。

（4）生长发育快、代谢机能旺盛、利用养分能力强 仔猪初生体重小，不到成年体重的1%，但出生后生长发育很快。一般初生体重为1kg左右，10日龄时体重达初生重的2倍以上，30日龄达5～6倍，60日龄达10～13倍。

仔猪生长快，是因为其物质代谢旺盛，特别是蛋白质代谢和钙、磷代谢要比成年猪高得多。出生后20日龄时，每千克体重沉积的蛋白质相当于成年猪的30～35倍，每千克体重代谢所需的净能为成年猪的3倍。所以，仔猪对营养物质的需要，无论在数量和质量上都高，对营养不全的饲料反应特别敏感，因此，对仔猪必须保证各种营养物质的供应。

猪体内水分、蛋白质和矿物质的含量是随年龄的增长而降低，而沉积脂肪的能力则随年龄的增长而提高。形成蛋白质所需要的能量比形成脂肪所需要的能量约少40%（形成1kg蛋白质只需要23.63MJ，而形成1kg脂肪则需要39.33MJ）。所以，年龄小的猪要比年龄大的猪长得快，能更经济有效地利用饲料，这是其他家畜不可比拟的。

122 为什么要让初生仔猪吃足初乳？

由于母猪的胎盘构造特殊，具有胎盘屏障，妊娠期间血液中的大分子免疫球蛋白不能通过胎盘屏障进入胎儿体内，因而初生仔猪不具备先天性免疫能力，只有出生后通过吃食母猪初乳才能获得免疫能力。因为初乳中含有大量免疫球蛋白，具有抑菌、杀菌、增强机体抵抗力等功能。

据测定，每100mL初乳中含免疫球蛋白7～8g，3天内可降到0.5g。由于初生仔猪出生后24h内其肠道上皮处于原始状态，大分子的免疫球蛋白很容易渗透进入血液，出生30～72h后这种渗透性显著降低。因此，仔猪出生后应尽早吃足初乳，从而早获得免疫力。此外，初乳的酸度较高，还含有较多的镁盐（有轻泻作用），其他营养成分也比常乳丰富。仔猪产出后若能及时到母猪身边吃上初乳，还能刺激其消化器官的活动，促进胎便排出，增加营养产热，提高机体对寒冷的抵抗能力。初生仔猪若不能及时吃足初乳，轻者生命力低下，生长缓慢，将来成为僵猪；重者则很难育活。

123 提高仔猪成活率的主要措施有哪些？

（1）固定奶头，早吃初乳 初生仔猪均有固定奶头吮乳的习惯，一经认定便到断奶不变。因此，要将弱小仔猪或准备留作种用的仔猪，固定在泌乳量比较多的前面2对乳头上，并让仔猪早吃足初乳（最晚出生后不超过6h）（图5-2）。

图5-2 给仔猪固定好奶头

（2）防止压死，确保成活 刚出生几天内的仔猪，四肢无力，行动迟缓，呆笨，尤其是寒冷季节，喜欢依偎在母猪腹部或者相互堆睡在一起取暖，睡眠很深，常常会被母性较差的母猪压死。因此，产后几天内要有专人日夜护理，对个别母性特差的母猪，在产后3～4天内应把全窝仔猪放在育仔箱（或育仔篮）内，每隔1h，放出喂乳1次，之后赶入育仔箱（篮）内。

（3）防寒保暖，预防感冒 初生仔猪调节体温的机能不完善，当舍内温度过低，特别是初春季节，往往因风寒容易患感冒、肺炎等疾病。因此，要注意选择适宜的产仔季节。在日常管理中，要注意勤换垫草，可在母猪圈或栏内的一侧地面上放置一块木板，上铺柔软的短草，以供母猪和仔猪睡觉；仔猪的适宜温度，出生后1～3日龄为30～32℃，4～7日龄为28～30℃，15～30日龄为22～25℃，2～3月龄为22℃。

（4）预防贫血，补喂矿物质 仔猪容易缺乏矿物质，尤其是铁和铜。通常于仔猪出生后3天，就应补喂铁、铜制剂。可硫酸亚铁2.5g、硫酸铜1g溶于1000mL水中，用滴管于仔猪哺乳时，滴在母猪乳头上使其吸入；或者于出生后 3 ~ 5 天，每头仔猪注射铁钴针 2 ~ 3mL；或颈部肌内注射右旋糖苷铁、血多素、牲血素、右旋糖铁钴合剂等 100 ~ 150mg；或者于猪舍内放一浅盘，内放一些食盐、骨粉、炭末、红土，让仔猪自由采食。

（5）勤添水，勤换水 仔猪生长发育快，加之所吸母乳能量高，需要大量的水分。因此，从 3 日龄起，就应开始给仔猪补充饮水，同时要保证饮水充足、清洁，防止仔猪因缺水而饮脏水、污尿，以致患病拉稀。猪舍内最好安装自动饮水器，如果没有自动饮水器，应在仔猪出生后 3 天开始，用浅盘盛水供仔猪饮用。全哺乳期间，必须勤添、勤换，不要让水槽存水，以防饮水污染造成仔猪腹泻。如果仔猪不会喝水，可从仔猪群中挑选一头比较强壮的，人工辅助其饮水，只要一头会饮水，其余仔猪会很快模仿饮水。

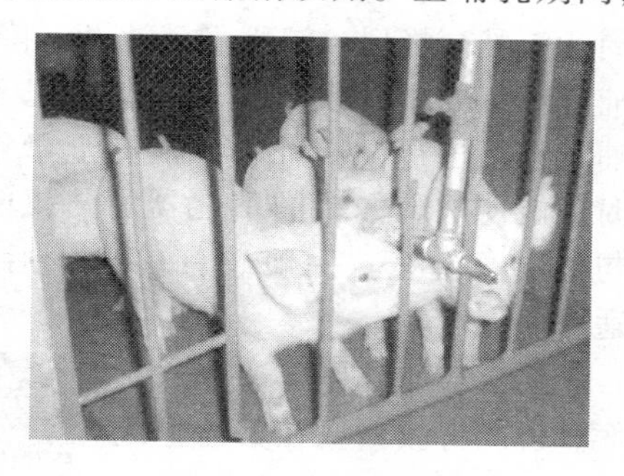

图 5-3 仔猪使用自动饮水器饮水

仔猪饮水器不宜安得太高，以与猪的肩等高为宜，一般离地面 20cm 高（图 5-3）。

（6）清洁卫生，预防疾病 小猪生活的场所，必须保持干燥、光亮、温暖、清洁，猪食槽要经常清洗，猪圈内外要经常消毒，做到无病早防、有病早治。另外，在饲料中加入少量抗生素（如青霉素、金霉素、土霉素等），再饲喂仔猪，既能促进仔猪生长发育，又能增强其对疾病的抵抗力。

124 培育哺乳仔猪要把握好哪几点？

1）1 ~6 日龄，刚出生的仔猪皮薄、毛稀、体弱、怕冷，没有抵抗力，因此要着重保证仔猪的成活，让仔猪尽早吃足初乳，并注意保温，防止被母猪压死、冻死、饿死。

2）7 ~30 日龄，仔猪的生活机能开始增强，活泼好动，此期间关键要做好奶膘工作，训练仔猪早吃料、早饮水，注意猪舍环境卫

生，防止发生白痢。同时养好哺乳母猪，使其多产乳，提高乳膘。

3）31～60日龄，此阶段仔猪已习惯吃料，日增重可达250～500g，这时的中心任务是要断好奶，千方百计地促使仔猪旺食多餐，抓全窝仔猪的均衡发育，以达到断奶体重大、窝重高的要求。但要注意防止仔猪断奶后换料应激而引起的拉稀。

125 为什么要给哺乳仔猪早期补料？其有什么好处？

仔猪出生后吃足初乳，经过3～5天，抵抗力增强，不久便迅速生长发育，体重呈直线上升，营养需要大量增加。而母猪产后3周达泌乳高峰后，泌乳量就逐渐下降，这时营养供需发生了矛盾，哺乳仔猪的生长发育仅靠母猪乳已不能满足需要。因此，只有给哺乳仔猪进行早期补料才能补上母猪供应不足的那部分营养，同时还能使哺乳仔猪的消化器官与机能得到锻炼，促进胃肠的发育与机能的健全。一般于仔猪出生后7～10天开始递食补料最为适宜。

初次给哺乳仔猪递食的时候，可以将教料塞在其嘴里或拌成糊糊抹在哺乳仔猪嘴里，一天2～3次，连续2天即可认食（图5-4）。

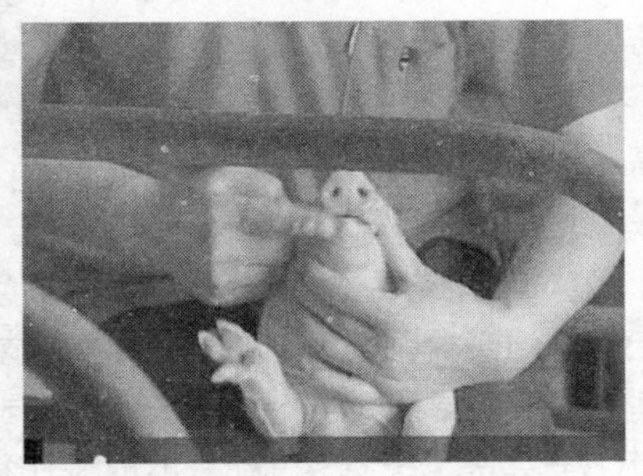

图5-4　给哺乳仔猪诱食

给哺乳仔猪进行早期补料有三方面的好处：一是刺激哺乳仔猪的消化机能，促进消化液的分泌，增强消化力，使哺乳仔猪提早适应饲料，早进食，可以提高仔猪断奶窝重和经济效益，同时也能防止仔猪断奶后吃料应激；二是可以增强哺乳仔猪的抗病力，提高成活率；三是可以提早给仔猪断奶，促使母猪早发情、早配种，提高母猪的繁殖率。

126 给哺乳仔猪进行早期补料应掌握哪3个关键问题？

（1）饲料配方的全价性　全价的仔猪料应该是高能量，能蛋比适当，各种必需氨基酸、维生素、微量元素齐全，一般每千克饲料含消化能 13.40 ~ 14.23MJ、粗蛋白质 18% ~20%、赖氨酸 1.15% ~ 1.40%、蛋氨酸 + 胱氨酸 0.60% ~0.75%。

（2）饲料的诱食性 哺乳仔猪喜食甜味和奶香味。为了引诱其早食，可在饲料中加入白糖，也可添加乳香精，因为乳香精对哺乳仔猪更富有引诱性。常用的饲料香精有柑橘、甘草、兰香素等。此外，为了提高饲料的适口性，配制仔猪饲料的原料，必须尽量研细，其细度应通过小于 1mm 的筛孔。

（3）诱食的时间 一般从 7 日龄开始诱食，可将饲料调成糊状（早春要用温水调料，以提高料温），用手指或竹木片蘸取少量饲料向哺乳仔猪口中抹喂。开始时喂量要少，逐渐加量，目的在于引诱哺乳仔猪能早日自行采食。调教诱食是早期补料成败的关键，只要耐心调教，哺乳仔猪很快就能主动采食饲料，一般 10 日龄左右就能认食，15 ~20 日龄就能开食。开食后日喂 5 ~6 次，料水比以 1:1.2 ~ 1:1.5为宜，饮水一定要充足和清洁。

127 为什么要给哺乳仔猪补铁？如何补铁？

铁是造血的原料。初生仔猪出生时体内铁的储备量只有 25 ~ 50mg，哺乳仔猪每天代谢生长需 7 ~ 15mg，而母猪奶中含铁量很低，每头哺乳仔猪每天从母乳中得到的铁不足 1mg。所以，如果不给哺乳仔猪及时补铁，其体内铁的储量将在 1 周内耗完，哺乳仔猪就会发生贫血症。因此，必须给哺乳仔猪补铁。哺乳仔猪最适宜的补铁时间，一般在仔猪出生后的 2 ~4 天。

给仔猪补铁的方法有口服和肌内注射 2 种。

（1）口服铁铜合剂补饲法 3 日龄起补饲。铁铜合剂是把 2.5g 硫酸亚铁和 1g 硫酸铜溶于 1000mL 水中配制而成。喂时将溶液装入奶瓶中，当仔猪吸乳时滴于乳头上令其吸食，也可用奶瓶直接滴喂。喂量：每天每头 10mL。

（2）注射补铁法 可用牲血素、右旋糖酐铁剂等，在新生仔猪 3 ~4 日龄时颈部或后腿内侧肌内注射 100 ~ 150mg；14 周龄再注射 1 次。

此外，在猪栏内的一角放些或撒一层清洁的红黏土（内含丰富的铁），让仔猪自由拱玩、啃食，也可有效地防治缺铁性贫血。

128 给哺乳仔猪补铁应注意哪些事项？

1）由于右旋糖苷铁有时会引起猪的过敏反应，在使用右旋糖苷铁时，应准备好肾上腺素用以应急。

2）个别哺乳仔猪会在补铁时由于应激等原因出现死亡，一般称为“晕铁针”，此种现象和哺乳仔猪缺硒有关。因此补铁时应注意同时补硒。一般于哺乳仔猪出生后3~5日龄肌内注射0.1%的亚硒酸钠溶液0.5mL，60日龄再注射0.1%的亚硒酸钠液1mL。

3）注意消毒注射针具，以避免梭菌、绿脓杆菌和坏死杆菌感染。

129 仔猪什么时间断奶最好？怎样给仔猪断奶？

仔猪的适宜断奶时间，应根据各养猪场（户）的具体情况而定。传统养猪一般是56~60日龄断奶，商品猪场45~50日龄断奶。随着养猪设备、营养和饲料的发展，目前，许多有条件的猪场（户）已普遍采用21~28日龄早期断奶的方法，也有在21日龄甚至更早断奶的。早期断奶缩短了哺乳期，而且断奶时母猪体况尚好，减少其失重，断奶后可迅速发情配种，因而可以提高母猪的年生产能力。

一般来说，生产中最好不要早于21日龄断奶，否则会给仔猪的人工培育带来许多困难，影响仔猪的成活率。因此，各猪场（户）仔猪的断奶时间，应根据其生产设备、饲料条件、管理水平来决定。条件好的，可适当提前，条件差的，则应适当推迟。

目前从时间上看，仔猪的断奶方法有两种：一是早期断奶法，二是常规断奶法。早期断奶的时间在28~35日龄及以前；常规断奶的时间一般在60日龄左右。有条件的采取早期断奶，无条件的可采用常规断奶法。无论哪种方法断奶，必须给仔猪创造良好的环境条件，给予适宜而稳定的温度，饲喂营养全面、易消化的饲料等。

从断奶过程上看，仔猪断奶方法有以下3种。

（1）一次性断奶法 即于断奶前3天减少哺乳母猪饲粮的日喂

量，达到预定断奶时间时，果断迅速地将母猪和仔猪分开实行同时断奶。此种方法简单、操作方便，主要适用于泌乳量已显著减少、无患乳房炎危险的母猪。

（2）分批断奶法 即根据仔猪的发育情况、食量及用途，先后分别断奶。此种方法费工、费力，母猪哺乳期较长，但能较好地适用于生长发育不平衡或寄养的仔猪和奶旺的母猪。一般于预定断奶前1周，先将准备肥育的仔猪隔离出去，让预备作为种用和发育落后的仔猪继续哺乳，到预定断奶日期再把母猪转出。

（3）逐渐断奶法 即在仔猪预定断奶日期前4～6天，把母猪和仔猪分开饲养。常将母猪赶出原猪圈，定时放回哺乳，哺乳次数逐日减少直至断净。此种方法比较完全可靠，可减少对母猪和仔猪的刺激，适用于不同情况的母猪。

在母猪实行成批同时断奶时，可将每窝中个别极瘦弱的仔猪挑出并集中起来，挑选1头泌乳性能较好的断奶母猪，再让其哺乳1周，这样可以减少这部分仔猪断奶后的死亡率。以上3种断奶方法以一次性断奶为最好，这样可以使母猪尽早发情配种，提高效益。

130 仔猪早期断奶需要注意哪些问题？

（1）早开食 要做好仔猪的早期开食训练，使其尽早适应独立采食为生。

（2）保证营养供应 早期断奶的仔猪日粮要求高能量、富含优质蛋白，并有较高的全价性。断奶后第一周要适当控制采食量，避免仔猪暴食和日粮蛋白质偏高，以免消化不良而引起腹泻。做到既要尽可能增加仔猪采食量，以获得最大断奶窝重，又要防止仔猪过多采食。

（3）供足饮水 断奶后的仔猪要保证及时获得清洁饮水，因为仔猪对干渴的耐受性差，如果缺水，仔猪会因干渴误喝积尿而造成下痢。

（4）创造良好大环境 断奶仔猪最好留原圈饲养，让母猪离开。仔猪舍内保持清洁卫生、干燥，及时清除剩料、粪尿、污物，并及早加强调教，养成定位排泄习惯，避免寒冷、风雨等不利因素对仔

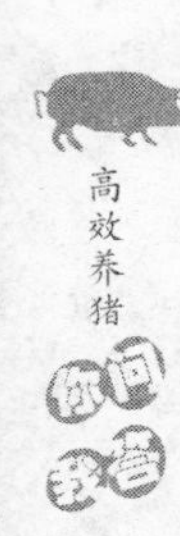

猪的影响。

（5）防止各种应激 从断奶的当天开始，宜添加适量的维生素C和抗生素等药物，以防断奶后因应激而发病。仔猪在患病、驱虫、防疫的短期内不宜断奶，因为断奶对仔猪是一种严重的应激。

131 怎样饲养管理早期断奶的仔猪？

（1）少喂、勤添，定时、定量 断奶仔猪生长发育虽然快，所需要的营养物质多，但其消化道容积仍然比成年猪小，为此，应采取少喂勤添的饲喂方法。一般每天喂4~5次，每次喂8~9成饱为宜，以使其保持旺盛的食欲。21：00~22：00可加喂1次，这样不仅可使仔猪多吃料，有利于生长发育，还可防止猪在寒夜里压垛而造成伤害，避免在冬天的长夜里仔猪因饥饿而睡卧不安，从而影响其生长发育。

（2）供给充足、新鲜、清洁的饮水 仔猪快速生长发育需要大量水分，如饮水不足，会影响其食欲与增重。因此，供水要充足，保持饲料新鲜、清洁，全天不断饮水。最好是使用自动饮水器供水。

仔猪的饮水量，一般冬季为饲料采食量的2~3倍，春、秋季为饲料采食量的4倍，夏季为饲料采食量的5倍，生产母猪需水量则更高。

（3）添加生长促进剂 用于仔猪生长的促进剂种类很多，主要有抗生素饲料添加剂、磺胺制剂、硫化喹喔啉等。抗生素饲料添加剂包括青霉素、链霉素、土霉素、金霉素、四环素与杆菌肽锌等。促进断奶仔猪快速生长的，以金霉素与四环素效果最显著。

（4）合理分群 仔猪断奶后，在原圈饲养10~15天，当仔猪吃食与排泄一切正常后，再根据仔猪的性别、大小、吃食快慢进行分群，应使个体重相差不超过3kg的合为一群。对于体重小、体弱的仔猪宜单独组群，细心护理，特殊照顾。

（5）创造舒适的小环境 断奶仔猪圈必须阳光充足，温度适宜（22℃左右），清洁干燥。仔猪进入猪圈前应彻底打扫干净，并用2%的氢氧化钠溶液全面消毒，然后铺上土与草的混合垫料（土有吸湿性，草有保暖性），为断奶仔猪创造一个舒适的小环境。

（6）有足够的活动面积与饲槽 仔猪群体过大或每头仔猪占地面积太小，以及饲槽太少，容易引起争斗，这样休息不足，采食不够，从而影响仔猪的生长发育。断奶仔猪的占地面积为每头0.5～0.8m^2较好，每群一般以10头左右为宜，设有足够的食槽与水槽，让每头仔猪都能吃饱、饮足，不发生争食现象。

（7）防寒保温 秋、冬季或早春气候寒冷，仔猪常堆积在一起睡卧，互相挤压，容易压伤、压死、感冒、拉稀等。因此，要及时维修好猪圈，圈内多垫干土和干草，并勤扫、勤垫，必要时准备草帘与火炉等，有条件时可修建暖圈、塑料大棚或保育床来饲养断奶仔猪。

（8）细心调教 要调教训练仔猪排泄、饮水、采食、睡卧四点定位。重点训练仔猪定点排粪尿，使之养成不随便排泄的习惯。

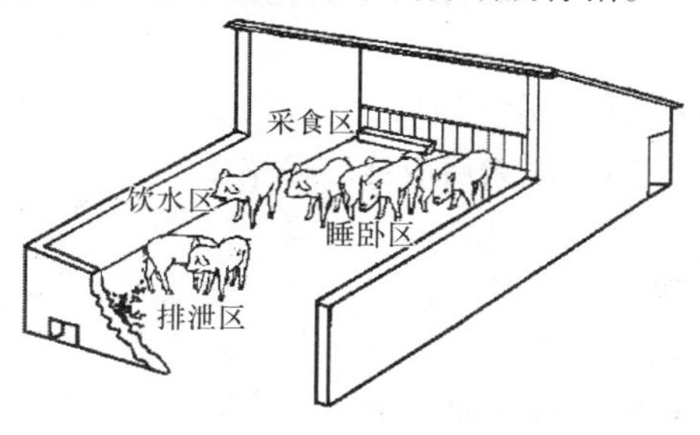

图5-5 仔猪四定点示意图

如图5-5所示，仔猪保育栏内可分为采食区、饮水区、睡卧区和排泄区，调教的方法是诱导仔猪到排泄区排便，排泄区内的粪便暂时不清扫，其他区的粪便可人为及时清除干净。

132 断奶后的仔猪为什么容易发生腹泻？如何预防？

断奶，是仔猪出生后最大的应激因素。仔猪早期断奶容易发生腹泻的原因主要有以下几方面：

（1）仔猪胃肠分泌机能不完善 仔猪整个消化道发育最快的阶段是在20～70日龄。仔猪出生后的最初几周，胃内酸分泌十分有限，一般要到8周以后才会有较为完整的分泌功能。这种情况严重影响了8周龄以前断奶仔猪对日粮中蛋白质的充分消化。哺乳仔猪因母乳中含有乳酸，使胃内酸度较大，即pH较小。仔猪一经断奶，胃内pH则明显提高。

仔猪消化道内酶的分泌量一般较低，但随消化道的发育和食物

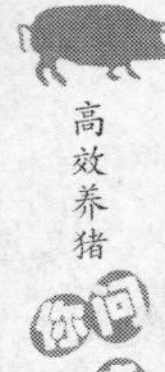

的刺激而发生重大变化。其中碳水化合物酶、蛋白酶、脂肪酶会逐渐上升。

（2）微生物区系不健全 哺乳仔猪消化道的微生物是乳酸菌，它可减轻胃肠中营养物质被破坏的程度，减少毒素产生，提高胃肠黏膜的保护作用，有力地防止因病原菌造成的消化紊乱与腹泻。乳酸菌最宜在酸性环境中生长繁殖。断奶后，胃内pH升高，乳酸菌逐渐减少，大肠杆菌（在pH为6~8的环境中生长）逐渐增多，原微生物区系受到破坏，导致疾病发生。

（3）仔猪的免疫状态差 新生仔猪从初乳中获得母源抗体，在1日龄时达最高峰，然后抗体滴度逐渐降低。2~4周龄母源抗体滴度较低，而主动免疫也不完善，如果在此期间断奶，仔猪容易发病。

（4）应激反应强 仔猪断奶后，因离开母猪，在精神和生理上会产生一种应激，加之离开原来的生活环境，对新环境不适应，如舍温低、湿度大、有贼风，以及猪舍消毒不彻底，常因长时间吃不上奶过度饥饿后猛吃饲料，从而加重了胃肠的负担，容易导致其消化机能紊乱，而发生条件性腹泻。

预防措施有以下几点：

（1）断奶前及时给母猪减料 一般于仔猪断奶前3~5天开始给母猪减料，由于减料，母猪的泌乳量相应逐渐减少，这样可促使仔猪四处寻找饲料，同时促进其消化系统及早适应饲料，减少断奶后腹泻的发生。

（2）定时、定量，少给、勤添 仔猪断奶后要逐渐添加饲料，从第一天每头仔猪0.1kg，以后逐渐增加，5天后给料量为0.4~0.6kg，以后根据仔猪的生长而逐渐增加。

（3）适当控制仔猪采食量 如果个别仔猪断奶后出现腹泻，可以控制给料量；如果全窝出现腹泻，可减少给料次数或给料量。

（4）饲料中添加一些抗生素 可于饲料中添加土霉素、磺胺类药物等以预防肠道感染，舍内可撒些炉灰、干土等垫料，保持环境干燥、卫生。

（5）供足饮水 冬季给仔猪饮温水，夏季给仔猪饮凉水，水要洁净、卫生。

133 为何断奶后仔猪容易发生咬尾症？怎样控制？

断奶仔猪咬尾症是多发生于断奶仔猪之间的一种恶癖症，先是个别仔猪啃咬其他仔猪尾巴，继而引起仔猪间相互咬尾。被咬仔猪往往失血而发生贫血、感染发热，甚至个别仔猪会因失血过多而死亡，严重影响仔猪的生长发育。

造成断奶仔猪咬尾症的原因很多，归纳起来主要包括营养、环境、管理和疾病等几个方面，例如，当饲粮营养失衡时，尤其是仔猪断奶后，生长发育较快，营养来源完全靠饲料，如果这时的饲料营养价值不全，饲料中缺乏蛋白质，或某些氨基酸、维生素、矿物质和微量元素，就会刺激猪只发生咬尾症；当猪舍内有害气体、温度和光照超标，或通风不良、饲养密度过大时会引起咬尾现象；当猪只患贫血和体内外寄生虫时，也会发生咬尾现象。本病多发生在舍饲、水泥地面或网床上。农户分散单养、土地面，出现咬尾的现象较少。

要想有效控制断奶仔猪咬尾症的发生，必须针对其发生的原因，采取综合措施。

(1) 改善饲养管理条件 如果是饲养密度过大，就要想办法疏松密度；如果是饲料营养失调，就要调整好饲料配方；如果是其他饲养管理问题，要马上完善。

(2) 在猪栏内悬挂玩具 为了分散仔猪的注意力，可以在圈舍上放置玩具球、铁链或红砖等，最好在栏杆上悬挂两条铁链，高度以仔猪仰头能咬到为宜。这不仅可预防咬尾、咬耳现象的发生，也能满足仔猪好动、贪玩的需求。

(3) 隔离、调教 对个别有咬尾症的仔猪，要及时挑出来，单圈饲养，进行调教。以免发生"一头咬尾或咬耳，其他猪只也效仿，相互咬"的连锁反应。被咬的猪，体质差，发育不良，也应单圈饲养，防止恶化。尽量把问题控制在最小范围，以减少损失。

134 怎样挑选仔猪进行育肥？

选好仔猪是养好肥育猪的基础和前提。要想挑选长得快、节省料、发病少、效益高的仔猪，必须注意以下几点（八看一挑选）：

一看仔猪精神：健康仔猪精神活泼，眼神明亮，动作灵活，行走轻健，尾巴摇摆自如，叫声清脆。

二看皮肤：健康仔猪皮毛红润、光洁，没有卷毛、散毛、皮垢、眼屎，无乳头红斑、癣斑。

三看粪便：健康仔猪拉粪成团，松软适中，无黏液、异臭味，后躯无粪便污染，贪食、好强，常举尾争食。

四看外观：健康仔猪无外伤或畸形。

五看品种：近几年，饲养较普遍的是用长白公猪与大约克夏母猪杂交生产的仔猪作为母猪（洋二元母猪），然后再用杜洛克猪与洋二元母猪杂交，生产的洋三元猪（杜长大三元育肥猪）。洋三元猪生长快，瘦肉率高，销售好，但饲养管理条件要求较高。一般散养户以饲养杜长太内三元猪为宜。

六看体型：仔猪的体型应符合品种要求，如长白的杂种仔猪全身为白毛，一般表现为毛细，嘴长，耳稍大、向前平斜，身腰较细长；大约克夏的杂种仔猪，嘴稍长，耳中等斜立，身躯稍粗而长；杜洛克的杂种仔猪，全身为棕细毛，耳小、直立，四肢粗壮。

七看仔猪来源：了解清楚仔猪来源，看是否来自非疫区，当地是否有某种传染病流行，是否接种预防猪瘟、猪丹毒、猪肺疫、猪链球菌和猪副伤寒等疾病的疫苗。

八看检疫证明：看出售的仔猪是否经当地兽医部门的产地检疫，购买时并索要检疫证明和防疫程序。

九挑选：选择同窝仔猪体重大的，不选体重小的；选择嘴筒宽、短，口叉深，额部宽，眼睛大，耳郭薄，耳根硬挺，背平宽呈双脊，皮薄有弹性，毛稍稀有光泽，身腰长，胸深，臀部宽，四肢粗壮稍高，体长与体宽比例合理，有伸展感的仔猪，不选“中间大，两头小”短圆的仔猪；选择父本为外来良种的杂种仔猪，最好是三品种杂种仔猪，不选地方品种为纯种的仔猪；选择带有耳缺（已接种过疫苗）的，不选没有耳缺的仔猪饲养。刚断完奶没有认上食的仔猪最好不要选。

135 仔猪为什么要去势？什么时间去势最适宜？

母仔猪性成熟后每间隔 18 ~ 24 天就要发情 1 次，持续期为 3 ~ 4

天，多者为1个星期。在发情期间，仔猪表现为神情不安，食欲减少，影响休息，生长缓慢，饲料报酬降低。公猪性成熟比母猪早，其表现更明显。去势后的公、母仔猪则不会再出现以上现象，且性情变得安静温顺，食欲好，生长快（无发情干扰），肉脂无异味。

我国地方猪种性成熟较早，肉猪饲养期长，供肥育的公、母猪都必须去势。而现代培育的瘦肉型品种猪性成熟较晚，在高水平饲养条件下5~6月龄（性成熟之前），体重就可达90~110kg，即可上市。但由于公猪比母猪发育得快、性成熟早，母猪一般在出栏前不发情，所以饲养没有地方猪种参与的两品种和三品种杂种瘦肉型猪，可只给公猪去势，不给母猪去势。

通常供肥育的公猪可于产后8日龄左右去势，对于本地品种不留作种用的小母猪于50日龄以内去势为宜。早去势，应激小，伤口愈合快，手术简便，后遗症少。

136 如何给小公猪去势?

小公猪去势又叫阉割，是将小公猪的睾丸和附睾摘除，使其失去性机能。一年四季均可去势，但以春、秋两季为好。

去势方法和步骤：先准备一个刮脸刀片和3%~5%的碘酊5mL、干净的棉球若干；然后将小公猪左侧横卧地、背向手术者，手术者用左脚踩住猪的颈部，右脚踩住尾巴，用碘酊棉球在小公猪肛门下方的阴囊部位涂擦消毒；消毒后用左手拇指和食指捏住阴囊上部皮肤，把一侧睾丸挤向阴囊底部，使阴囊皮肤紧张，将睾丸固定住；手术者右手持刀片，在阴囊底部纵向切开一个2cm长、1cm深的切口，挤出一侧睾丸，用手撕断鞘膜韧带（白色韧带），用力拉断精索，涂擦碘酊，取出睾丸（图5-6）；然后在原切口上切

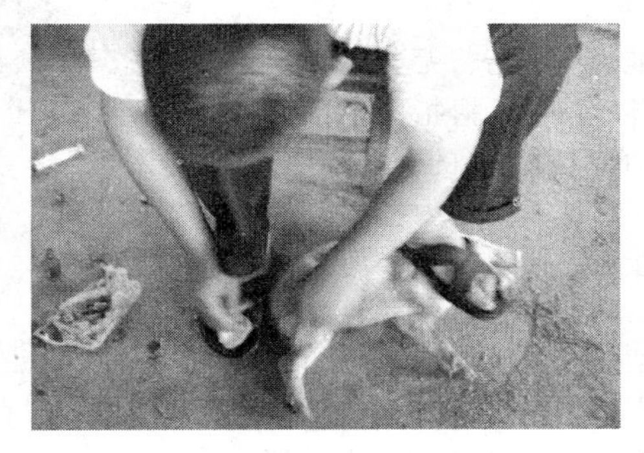

图5-6　小公猪去势

开阴囊纵隔和另一个睾丸实质，以同样的方法摘除另一侧睾丸。切口及阴囊内要用3%～5%的碘酊消毒，切口一般不需缝合，但去势后要注意保持猪圈内清洁、卫生，以免引起伤口感染。

137 如何给小母猪去势？

小母猪去势术俗称小挑法，是指对1～2月龄或体重5～15kg的仔猪摘除卵巢、子宫体及2个子宫角的一种方法。手术方法简单，安全性高，时间短，操作简单。手术操作方法步骤如下：

（1）术前准备 术前停食一顿，以减少肠内容物，防止子宫受挤压，有利于手术顺利进行，缩短手术时间。准备去势刀1把，3%～5%的碘酊棉球适量。

（2）保定 手术者左手抓住小母猪左后肢，向外倒提，把猪头向右轻放着地，把猪颈部放在右脚尖前面，让猪体右侧卧于地面上，把猪左右腿向后拉直，左脚踩其右小腿上，右脚踩其颈部（图5-7）。

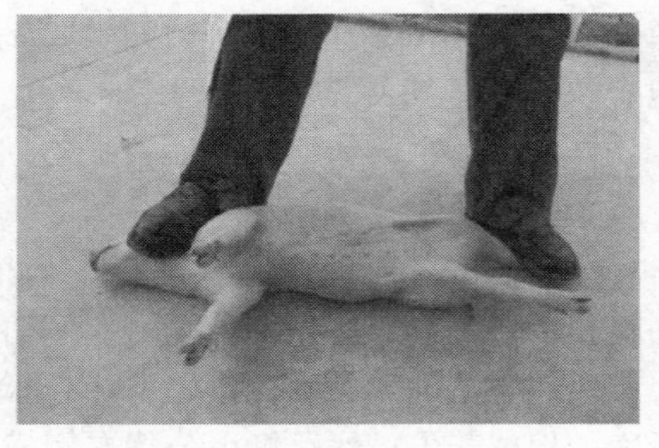

图5-7 小母猪保定

（3）确定切口部位 用左手食指顶住左侧髋结节（髂骨翼外角），以食指为准，将中指、无名指和小指顺序按住，拇指向中部顶住的部位垂直的方向用力下压，使拇指和中指尽可能的接近，按得越紧，切口离卵巢越近，子宫角就容易涌出切口，此时拇指左端的压迫点即是切口部位（图5-8）。切口部位一般在腹下左侧倒数第二个乳头外侧1～2cm，并根据猪只大小，以“肥向前、瘦往后、饱向内、

图5-8 小母猪切口部位

饥向外”的原则，力求术部准确。

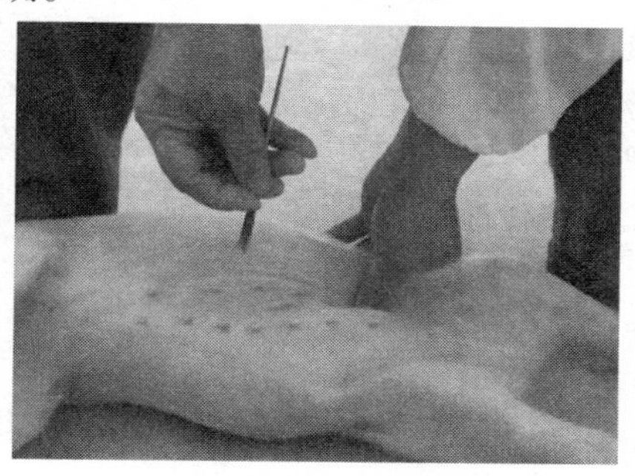

图 5-9 指法操作

（4）指法操作 将术部、手术刀和手术者手指进行常规消毒后，左手拇指轻轻按在术部上，将皮肤拉向手术者，再用力向腹壁按压，右手持刀，以适当角度（一般45°）一并切开皮肤、肌肉和腹膜，并轻轻向左右扩大切口，此时腹水涌出，随猪发出嚎叫声，腹压增大，只要术部准确，充分紧压术部外侧，子宫角和卵巢就自然会从腹腔切口脱出（图5-9）。

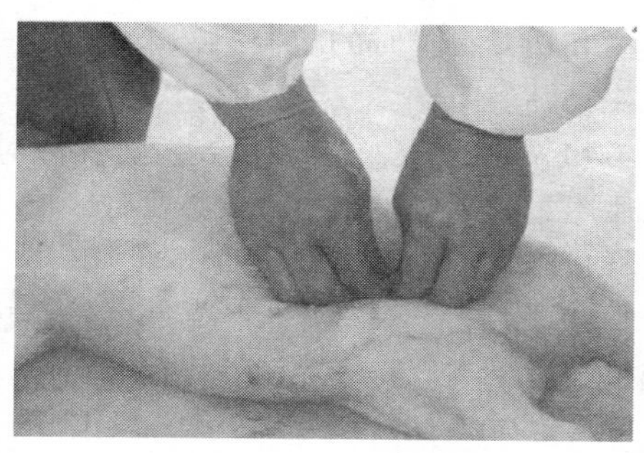

图 5-10 摘除子宫、卵巢

若子宫角不能立即涌出时，可将刀柄伸入切口内，使刀柄钩端在腹腔内呈弧形摆动，子宫角即可流出。当子宫角暴露于切口以外时，应立即将右手放下手术刀，食指、中指和无名指三指并拢，以指尖合力压紧切口的右后缘，左手自然屈曲，并以食指第二指节的背面，用力压紧切口的左后缘。此时重力压在左手食指及右手中指和无名指上，左手后三指和右手小指起协力作用。再用左手拇指和右手食指交替滑动，拉出两侧子宫角、卵巢和部分子宫体，并以左手拇指压住，以右手摄住暴露部分的子宫体，左手捏住上端，将子宫角、卵巢及部分子宫体完全撕断后，用左手的食指和拇指捻转断端后再松手，目的是减少出血（图5-10）。

操作完毕，提起小母猪的左后肢轻轻摇动一下（图5-11），或

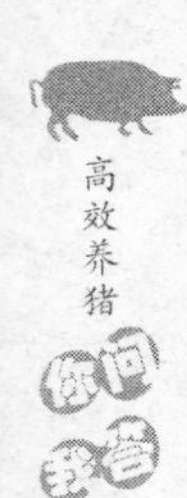

用手捏住切口，将皮肤拉一拉，防止肠管嵌叠。切口用3%～5%的碘酊棉球涂擦后即手术结束。

（5）注意事项

1）小母猪去势，虽然简单易学，但要真正达到技术干练、纯熟，还必须经过大量的实践。操作时应注意保定确实、术部准确、充分压紧术部、摘除完全等事项。

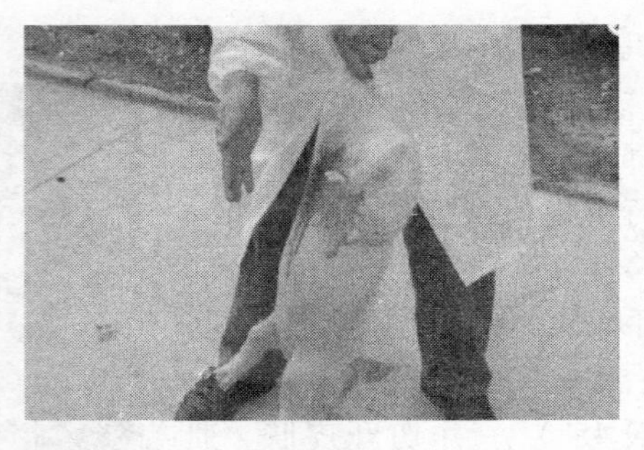

图5-11　提起小母猪的左后肢摇动

2）注意术部消毒、卫生，必要时给小母猪注射精制破伤风抗毒素或提前注射类毒素。

3）一刀切开腹膜时，要根据猪只大小、肥瘦、发育状况、饥饱程度和切开腹膜时的空洞感，来确定下刀的深度及角度，切忌损伤腹主动脉。

4）去势手术一般不需要缝合，但对那些个体较小、腹膜层薄，或手术过程中有扩创的猪只必要时缝上一针，连皮肤与腹膜一起缝，这样可以避免出现手术意外。

5）术后停食一顿，主要是减轻腹内压，防止肠管从切口处脱出，造成创伤性腹疝和意外死亡。

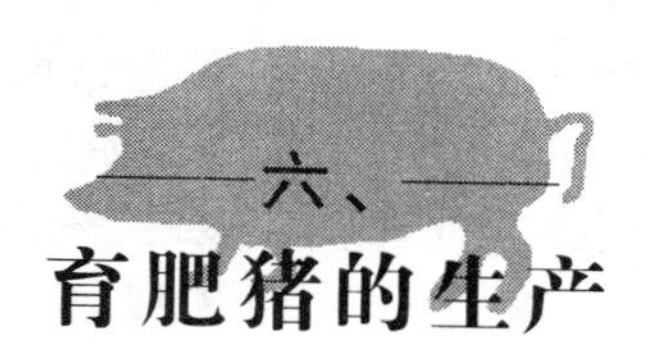

六、育肥猪的生产

138 什么叫瘦肉型猪？发展瘦肉型猪生产有什么好处？

瘦肉型猪是指屠宰后胴体膘薄、瘦肉率高的品种猪，是经过长时间的精心培育并在一定的饲养条件下，保持稳定的瘦肉生产能力的优良猪种。其外形特点是中躯长，前后肢间距宽，腿臀发达，肌肉丰满，一般体长大于胸围 15 ~ 20cm，在标准饲养管理下，5 月龄体重可达 90 ~ 100kg。如长白猪、大约克夏猪、杜洛克猪、汉普夏猪等都属于瘦肉型猪。这类猪瘦肉占胴体重的 60% 以上（图 6-1）。

图 6-1　杜长大三元育肥猪

瘦肉型猪具有生长快，省料，生长瘦肉的能力强，胴体瘦肉多，脂肪少等特点。瘦肉型猪平均每窝产仔数比脂肪型猪多 3 ~ 4 头，生产 1kg 脂肪的饲料可以生产 32kg 的瘦肉。据资料报道，优良杂交猪瘦肉率为 55% 以上，日增重提高 13% ~ 53%，瘦肉率提高 15% ~ 20%，多产瘦肉 11kg 左右，节省饲料 15kg 以上。瘦肉中含有动物性蛋白约 22%，易被人体吸收利用，同时含有丰富的磷、铁等矿物质和 B 族维生素，适口性良好，人们爱吃。瘦肉型猪产肉多，经济效益高，是当前和今后饲养商品猪的发展方向。

139 生长育肥猪按生长发育过程分为哪几个时期?

生长育肥猪是指体重从25kg或30kg到100kg或110kg的这一阶段的育肥猪，也称肉猪。一般根据其生理特点和发育规律，按其体重将其生长过程划分为2个阶段，即生长期和育肥期。体重25(30)~60kg为生长期，称为中猪或架子猪阶段，这个阶段主要是骨骼和肌肉的生长，而脂肪的增长比较缓慢；体重60~100（110）kg为育肥期，称为大猪或催肥阶段，此阶段猪的脂肪组织生长旺盛，肌肉和骨骼的生长较为缓慢。

140 育肥猪的生长发育有什么规律?

育肥猪的生长发育具有一定的规律性，表现在体重、体组织及化学成分的生长率不同，由此构成一定的生长模式。掌握育肥猪的生长发育规律后，就可以在生长发育的不同阶段，调整营养水平和饲养方式，加速或抑制某些部分、组织、化学成分等的生长和发育程度，改变猪的产品结构，提高猪的生产性能，使其向人们需要的方向发展。

（1）体重的绝对增重规律　一般体重的增长是“慢-快-慢”的趋势。正常的饲养条件下，初生仔猪的体重为1.0~1.2kg；7日龄内日增重为110~180g；2月龄体重为17~20kg，日增重为450~500g；3月龄体重为35~38kg，日增重为550~600g；4月龄体重为55~60kg，日增重为700~800g；5~6月龄体重为90~100kg，日增重为700g左右。

（2）机体组织的生长规律　育肥猪骨骼、肌肉、脂肪虽然同时生长，但生长顺序和强度是不同的。骨骼是体组织的支架，优先发育，在4月龄前生长强度最大，随后稳定在一定水平上；皮肤在6月龄前生长最快，其后稳定；肌肉居中，4~7月龄生长最快，体重为60~70kg时达最高峰；脂肪是晚熟组织，幼龄时期沉积很少，但随年龄的增长而增加，70kg以后增长加快、90kg以后增加更快。综合起来，就是通常所说的“小猪长骨，中猪长皮（指肚皮），大猪长肉，肥猪长油（脂肪）”。

（3）机体化学成分的变化规律　猪体化学成分也随其体重及体

组织增长呈现规律性的变化。猪体内水分、蛋白质和矿物质随年龄和体重的增长而相对减少，脂肪则相对增加，如体重10kg时，猪体组织内水分含量为73%左右，蛋白质含量为17%；体重达45kg之后，蛋白质和灰分含量相对稳定，脂肪迅速增长，水分明显下降；体重达100kg时，猪体组织内水分含量只有49%，蛋白质含量只有12%。初生仔猪体内脂肪含量只有2.5%，到体重100kg时含量高达30%左右。

141 什么样的环境条件比较适合育肥猪的生长？

要想让育肥猪食欲旺盛，增重快，耗料少，发病率和死亡率低，从而获得较高的经济效益，必须为其创造一个适宜的小气候环境。

（1）合适的温度 猪是恒温动物，在一般情况下，如果气温不适，猪体可通过自身的调节来保持体温的基本恒定，但需要消耗能量，以致影响猪的生长速度。育肥猪生长的适宜温度是：仔猪20～30℃，体重50kg以前为20～25℃，体重50～90kg时为18～20℃。

（2）适宜的湿度 湿度对育肥猪的影响小于温度。但湿度过高或过低对育肥猪也都是不利的。当高温、高湿时，猪体散热困难，猪感到更加闷热，而且高湿环境有利于病原微生物的繁殖，使猪易患疥癣、湿疹等皮肤病；当低温、高湿时，猪体散热量显著增加，猪感到更冷。猪舍适宜的相对湿度是60%～75%，如果猪舍内启用采暖设备，相对湿度应降低5%～8%。

（3）光照 一般情况下，光照对猪的育肥影响不大。育肥猪舍的光线只要不影响猪的采食和便于饲养管理操作即可，强烈的光照会影响育肥猪休息和睡眠。建造育肥猪舍应以保温为主，不必强调采光。

（4）无有害气体 猪舍内由于粪尿、饲料、垫草的发酵或腐败，经常分解出氨气和硫化氢等有毒气体，而且猪的呼吸又会排出大量的二氧化碳。如果猪舍内二氧化碳的浓度过高，会使猪的食欲减退，体质下降，增重缓慢。氨气和硫化氢对人和猪都有害，会严重刺激和破坏黏膜、结膜，并且会诱发多种疾病。因此，猪舍内要经常注意通风，及时清除猪粪尿和脏物，控制合适的饲养密度，保证猪舍内无有害气体。

(5) 降低噪声的影响 噪声对育肥猪的采食、休息和增重都有不良影响。如果经常受到噪声的干扰，猪的活动量大增，一部分能量被消耗而影响猪增重，噪声还会引起猪惊恐，降低其食欲。

(6) 饲养密度适当 如果饲养密度过高，群体过大，可导致猪群生活环境变劣，猪间冲突增加，食欲下降，采食减少，生长缓慢，猪群发育不整齐，易患各种疾病。在一般情况下，饲养密度以每头育肥猪占0.8～1.2m^2为宜；猪群规模以每群10～20头为佳。

(7) 合理组群 不同猪种的生活习性不同，对饲养管理条件的要求也不同。因此组群时应按猪种分圈饲养，以便为其提供适宜的环境条件。另外，组群时还要考虑猪的个体状况，不能把体重、体质参差不齐的仔猪混群饲养，以免强夺弱食，使猪群生长不整齐。组群后要保持猪群的相对稳定，在饲养期尽量不再并群，否则，不同群的猪相互咬斗，会影响其生长和育肥。

142 育肥猪的饲养密度以多大为宜？

饲养密度是指每头猪所占有的猪舍面积。饲养密度的大小直接影响猪舍温度、湿度及空气的新鲜度，也影响猪的采食、饮水、排粪尿、活动、休息等行为。夏季饲养密度过大，猪体散热多，不利于防暑。冬季气温低，适当增大饲养密度，有利于提高猪舍温度。春、秋季节饲养密度过大时，会因猪体散发水分多，增加细菌的繁殖，有害气体也会增多，使环境恶化。同时，饲养密度大时，还影响猪的均匀采食，猪休息时间缩短，强欺弱的机会增多，使猪长得大小不齐，影响饲料报酬。一般来说，小猪阶段的饲养密度为每头0.6m^2、中猪阶段为每头1m^2、大猪阶段为每头1.2m^2左右（图6-2）。

图6-2 适宜的饲养密度

143 育肥猪育肥前要做好哪些准备工作?

(1) 圈舍消毒 在进猪之前，应将圈舍进行维修，并清扫干净，彻底消毒。可用2%~3%的氢氧化钠水溶液喷雾消毒，墙壁用20%的石灰乳粉刷消毒。用土地面圈养育肥猪的，圈内猪粪应彻底起净后，再垫上一层新土。

(2) 选购优良仔猪 要选购优良杂交组合、体重大、活力强、健康的仔猪进行育肥。

(3) 预防接种 自繁仔猪应根据本地猪病情，按兽医规程预防接种猪瘟、猪蓝耳、猪口蹄疫、猪圆环病毒病、猪气喘病、猪副嗜血杆菌病等疾病的疫苗。外购仔猪，特别是从交易市场购进的仔猪，进场后必须先隔离饲养观察，并全部进行1次预防接种，以免暴发传染病造成损失。

(4) 驱虫 猪的体内寄生虫，以蛔虫感染最为普遍，主要危害3~6月龄的仔猪。常选用阿维菌素、伊维菌素、左旋咪唑等药物驱除。体外寄生虫，以猪疥螨为最常见，对猪的危害也较大。常用2%的敌百虫水溶液遍体喷雾，同时更换垫草，1次不愈，间隔1周再喷1次，猪栏和猪能触到的地方同时喷雾。另外，在猪饲料中拌入伊维菌素一次喂服，可同时驱除体内线虫及体表疥螨、猪虱，既方便，效果又好。

144 新购进猪为什么原窝饲养好?

猪是群居动物，来源不同的猪并群时，往往会出现互相咬斗、相互攻击、强行争食、分群躺卧、各据一方的现象，这一行为严重影响了猪群生产性能的发挥，导致个体间增重差异较大。因此，对新进猪只，原则上是原窝饲养。原窝猪在哺乳期间就已经形成了群居秩序，即使进入育肥期也仍然保持不变，这对育肥猪生产极为有利。但是如果原窝猪整齐度很差，则出栏时大小不一，会影响销售。因此，可把来源、体重、体质、性格和吃食等方面相类似的猪合群饲养，同一群猪个体间体重差异不能过大，一般在小猪阶段群内体重差异不超过2~3kg，而且分群后要保持群体的相对稳定。

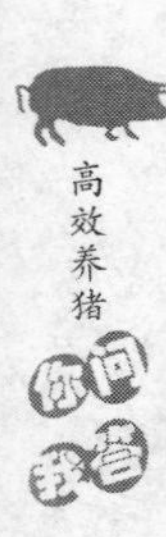

145 什么叫“吊架子”育肥法？其有什么特点？

“吊架子”育肥法，又称阶段育肥法，即把生长猪分为小猪、中猪、大猪3个阶段，按照不同的发育特点，采用不同的饲养方法。仔猪在体重30kg以前采取充分饲喂，也就是让猪不限量地吃，保证其骨骼和肌肉能正常发育，饲养时间为2~3个月；从体重30kg喂到60kg左右，为“吊架子”阶段，饲养时间为4~5个月，此期为限量饲喂，应尽量限制精饲料的供给量，可大量供给一些青绿饲料及糠麸类，使猪充分长成粗大的身架；当猪体重达60kg以上进入催肥阶段后，应增加精饲料的供给量，尤其是含碳水化合物较多的精料，并限制其运动，加速猪体内的脂肪沉积，外表呈现为肥胖丰满，一般喂到80~90kg，约需2个月，即可出栏屠宰上市。

“吊架子”育肥法多用于边远山区农户养猪，其优点是能充分利用大量的青绿、粗饲料，节约精饲料。缺点是育肥增重慢，育肥期长，一年一茬猪，饲料消耗多，屠宰后胴体品质差，经济效益低。

146 什么叫“直线”育肥法？其有什么特点？

“直线”育肥法，又称一贯育肥法或快速育肥法，主要特点是没有“吊架子”期，即从仔猪断奶到育肥结束，都给予完善营养，精心管理，没有明显的阶段性。在整个育肥过程中，充分利用配合饲料，让猪自由采食，不加以限制。在饲料供应上，以猪在不同生理阶段不同营养需要为基础，遵照能量水平逐渐提高，而蛋白质水平逐渐降低的原则，给予饲料。

“直线”育肥法的优点是：猪增重快，育肥时间短，饲料报酬高，胴体瘦肉多，经济效益好。随着育肥猪生产商品化的发展，传统的“吊架子”育肥法已逐渐被“直线”育肥法所代替。

147 什么叫“前高后低”育肥法？其有什么特点？

“前高后低”育肥法，即在育肥猪体重达60kg以前，按“一条龙”饲养方式，采用高能量、高蛋白质饲粮，每千克饲粮消化能为12.5~12.97MJ，粗蛋白含量为16%~17%，可让育肥猪自由采食或不限量饲喂；在育肥猪体重达60kg以后，要适当降低饲粮能量和蛋白质水平，并限制其每天采食的能量总量，一般控制在自由采食量的75%～80%。

148 猪“直线”育肥的管理要点有哪些？

（1）定时、定量 喂猪要规定一定的次数、时间和数量，使猪养成良好的生活习惯，吃得香，睡得好，长得快。一般在饲喂前期每天宜喂5～6次，在后期每天喂3～4次，每次喂食的时间间隔应大致相同，每天的最后一次要安排在21：00左右，每次喂量要保持基本均衡，可喂8～9成饱，以使猪保持良好的食欲。

（2）先精后青 若是饲喂青绿、精饲料的，喂食时，应先喂精饲料，后喂青绿饲料，并做到少喂、勤添，一般每次食分3次投给，让猪在半小时内吃完。饲槽内不要有剩料，然后再投喂青绿饲料，青绿饲料要清洁、干净，可以不切碎直接饲喂，让猪咬吃咀嚼，把更多的唾液带入胃内，以利于饲料的消化。

（3）喂湿拌生料 喂生料既能保证饲料营养成分不受损失，又能节省人工和燃料。采用自拌料喂猪时，除马铃薯、木薯、大豆、棉籽饼等含有害物质需要熟喂外，其他大部分植物性饲料均应生喂。精饲料喂前最好制成湿拌料，即先把一定量的配合饲料（粉料）放进桶（缸、池）内，然后按1:1～1:1.5的料水比例加水，加水后不要搅动，让其自然浸没，夏、秋季浸0.5h，冬、春季浸0.5～1h，浸泡后，以用手抓捏不出水为宜。用浸泡后的湿料喂猪，能促进饲料软化，有利于猪胃肠消化吸收。

（4）及时供水 水分对猪体内养分的运输、体液分泌、体温调节、废物排出等都有重要作用。因此，必须让猪喝足水，如采用湿拌料喂猪，在吃完食之后，要给猪喝足水，最好是安装自动饮水器，让猪自由饮水。冬、春季气温较低时，要供给猪温水。

（5）注意防病 在进猪之前，圈舍应进行彻底清扫和消毒，准备育肥的仔猪应做好各种疫苗接种。在育肥期间要注意环境卫生，制订严密的防病措施，为育肥猪创造舒适的气候环境，确保育肥猪健康无病。

(6) 适时出栏 猪的一生是前期长肉、后期长膘，育肥猪达到一定年龄后，随着体重增长，料肉比逐渐增大，瘦肉率逐渐降低，因此存栏时间不宜过长，出栏体重不宜过大。反之，若存栏时间短，出栏体重小，虽然能降低料肉比，提高瘦肉率，但每头猪的产肉量减少，又提高了养猪成本。考虑育肥猪的胴体品质和养猪的经济效益，出栏时期应安排在4~5月龄、体重90~110kg为宜。

149 不同季节养猪应注意哪些事项？

(1) 春季防病 春季气温回暖，但空气湿度大，温暖潮湿的环境给病菌创造了大量繁殖的条件，加上早春气温忽高忽低，而猪刚刚越过冬季，体质欠佳，抵抗力较弱，容易感染疾病。因此，春季是猪疾病多发季节，必须做好防病工作。

在冬末春初，对猪舍要进行1次清理消毒，搞好猪舍卫生，并保持猪舍通风透光，干燥舒适。寒潮来临时，要堵洞防风，尤其是要注意防止贼风侵袭，避免猪受寒感冒。

春季要注意给猪注射猪瘟、猪蓝耳、猪传染性乙脑等各种疫苗，以预防各种传染病的发生。一般春季要普遍进行1次驱虫以驱除寄生虫。

(2) 夏季防暑 夏季天气炎热，而猪汗腺不发达，尤其育肥猪皮下脂肪较厚，体内热量散发困难，使其耐热能力很差。到了盛夏，猪表现出焦躁不安，食量减少，生长缓慢，容易患病。因此，夏季要着重做好防暑降温工作。另外，还应保证供给足够的凉水供猪饮用，并注意猪舍内驱蝇灭蚊，使猪能安静睡觉。

(3) 秋季育肥 秋季气候适宜，饲料充足，品质好，是猪生长发育的好季节。因此，应充分利用这个好时机，做好饲料的储备和猪育肥、催肥工作。

(4) 冬季防寒 冬季寒冷，为维持体温恒定，猪体将消耗大量的能量。如果猪舍保暖好，就会减少不必要的能量消耗，有利于生长育肥猪的生长和肥育。因此，在寒冬到来之前，要认真修缮猪舍，防止冷风侵入，猪栏内勤清粪便，勤换垫草，保证猪舍内干燥、温暖。

150 促使育肥猪提早出栏的措施有哪些？

促使育肥猪提早出栏的技术措施很多，猪的品种、饲料品质、饲喂方法、栏舍设施、疾病控制和猪场的管理等都会影响育肥猪的日增重，从而影响育肥猪的出栏日龄。因此，只有采取一系列综合技术措施才能促使育肥猪提早出栏。

（1）品种 瘦肉型杂种猪的日增重明显高于本地品种和本地品种的杂种猪，杂交品种猪具有生长快的优势，一般喂养杂交品种一代猪日增重可提高15%，节省饲料20%，且发病率明显降低。

（2）饲料品质 根据猪只的生长发育特点供给合理的日粮，日粮在全价基础上，必须适当增加维生素、微量元素及氨基酸，以应付高生长速度可能带来的应激，同时注意提高日粮的适口性，适当降低日粮中粗纤维的含量。

（3）饲喂方法 一般采用自由采食与限量饲喂2种饲喂方法，前者日增重高，背膘较厚；后者饲料转化效率高，背膘较薄。一般在小猪阶段，最好是采用自由采食，限量饲喂要防止强夺弱食，保证每头猪都有足够的食槽。同时，一定要供给充足清洁的饮水，育肥猪的饮水量随体重、环境温度、日粮性质和采食量等而变化，一般在冬季，育肥猪饮水量为采食风干饲料量的2~3倍或体重的10%左右，春、秋季约为4倍或16%，夏季约为5倍或23%，饮水的设备以自动饮水器最佳。

（4）猪场的管理 根据猪只的不同生长阶段，给猪只提供适宜的生长环境，保持适宜的温度、湿度、环境卫生等，防止各种应激因素影响。

（5）防疫和驱虫 因为专业育肥猪饲养时间短，在当前疾病发生非常严重的形式下，新进猪只必须根据当地疫情及本场免疫程序进行接种疫苗。为了减少免疫应激影响猪只生长，一定要执行尽量简单的免疫原则，不该打的疫苗坚决不打，可打可不打的疫苗，选择不打，保证打好该打的疫苗，如猪瘟、猪口蹄疫、猪气喘病、猪伪狂犬病等。同时根据不同日龄驱虫1~2次，驱虫后及时把粪便清除并进行发酵处理，以防再度感染。

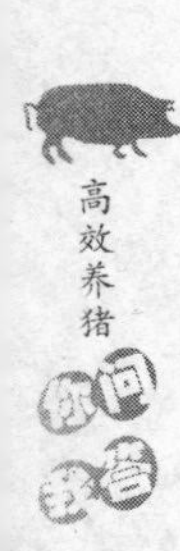

151 使育肥猪快速增重有哪些妙招?

(1) 刷拭猪体催肥法 每天早晚给育肥猪刷拭猪体（用硬毛刷全身进行刷拭）1 次，每次 10~20min，在饲养管理条件相同的情况下，猪增重可以提高 7.2%~11.4%。

(2) 猪血催肥法 采集健康（或屠宰）猪新鲜血液，每 100mL 加入抗凝剂柠檬酸钠 5mL，保存在 2~10℃条件下备用。每隔 7 天按每千克体重每次输血 2mL，可以加快育肥猪的生长发育。

(3) 赖氨酸催肥法 在每吨饲料中加入 1~3kg 的赖氨酸饲喂育肥猪，可以使猪的日增重提高 15%~25%，相对减少饲料消耗 15%~20%。

(4) 发酵血粉催肥法 在猪的日粮中加入 3%~10% 的发酵血粉，育肥猪经 73 天饲养即可出栏，体重达到 100kg 以上，饲料成本降低 20% 左右。

(5) 鸡蛋清催肥法 在 50kg 以上的生猪颈部下的甲状腺或颌下腺两侧（增食穴）各注射 5~10mL 的新鲜鸡蛋清，注射时垂直进针 3.3cm，注射后猪爱睡不爱动，说明注射成功，隔 5~7 天再注射 1 次，剂量加倍。然后喂给易消化、营养丰富的饲料，精心护理 15~30 天。育肥猪可在正常增重的基础上，平均再增重 0.5kg 以上。

(6) 喹乙醇催肥法 喹乙醇是一种广谱抗菌生长促进剂。在饲喂育肥猪时添喂喹乙醇，其日增重量可提高 10%~15%，降低饲料成本 8%~10%。每头猪从 10kg 长到 60kg，共需添喂喹乙醇 8.3g，每使用 1kg 喹乙醇，可以节省饲料 900~1000kg，喹乙醇在猪饲料中添加量为每 100kg 配合饲料中加 5g，即 5/100 000。

(7) 三十烷醇催肥法 用三十烷醇催肥育肥猪，特别适用于体重 40~50kg 的中猪，平均日增重可以达到 0.5~1.2kg，效果非常显著。给猪肌内注射三十烷醇催肥，可使日增重提高 24%~35%。

方法是：取含量为 80% 的三十烷醇粉剂 25g，溶于 500mL 蒸馏水当中，经过高温灭菌后，每 10kg 体重注射 1mL，隔 25 天注射 1 次，猪屠宰前 4 周即可停止注射。

(8) 松针粉催肥法 根据中国林业科学研究院的试验表明，在饲料中添加2.5%～4.55%的松针粉（松树嫩枝叶晒干粉碎而成），可使猪增重提高15%以上，且能提高瘦肉率。

（9）糖精催肥法 用适量糖精喂猪增重效果好。方法是：在每千克配合饲料中加0.05g糖精，饲喂时先将糖精溶于水中再拌入料中，可使猪的采食量增加，日增重可提高7%。每增重100千克毛猪，饲料消耗和成本分别下降4.8%和3.5%。

（10）红光照射催肥法 根据国外畜牧专家的试验表明，在猪的生长育肥阶段照射红光，可提高饲料利用率，日增重比原来有所增加，并可提高成活率。在每平方米的猪舍中，离地面1m处安装1盏15W的红色灯泡，每天照射红光12h即可。

（11）碳酸氢钠催肥法 根据美国康奈尔大学的研究：在猪饲料中添加少量碳酸氢钠可使猪增重加快，这是由于碳酸氢钠可补偿饲料中赖氨酸的不足，并能提高猪肠胃内的酸碱度，有利于粗纤维的消化吸收。

（12）黄霉菌素催肥法 德国从体重35kg的猪开始，在饲料中添加黄霉菌素，猪日增重可提高7%，饲料转化率可提高5%。黄霉菌素的添加量：仔猪每千克饲料添加20mg；育肥猪每千克基础日粮添加50mg，每千克矿物质饲料中添加250mg。

（13）沸石粉催肥法 日本在饲料中添加5%的沸石粉喂育肥猪，每增加1千克沸石粉，可使育肥猪增重4kg，节约饲料近1/4，并能减少猪支气管炎、胃肠炎、佝偻病和仔猪腹泻等病。用适量沸石粉喂母猪，还可加快仔猪的生长发育速度。

（14）稀土催肥法 美国在育肥猪饲料中，以2.5g/kg的量添加稀土，可使猪增重20～45mg，饲料利用率可提高3%～12%。

152 育肥猪体重达到多少时上市屠宰最为适宜？

为获得最佳的经济效益，育肥猪上市屠宰最适宜的体重，应根据育肥猪的日增重速度、饲料报酬、屠宰率和胴体品质等来确定。就猪只的日增重来看，一般都是前期较慢，中期较快，后期又变慢；就饲料报酬来看，猪越小越省饲料，体重越大，屠宰率越高，肥肉（脂肪）也越多，瘦肉率就越低。

综合上述各因素，商品瘦肉型猪以活重90～110kg屠宰最为适宜，其中大型猪种如长白猪、大约克夏猪等为100～110kg，中型猪如中约克夏猪、巴克夏猪为100kg左右。我国的一些小型早熟品种猪以活重75～90kg屠宰为宜，晚熟品种以活重85～95kg屠宰为宜。过早屠宰，虽然瘦肉率高一些，但屠宰率低，产肉量少，并且此时正是猪生长最快的时候，所以不经济，效益低。如果太晚屠宰，虽然生猪体重较高，但脂肪增多，瘦肉比例下降，与市场需求也不符；另外，此时猪每增重1kg所需要的饲料也增多，所以从经济上讲也不合算。

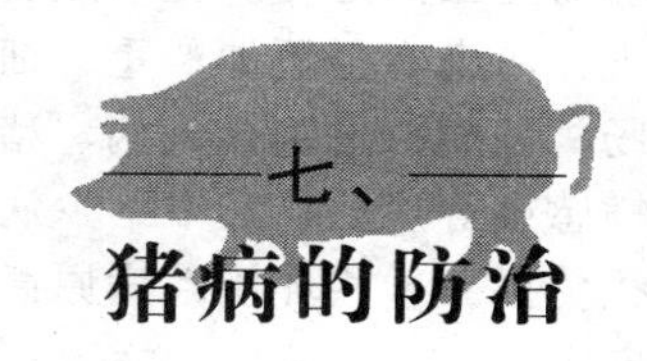

七、猪病的防治

153 当前猪病的流行有什么特点？

（1）老疫病仍存在 随着我国集约化、规模化养猪业的发展和市场经济的建立，流通渠道的增多，造成了疫病流行的客观条件，导致一些已控制的传染病，如水疱性疾病、猪瘟等又重新抬头，呈扩散之势。

（2）新疫病不断增多 近年来，我国养猪业发展迅速，从国外引进种猪的品种数量增多。由于缺乏有效的检测手段，致使一些新病如猪繁殖障碍综合征、猪增生性肠炎、断奶仔猪多系统衰竭综合征、猪副嗜血杆菌病等疾病传入我国。目前虽在部分地区出现，但具有很大潜在危险，必须引起高度重视。

（3）多病原混合感染 现在猪发生疾病，多为多病原混合感染，如仔猪腹泻，通常是仔猪黄痢、仔猪白痢、猪传染性胃肠炎、猪流行性腹泻等疾病混合感染及环境因素影响引起的。这种多病原的混合感染，给诊断和防治带来困难。要求诊断分清主次，流行病学、临床症状、病理剖检与实验室检验综合分析，才能作出正确诊断。

（4）繁殖障碍综合征普遍存在 由不同病原引起的猪繁殖障碍综合征普遍存在。已证实与该综合征有关的疫病有30种以上。当前危害较大的有日本猪乙型脑炎、猪细小病毒感染、猪蓝耳病、猪伪狂犬病、猪衣原体感染、猪弓形虫病等疫病。

（5）猪呼吸道病日益突出 养猪工作者普遍认为保育仔猪和生长猪呼吸道病日益严重且不易控制。猪场猪呼吸道病严重，应该考虑猪蓝耳病、猪伪狂犬病、断奶仔猪多系统衰竭综合征、猪传染性胸膜肺炎、猪气喘病等疾病的感染。饲养管理的食物和环境的恶化也致使猪呼吸道病日益突出。

（6）某些细菌病和寄生虫病危害加重 随着集约化养猪场的增多和养猪规模不断扩大，污染变得更加严重，细菌性疾病和寄生虫病明显增多。如猪大肠杆菌病、猪链球菌病、猪附红细胞体病、猪小袋纤毛虫病、猪疥螨感染等疾病。其中不少病原广泛存在于养猪环境中，通过多种途径传播。这些环境性病原微生物已成为养猪场常见病原并引发多种疾病。

（7）免疫抑制性疾病危害逐渐加大 免疫抑制性疾病除了直接危害猪体外，还造成机体免疫抑制，引起疫苗接种反应的副作用增大，并使免疫失败。当前常见的疫病有猪瘟、猪蓝耳病、猪流行性感冒、猪圆环病毒病、猪口蹄疫、猪气喘病等。

（8）营养代谢病和中毒性疾病增多 饲料配合不当或储备存放时间过长，营养损失，维生素、微量元素等缺乏，霉菌与霉菌毒素、农药中毒，添加过量痢菌净，硫酸新霉素等药物及灭鼠药等引起的中毒，近年来在部分养猪场时有发生。

（9）饲养方式及环境对某些疫病的影响 当前集约化养猪场均采用限位饲养，肢蹄病、生殖道病、皮肤病等日益严重。

154 什么叫传染病？传染病是如何发生的？

凡是由病原微生物引起，具有一定的潜伏期和临床表现，并具有传染性的疾病统称为传染病。

传染病的发生必须具备传染源、传播途径和易感动物 3 个环节（图 7-1），缺一不可。

（1）传染源 对于猪来讲，传染源是指患传染病的猪和隐性感染的猪或其他动物。这些猪的大小便，咳嗽、喷嚏时喷出的泡沫、口涎，血液，生殖器官排出的分泌物等，都可能带有大量的病原体，而成为污染外界环境的主要来源。如患猪瘟的病猪不断向外界排出猪瘟病毒，该病猪就是猪瘟的传染源。

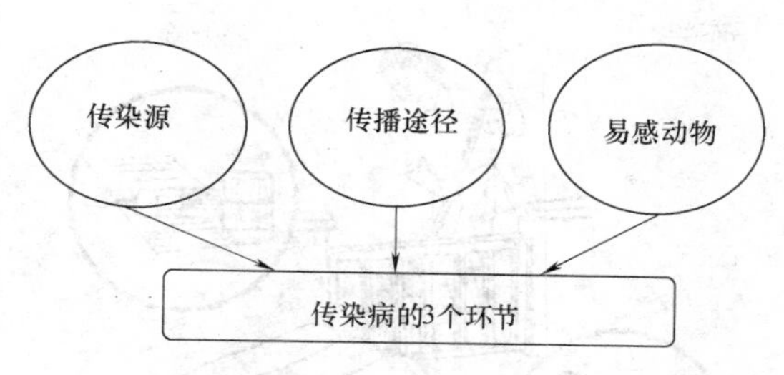

图7-1　传染病发生的3个环节

（2）传播途径　对于猪来讲，一般把病猪排出到外界的病原微生物，通过空气、饲料、饮水、飞沫和尘埃等侵入到易感动物体内使之发病，这个途径称为传播途径或传染途径。传播途径可分为直接接触传播和间接接触传播2种。直接接触传播是病猪与健康猪接触而引起，间接接触传播是通过媒介物（如购进带菌毒的病猪，饲喂被病原体污染的饲料、饮水等）间接地传给健康猪而引起的。

（3）易感动物　病原微生物侵入动物机体后，导致动物感染发病，称此动物为该病原微生物的易感动物。如猪相对猪瘟病毒就是易感动物。

155 控制猪病的主要措施有哪些？

猪病控制是一个复杂的问题，涉及环境、卫生、防疫、营养、管理和猪群保健等多方面，对于一个养猪场，尤其是大型猪场，由于投资大、规模大、种群密度大，一旦猪只发生传染病会很快传播全群，将可能造成重大的损失，因此，控制猪病最有效的办法是针对猪病发生的各个环节，采取综合措施，把疾病风险降到最低。

针对猪病的病源、宿主和环境3大因素，对猪病的综合控制措施主要有4个方面：

1）建立猪群安全体系，加强饲养管理。

2）定期消毒，净化环境。

3）定期免疫，增强猪只抗病力。

4）定期药物预防，控制和杀灭病源（图7-2）。

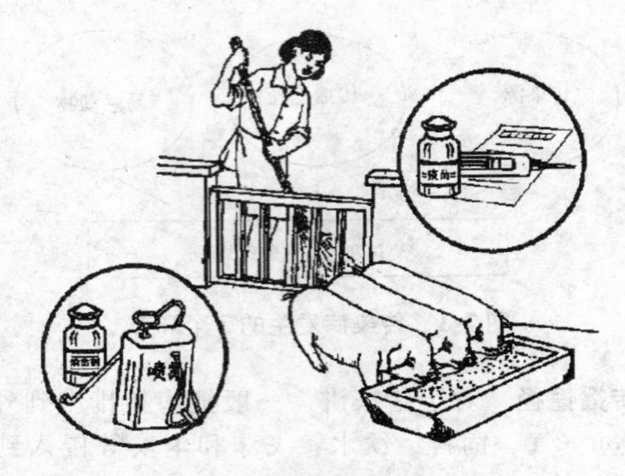

图 7-2　控制猪病的措施

156 建立猪群安全体系的重点是什么？

规模化猪场猪群安全体系，是指通过各种技术手段以排除疫病威胁，保护猪群健康，保证猪场正常生产发展，发挥最大生产优势的方法总称。

猪群安全体系的内容主要包括：猪场厂址、环境选择与控制、猪群的健康管理、饲料营养、饲养管理、环境卫生、防疫预防、药物保健、免疫监测等几个方面。其目的就是通过相应的技术和管理措施，有效防止猪场以外有害病原微生物（包括寄生虫）进入猪场；防止病原微生物（包括寄生虫）在猪场内传播扩散；防止猪场内的病原微生物（包括寄生虫）传播扩散到其他猪场。

建立猪群安全体系的重点工作有以下几方面：

1）场区的环境和布局合理是前提。

2）谨慎引种，建立健康猪群是关键。

3）封闭性生产管理是保证。

4）生产区设围墙，门口要有消毒设施，禁止外人参观。

5）生产人员不要从事屠宰工作，场内伙食不能从外边买肉食。

6）坚持自繁自养，全进全出，实行标准化饲养，防暑降温，圈舍卫生、清洁。

157 养猪为什么要进行防疫？怎样防疫？

现代养猪一般都比较密集，一旦发生传染病，会波及大批猪群甚至全场猪群，引起大批猪只死亡，损失惨重。即使患病猪不死，也生长缓慢，甚至形成僵猪。另外，猪场在采取检疫、隔离、封锁、消毒等补救措施时，也得动用大量的人力、物力、财力等，将会造成巨大的经济损失。尤其是许多病毒性传染病发生以后，是无药可治的。所以，抓好预防工作，在防疫上投点资，将会换取更大的经济效益。

预防传染病必须从传染病发生的 3 个方面入手，在传染病防疫中，只要切断任何一个环节，传染即告终止。因此，在猪群防疫中要控制传染源，切断传播途径，净化易感猪群。

（1）针对传染源 将发病或携带病原微生物的猪只及时隔离开单独饲养，把疫病严格控制在一个较小的范围内，严禁发病的猪、被污染的饲料及粪尿污物传播出去，对病猪或捕杀、或淘汰、或治愈，对病死猪要深埋或销毁，消灭传染源是预防传染病最基本的方法。

（2）针对传播途径 对疫区进行封锁，对一切用具、饲料等严格分开，对病猪污染过的地方进行严格消毒，如圈舍、垫草、用具及饲养员的衣物等，切断一切传播途径是预防传染病的最好办法。

（3）针对易感动物 给动物进行免疫接种使其产生坚强的免疫力，把易感动物变成非易感动物是预防传染病发生最根本的保证（图 7-3）。

要严格按照免疫预防注射，并根据当地猪传染病流行情况，及时采血检测各种疫病的效价，防止发生传染病。

另外，养猪场实行全进全出制度，减少饲养密度，做好环境控制，提高猪体抗病能力等，都是预防传染病的必要手段。

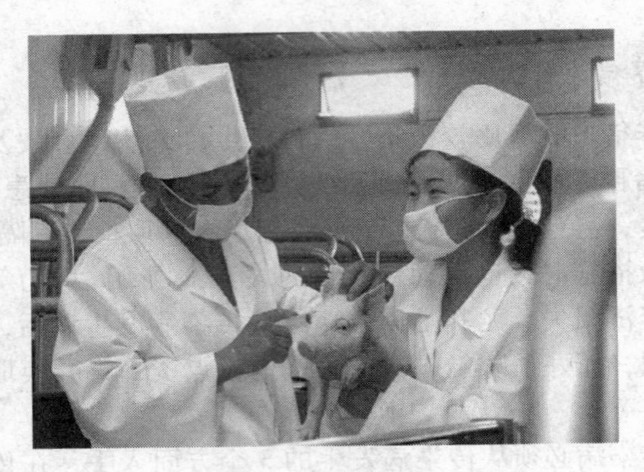

图 7-3　预防注射

158 猪场必须制订哪些卫生防疫制度和防疫灭病措施?

养猪场必须坚持自繁自养的原则，根据本地猪病流行情况，建立健全兽医卫生防疫制度和责任制度，由主管兽医负责监督执行，制订猪舍、疫情报告制度及检疫消毒、预防接种、驱除内外寄生虫制度，提倡科学管理和使用配合饲料饲养。

防疫灭病措施主要有以下几点：

1）猪场四周要有围墙，猪场要有门，猪场生产区和猪舍门口要设消毒池（图 7-4），池内配制 2% 的氢氧化钠溶液或 20% 的石灰乳等，消毒液要及时更换，经常保持有效浓度；严禁一切外来动物进入场内，严禁把从外面买来的猪肉及其制品带入饲养区，闲杂人员和买卖生猪者不准进入猪场，应尽量减少参观者。

猪场大门口、猪舍门口，均应设消毒池或消毒道，出入人员、车辆等，都必须进行消毒。

图 7-4　猪场门口设置消毒池

2）猪舍应保持通风良好，光线充足，室内干燥；猪舍内外每天清扫1次，所用饲养用具应定期清洗、消毒，经常保持清洁，饲槽每天必须清洗、消毒1次。

3）根据猪的生长发育和生产需要，供给所需的全价配合饲料，经常注意检查饲料品质，禁止饲喂不清洁、发霉、变质的饲料，饲料加工厂也应具有防疫消毒措施，工作人员出入必须彻底消毒、更衣、换鞋。

4）猪粪要堆积发酵或用蓄粪池发酵，利用生物热消灭粪便中的病原体、微生物，以提高肥效。

5）每年母猪进行3~4次、育肥猪1~2次体内外寄生虫的驱虫工作。

6）猪舍和用具每年至少于春、秋各进行1次大清扫、消毒，每月进行1次一般消毒（图7-5）。育肥猪舍采取全进全出的消毒方法，分娩后采取全进全出式消毒；每批猪出栏后彻底大消毒，空圈1周后方可进猪。不能实行全进全出的猪舍要进行定期消毒。

7）兽医人员和饲养人员在工作期间必须穿工作服和工作鞋，工作结束后将工作服和工作鞋留在更衣室内，严禁带出场外。工作服、工作鞋要经常消毒，保持清洁。

及时清扫圈舍粪便，保持圈舍清洁、干燥、卫生，定期消毒和灭蝇

图7-5　清扫、消毒猪舍

8）为确保猪场安全，防止疫病传入，在引进种猪时，必须由非疫区购入，经当地兽医部门检疫，并签发检疫证明书，再经本场兽医验证、检疫隔离观察 2 个月，经检查认为健康的，再全身喷雾消毒，方可入舍混群。

159 什么是超免？猪瘟超免有何利弊？

超免是超前免疫的简称，也称零时免疫，就是在仔猪未吃初乳之前进行免疫接种，间隔 2h 后再吃初乳的免疫方式。种猪群实施科学的免疫接种后，初生仔猪以不做猪瘟超免为好。

1）实施超免会使仔猪吃初乳的时间延迟，影响猪的生长发育。有实验表明，同窝相同体重的仔猪做超免与未做超免者比较，断奶时体重减少近 500g。

2）初生仔猪做超免，虽然能避开母源抗体干扰，但因初生仔猪免疫系统发育不完善，所产生的免疫力也不坚强。

3）超免对仔猪是强大的应激，从减少应激的观点来讲，也以不做为好。

160 新购仔猪如何进行防疫？

1）新购仔猪时要先调查仔猪产地生猪疫病发生的流行情况，只能从无疫病流行的地区采购，并同时索要仔猪产地兽医部门的检疫证明。

2）新购进的仔猪要隔离饲养 15 ~ 30 天，确定无病后才能与原有的生猪混群饲养。购进的第一天不喂食，只供给自配的含白糖 5% ~8%，食盐 0.3%，呋喃唑酮（痢特灵）0.01% 的饮水，让其自由饮用，以防止发生应激反应；第二天至第四天喂给米汤、豆汁等流食；第五天开始喂给常规配合饲料。

3）仔猪进栏后前三天带猪消毒 1 次，后改为每周 2 次带猪消毒，舍外环境每周用速洁消毒 1 次。

4）仔猪经 1 周适应无异常反应后，即可实施预防接种。在购进后的第八天进行猪瘟疫苗注射，选用组织苗 5 头份/头。在注射的前后均用酒精棉球消毒局部，1 头猪需更换 1 个针头，用过的针头未经煮沸消毒不许再用。疫苗稀释液最好用生理盐水，稀释后必须在4h内用完，未用完的应废弃不用。

猪瘟疫苗注射期间，前后7天，不可使用抗病毒药物防治猪病，但可使用具免疫促进作用的中药类如黄芪多糖等。猪瘟疫苗注射后7天，如该场曾发生过猪丹毒、猪肺疫、猪副伤寒，猪链球菌病时，可分别注射相应疫苗，如有猪圆环病毒病可注射瘦弱综合征疫苗，因饲料中多含有抗生素，口服效果欠佳。使用疫苗时，前后7天不可使用抗生素治疗猪病。

5）在实施免疫接种后的第三天，选用高效、低毒、安全的驱虫药物，如左旋咪唑、丙硫咪唑、阿维菌素等药物进行驱虫。使用时将药品研碎拌在少量精料中给仔猪喂服，按每千克体重口服左旋咪唑片10mg，或丙硫咪唑片3～5mg，每天1次，连服2天。体重达60kg时重复驱虫1次，如疥螨严重时，随时使用驱虫药。

161 造成猪群免疫失败的原因有哪些？

（1）母源抗体的影响 由于各种疫苗在种猪中的广泛使用，可能使种猪的母源抗体水平提高，若接种过早，当疫苗病毒注入仔猪体内时，会被母源抗体中和，从而影响疫苗免疫力的产生。

（2）疫苗质量的影响 疫苗保存不当或疫苗过期，会影响疫苗效果。

（3）疫苗选择不当 由于有的疫苗有几个不同的品系，不同的品系毒力不同，若首免时选用毒力较强的品系，不但起不到免疫保护作用，而且接种后还会引起发病，导致免疫失败。

（4）疫苗使用不当

1）稀释剂选择不当。多数疫苗稀释时可用生理盐水或蒸馏水，个别疫苗需用专用稀释剂。若需用专用稀释剂的疫苗用生理盐水或蒸馏水稀释，则疫苗的效价就会降低，甚至完全失效。

2）疫苗与稀释剂的温差过大。从零下几十度的冰箱中取出的冻

干苗应放置一段时间，尽可能缩小与稀释剂的温差，以免由于温度骤升使疫苗中致弱的微生物夭折。疫苗稀释后要在 30 ~ 60min 内用完。

3）免疫剂量不准。免疫剂量原则上必须以说明书中的剂量为准，量不足不能激发机体的免疫反应，量太多会产生免疫麻痹而使免疫力受到抑制。

4）使用抗生素的影响。用活疫苗免疫的同时使用抗生素类药物会影响免疫力的产生，表现为用疫苗的同时引用消毒水；饲料中添加抗生素类药物；紧急免疫的同时用抗生素药物进行防治。

5）盲目联合应用疫苗。主要表现为在同一时间内经不同的途径接种几种不同的疫苗。

6）免疫途径不当。免疫接种的途径取决于病原体的性质及侵入途径。

（5）早期感染 接种时猪群内已潜伏强毒病原微生物，或由于接种人员及接种用具消毒不严带入强毒病原微生物。

（6）应激及免疫抑制因素的影响 饥饿、寒冷、过热、拥挤等不良因素的刺激，均能抑制猪体的体液免疫和细胞免疫，从而导致疫苗免疫保护力下降。

（7）血清型不同 有的病原微生物有多个血清型，如果疫苗的血清与感染的病毒或细菌血清不同，则免疫后起不到保护作用。

162 猪场（猪群）发生传染病怎么办？

1）当猪场（猪群）发生传染病或疑似传染病时，必须及时隔离，尽快确诊，并逐级上报，病因不明或剖检不能确诊时，应将病料送交有关部门检验诊断。

2）确诊为传染病时，应尽快采取紧急措施，根据传染病的种类，划定疫区进行封锁。对全场猪进行仔细的检查，病猪及可疑病猪应立即分别隔离观察和治疗，尽可能缩小病猪的活动范围，同时全场进行紧急消毒，对尚未发病的猪及其他受威胁的猪群，要紧急预防接种或进行药物预防，并加强观察，注意疫情发展动态。

3）被传染病污染的场地、用具、工作服和其他污染物等，必须彻底消毒，粪便及铺草、垫料应予烧毁处理。消毒时应先将圈舍中的粪尿污物清扫干净，铲去地面表层土壤（水泥地面的应清洗干净），然后再用消毒药液彻底消毒。

4）屠宰病猪应在指定地点进行，屠宰后的场地、用具及污染物，必须进行严格消毒和彻底清除。病猪的尸体不能随便乱抛，更不能宰食，必须烧毁、深埋或化制后作工业原料。运输病猪尸体的车辆、设备、用具和接触过病猪的人员及工作服、用具等必须严格消毒。

163 如何采集和保存病料？

（1）病料的采集 当猪群发生疑似传染病时，除根据临床表现和病理剖检进行确诊外，有些传染病还需及时采取病料送兽医防疫检疫部门进行细菌学或血清学检验。

所采病料应力求新鲜，最好在病猪临死前或死后2h内采取；采取病料时应尽量减少杂菌污染，事先对器械进行严格消毒，做到无菌采集；对人畜共患传染病、危害人体健康的病猪，须注意个人防护并避免散毒。难以估计何种传染病时，可采取全身各器官组织或有病变的组织；专嗜性传染病或某种器官为主的传染病，应采取相应的组织；对流产的胎儿或仔猪可整个包装送检；对疑似炭疽的病猪严禁解剖，但可采取耳尖血涂片送检，采集血清应注意防止溶血，每头猪采全血10~20mL，静置后分离血清。

（2）病料的保存 采集的新鲜病料应快速送检，保存方法有三种：一是细菌检验材料，将采取的组织块，保存于30%的甘油缓冲液中，容器加塞封固；二是病毒检验材料，将采取的组织块保存于50%的甘油生理盐水中，容器加塞封固，三是血清学检验材料，组织块可用硼酸处理或食盐处理，血清等材料可在每毫升中加入1滴3%的苯酚溶液。

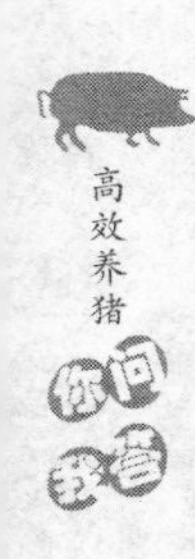

164 猪场应常备哪些药物?

(1) 抗菌药物 也称抗生素，主要用于治疗细菌感染引起的疾病，也用于病毒病继发和并发细菌性感染的疾病。抗菌药物种类很多，同类药物常可互相代用，猪场每类只准备一两种即可。

1）四环素类：包括四环素、金霉素、土霉素等。

2）氨基糖甙类：包括链霉素、双氢链霉素、新霉素、卡那霉素、庆大霉素、丁胺卡那霉素等。

3）青霉素类：包括青霉素G钾、青霉素G钠、氨苄青霉素等。

4）大环内酯类：包括红霉素、螺旋霉素、泰乐菌素等，抗菌谱与青霉素一致。

5）磺胺类：包括磺胺嘧啶、磺胺甲基嘧啶、磺胺二甲基嘧啶、复方新诺明等。

6）喹喏酮类：包括诺氟沙星（氟哌酸）、环丙沙星、恩诺沙星、氧氟沙星等。

(2) 驱虫药物

1）丙硫咪唑、左旋咪唑：可驱除线虫与某些吸虫、绦虫。

2）敌百虫：可驱除线虫与体外寄生虫，并能驱除姜片吸虫与鞭虫等。

3）伊维菌素、阿维菌素：一次可驱除多种体内外寄生虫。

4）敌杀死：猪舍喷雾可杀蚊蝇，也可杀猪体虱、螨等。

(3) 其他药物 如口服补液盐、解热药、强心药等与体外常用的消炎药物，如75%的酒精、3%～5%的碘酊、甲紫等。

165 食品动物禁用的兽药及其他化合物有哪些?

2002年3月5日农业部发布了食品动物禁用的兽药及其他化合物清单，其中29种禁止用于所有食品动物，8种禁止作为促生长用途使用，清单中的兽药均是欧盟等发达国家禁用的品种，见表7-1。

表7-1　食品动物禁用的兽药及其他化合物清单

序　号	兽药及其他化合物名称	禁止用途	禁用动物
1	β-兴奋剂类：克仑特罗、沙丁胺醇、西马特罗及其盐、脂及制剂	所有用途	所有食品动物
2	性激素类：己烯雌酚及其盐、脂及制剂	所有用途	所有食品动物
3	具有雌激素样作用的物质：玉米赤霉醇、去甲雄三烯醇酮、醋酸甲羟孕酮及制剂	所有用途	所有食品动物
4	氯霉素及其盐、酯（包括琥珀派氯霉素）及制剂	所有用途	所有食品动物
5	氨苯砜及制剂	所有用途	所有食品动物
6	硝基呋喃类：呋喃唑酮（痢特灵）、呋喃它酮、呋喃苯烯酸钠及制剂	所有用途	水生食品动物
7	硝基化合物：硝基酚钠、硝呋烯胺及制剂	所有用途	水生食品动物
8	催眠、镇静类：安眠酮及制剂	所有用途	水生食品动物
9	林丹（丙体六六六）	杀虫剂	水生食品动物
10	毒杀芬（氯化烯）	杀虫剂、清塘剂	水生食品动物
11	呋喃丹（克百威）	杀虫剂	水生食品动物
12	杀虫脒（克死螨）	杀虫剂	水生食品动物
13	双甲脒	杀虫剂	水生食品动物
14	酒石酸锑钾	杀虫剂	水生食品动物
15	锥虫胂胺	杀虫剂	水生食品动物
16	孔雀石绿	抗菌、杀虫剂	水生食品动物
17	五氯酚酸钠	杀螺剂	水生食品动物
18	各种汞制剂：包括氯化亚汞（甘汞）、硝酸亚汞、醋酸汞、吡啶基醋酸汞	杀虫剂	所有食品动物
19	性激素类：甲基睾丸酮、丙酸睾丸酮、苯丙酸诺龙、苯甲酸雌二醇及其盐、酯及制剂	促生长	所有食品动物

（续）

序　号	兽药及其他化合物名称	禁止用途	禁用动物
20	催眠、镇静类：氯丙嗪、地西泮（安定）及其盐、酯及制剂	促生长	所有食品动物
21	硝基硝唑、地美硝唑及其盐、酯及制剂	促生长	所有食品动物

166 什么是猪的药物保健？如何进行？

药物保健，是指除用生物制品进行免疫接种预防传染病外，通过使用药物预防其他疾病的方法，常用程序见表7-2。

表7-2　药物保健的常用程序

日　龄	药物名称	给药方法	用药目的	备　注
1～48h	促菌生	内服3亿活菌，1天1次，连用3天	预防猪黄、白痢	服后1周禁用抗生素
2～8	铁钴注射液	肌内注射1mL	预防猪缺铁性贫血	促生长
3～10	硒 V_E 注射液	肌内注射1mL	预防猪硒 V_E 缺乏	促生长防腹泻
22	伊维菌素	肌内注射0.3mg/kg体重	驱杀猪体内外寄生虫	休药期18天
38	驱虫散	0.1%混饲1周	驱杀猪附红细胞体	
50	磺胺二甲基嘧啶	每千克体重0.1g，1天2次，连服3～5天，首次加倍	防治猪萎缩性鼻炎及猪弓形虫病	休药期7天
80	虫蝇净	0.25%饲料中添加1周	驱虫、灭蚊蝇	
90	丙硫苯咪唑	每千克体重10mg，内服	广谱、驱除旋毛虫	休药期14天

（续）

日　龄	药物名称	给药方法	用药目的	备　注
100	驱虫散	0.1%混饲1周	驱杀附红细胞体	
110	伊维菌素	0.1%混饲1周	驱杀体内、外寄生虫	
120	虫蝇净	0.3%混饲1周	驱虫、灭蚊蝇	
妊娠母猪临产前2周	伊维菌素	0.1%混饲1周	广谱驱虫	
种猪春季	驱虫散	0.1%混饲1周	驱杀附红细胞体	
夏、秋季	益肽酶	3%混饲	助消化、促生长、防蝇蛆、除粪臭	

注：饲养者可根据情况取舍。

167 猪场常用的消毒药物有哪些？怎样使用？

养猪场常用的消毒药主要有酒精、碘酊、煤酚皂（来苏儿）、氢氧化钠（烧碱、火碱、苛性钠）、生石灰、漂白粉、过氧乙酸、高锰酸钾（过锰酸钾、灰锰氧、PP粉）、福尔马林（40%甲醛溶液）、菌毒灭、百毒杀等，可根据实际情况选择使用。使用方法如下：

（1）酒精　具有溶解皮脂、清洁皮肤、杀菌快、刺激性小的特点，常使用75%的酒精溶液，主要用于注射针头、体温计、皮肤、手指及手术器械的消毒，是必备的消毒药。

（2）碘酊　是一种温和的碘消毒剂溶液，常用5%的碘酊作为皮肤消毒剂。小猪去势时可作为切口的消毒剂，以防止切口感染。

（3）煤酚皂（来苏儿）　是人工合成酚类的一种，它是甲酚和肥皂的混合液。它可以使微生物原浆蛋白质变性、沉淀而起杀菌或抑菌作用。能杀死一般细菌，对芽孢无效，对病毒与真菌也无杀灭作用。一般用3%～5%的来苏儿溶液消毒非芽孢污染的猪圈、食槽、用具、场地和处理污染物等；1%～2%的来苏儿溶液可用于手及手

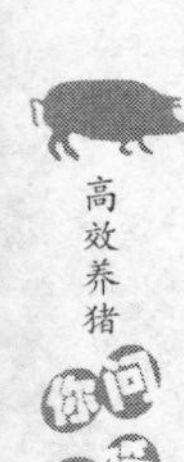

背的消毒。

(4) 氢氧化钠（烧碱、火碱、苛性钠） 对细菌、病毒均有强大灭菌力，对细菌芽孢、寄生虫卵也有杀灭作用。通常配成2%～3%的溶液，用于出入口、运输工具、空栏、料槽、排泄物等的消毒。腐蚀性强，使用时要小心，勿溅到工作人员身上，尤其是眼睛和手。

(5) 生石灰 主要成分是氧化钙，遇水生成氢氧化钙，起到消毒作用。其消毒作用不强，只对大部分繁殖型细菌有效，对芽孢无效，但对肠道传染病的病原菌有较强的消毒作用。常用于涂刷猪舍墙壁、天棚、用具、圈栏，泼洒地面消毒。使用时，先将生石灰与水按1∶1的比例，制成熟石灰，再用水配成10%～20%的混悬液用于消毒。石灰乳宜现用现配。

(6) 漂白粉 属于氯消毒剂的次氯酸钙的产品，杀菌广谱，作用强，但不持久。常用5%～20%的混悬液对细菌、病毒污染的猪舍、场地、车辆、用具等喷洒消毒；20%的混悬液可用于芽孢消毒（应消毒5次，每次间隔1h）。

(7) 过氧乙酸 为强氧化剂，对细菌、病毒、霉菌和芽孢均有杀灭作用，作用快而强。常用0.2%～0.5%的溶液用于地面、墙壁、用具、食槽等的消毒，也可用于空栏熏蒸消毒，一般按1～3g/m^2，稀释成3%～5%的溶液，加热熏蒸（室内相对湿度为60%～80%），禁闭门窗1～2h。

(8) 高锰酸钾（过锰酸钾、灰锰氧、PP粉） 是一种强氧化剂，常用0.1%～0.2%的溶液对黏膜、创面或饮水进行消毒。用0.1%～0.2%的溶液给猪饮用，可预防某些肠道传染病，与福尔马林加在一起，可做甲醛气熏蒸消毒用。

(9) 福尔马林（40%的甲醛溶液） 甲醛是一种杀菌力极强的消毒剂，它能有效地杀死各种微生物（包括芽孢），但它杀菌作用非常迟缓，需要很长时间才能杀死。在实际中广泛用于空猪舍熏蒸消毒，即按每立方米空间用福尔马林30mL，置于一个较大容器内（至少10倍于药品体积），加高锰酸钾15g，密闭熏蒸12～24h，再打开门窗去味。熏蒸时室温最好不低于15℃，相对湿度在70%左右。也可配成1% ~5%的溶液进行地面、墙壁、用具等喷淋消毒。

（10）菌毒灭 是我国生产的一种新型广谱、高效的复合酚类消毒剂，在有效稀释浓度内对人畜无毒、无害。主要用于带猪环境消毒，常用预防消毒含量为0.3% ~0.5%，病原污染的场地消毒含量为1%。使用时应注意严禁使用喷洒农药的喷雾器，严禁与碱性药品或其他消毒液混合使用，以免降低消毒效果或引起意外。

（11）百毒杀 为双链季铵盐类消毒剂，安全、高效、无腐蚀、无刺激性，杀菌力强，消毒力可持续10 ~14天。常配成0.01% ~0.03%的溶液用于有猪圈舍、环境、用具等的消毒，0.005% ~0.01%的溶液可用于饮水消毒。

168 什么叫疫苗？预防猪病的常用疫苗有哪些？

疫苗是将病毒或细菌（包括支原体、衣原体等）减弱毒力或杀死，失去原有的致病性而仍具有良好的抗原性，能刺激机体免疫系统产生特异性抗体，用于预防传染病的一类生物制剂，又称为菌苗。目前在猪病防治中普遍使用的疫苗有活苗（弱毒疫苗）与死苗（灭活疫苗）两大类，又可细分为单价疫苗、多价疫苗、基因工程疫苗、基因缺失疫苗及合成肽疫苗等。

预防猪病常用的疫苗有以下几种：

（1）猪瘟兔化弱毒疫苗 常用的为冻干苗，按标签头份用生理盐水稀释，无论大小猪，一律肌内注射1mL（1头份），注射后4天可产生免疫力，2月龄以上的猪免疫期为1年。稀释的疫苗必须当日用完，隔日不可再用（运输疫苗时必须用保温瓶或保温箱）。

（2）猪丹毒氢氧化铝甲醛疫苗 凡体重10kg以上断奶后的仔猪，一律皮下注射5mL，注射后21天即可产生免疫力，免疫期为6个月，用时先摇匀再抽取。

（3）猪丹毒弱毒冻干疫苗 按瓶签标注剂量用生理盐水稀释，大小猪一律皮下注射1mL，注射后7天可产生免疫力，免疫期为9个月。

（4）猪肺疫氢氧化铝疫苗 大小猪一律皮下注射5mL，注射后14天产生免疫力，免疫期为9个月。

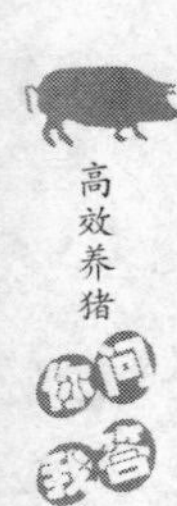

（5）猪肺疫弱毒疫苗 按瓶签说明用冷开水稀释后，按每头猪5亿菌量，均匀拌入半量的饲料中，让猪自由采食，服后21天产生免疫力，免疫期为3个月，疫苗稀释后应在4h内用完。

（6）猪瘟-猪丹毒-猪肺疫三联冻干疫苗 按瓶签头份用氢氧化铝生理盐水稀释，每头猪一律肌内注射1mL，猪瘟免疫期为1年，猪丹毒和猪肺疫免疫期为6个月。疫苗稀释后，应在4h内用完。

（7）仔猪副伤寒弱毒冻干疫苗 按瓶签说明头份用氢氧化铝溶液稀释，对30～40日龄的仔猪肌内注射1mL，稀释的疫苗必须当日用完。口服时用冷水稀释，按每头份5～10mL，拌入少量的饲料中喂猪。免疫期一般为9个月。

（8）仔猪红痢疫苗 妊娠母猪初次注射本疫苗时，应接种2次，第一次在产前1个月，第二次在产前半个月。如妊娠母猪注射过本菌苗，则只在产前半个月肌内注射仔猪红痢菌苗1头份。免疫期为1年。

（9）口蹄疫灭活疫苗 用于预防猪O型口蹄疫，耳根后肌内注射，体重10～25kg的猪每头2mL，25kg以上的猪每头3mL。注射疫苗后15日产生免疫力，免疫期为6个月。

（10）猪水肿病油佐剂灭活疫苗 在仔猪出生后15天，颈部皮下肌内注射1头份，免疫期为6个月。

（11）猪细小病毒灭活疫苗 初产母猪5～6月龄免疫1次，2～4周后加强免疫1次；经产母猪于配种前3～4周免疫1次；公猪每年免疫2次，颈部肌内注射，2mL/头份，免疫期为6个月；后备母猪配种前4～5周免疫1次，2～3周后再加强免疫1次，免疫期可达7～12个月。主要免疫头胎及二胎母猪，三胎及以上可考虑不免疫接种。

（12）猪气喘病弱毒疫苗 成年猪每年6～8月用猪气喘病弱毒疫苗免疫接种1次（胸腔注射）；后备母猪于配种前再免疫接种1次，免疫期在8个月以上。

猪气喘病灭活疫苗，肌内注射，乳猪：7～10日龄时免疫接种2mL，2～3周后加强免疫1次。育肥猪：入栏时免疫接种2mL，2～3周后加强免疫1次。种猪：易感猪或免疫状况不明的猪应免疫接种2

次，间隔2～3周。首次免疫接种应在6月龄时进行，以后每半年加强免疫1次。妊娠母猪：怀孕2个月后免疫接种1次。

（13）猪传染性胸膜肺炎疫苗 初生仔猪20～30日龄，用猪传染性胸膜肺炎疫苗1mL肌内注射。

（14）猪乙型脑炎弱毒疫苗 种猪、后备母猪在蚊蝇季节到来前（4～5月），用乙型脑炎弱毒疫苗免疫接种1次，第二年再加强免疫1次，免疫期可达3年。

（15）猪伪狂犬病灭活疫苗 妊娠母猪于产前30天肌内注射猪伪狂犬病灭活疫苗1头份，可使仔猪后代在出生后2周内获得较强的免疫力；育肥猪每年免疫接种1次；仔猪于出生后7～10日龄首次注射半头份，断奶后注射1头份，免疫期为12个月。

（16）猪圆环病毒灭活疫苗 颈部肌内注射。新生仔猪：3～4周龄首次免疫，间隔3周加强免疫1次，用量为1mL/头。后备母猪：配种前做基础免疫2次，间隔3周，产前1个月加强免疫1次，用量为2mL/头。经产母猪：跟胎免疫，产前1个月免疫1次，用量为2mL/头。其他成年猪：实施普免，做基础免疫2次，间隔3周，以后每半年免疫1次，用量为2mL/头。

（17）破伤风抗毒素 在猪受伤、手术、去势后，可作紧急预防破伤风用，一般皮下注射，每头猪3000～5000国际单位，其预防作用可维持2～3周。

169 使用疫苗应注意哪些问题？

1）使用疫苗前要了解当地是否有疫情，然后决定是否使用或用何种疫苗。接种疫苗前还应仔细观察猪群。被免疫猪必须健康无病，发现发热、发绀、食欲不振、呼吸困难、腹泻、过度瘦弱、有慢性病和刚去势的猪只不应接种疫苗。

2）使用时要认真阅读疫苗说明书，明确疫苗的特点、用途、装量、稀释液、稀释液的使用量、每头剂量、接种方法及注意事项等。并仔细检查瓶口、胶盖是否密封，对瓶签上的名称、批号、有效期等做好记录。凡出现未按要求保存、过期、无标签、疫苗瓶有裂纹、瓶塞松动、弱毒疫苗失真空（稀释疫苗时不自动吸水）及灭活疫苗

冻结过、出现分层、瓶内有异物等异常变化的，一律严禁使用。

3）稀释疫苗及接种疫苗的注射器、针头等器械用具，使用前后必须逐一冲洗后煮沸10min，而不能使用化学消毒剂处理，否则残留的消毒剂会使弱毒疫苗失活。

4）疫苗稀释后要充分振荡药瓶（活疫菌在稀释时不能过度振荡，防止发生气泡和降低效价），吸药时在瓶塞上固定1个专用针头，并放在冷暗处。如用注射法接种，每头猪须换1个消毒过的针头。稀释或开瓶后的疫苗，要在规定的时间内用完。

5）口服疫苗所用的拌苗饲料，禁忌酸败发酵等偏酸饲料，禁忌热水、热食，以免疫苗失效。

6）注意给妊娠母猪接种时动作要轻柔，以避免引起机械性流产。配种后60天以内和临产前15天以内不要注射疫苗，以防引起流产。妊娠母猪不宜使用猪瘟疫苗、猪细小病毒苗和猪布鲁氏菌活疫苗。

170 为什么给猪免疫接种之后仍然发生传染病?

在对猪进行免疫接种后，有时仍然不能控制猪群传染病的流行，即发生了免疫失败，引起免疫失败的原因主要有以下几个方面：

1）猪只本身免疫功能失常，如猪体存在免疫抑制性疾患、霉玉米中毒等，免疫接种后不能刺激猪体产生特异性抗体。

2）母源抗体的干扰，母源抗体能干扰疫苗的抗原性，因此在使用疫苗前，应该充分考虑猪体内的母源抗体水平，必要时要进行抗体检测。

3）猪只患病，正在使用抗生素或免疫抑制药物进行治疗时，会造成抗原受损或免疫抑制。

4）没有按规定免疫程序进行免疫接种，使免疫接种后达不到所要求的免疫效果。

5）在疫苗接种时，免疫程序不当或同时使用了抗血清，造成免疫效果降低或失败。

6）疫苗在采购、运输、储存过程中方法不当，使疫苗效能受损。

7）在免疫接种过程中疫苗没有保管好或操作不严格，或疫苗接种剂量不足。

8）制备疫苗使用的毒株血清与实际流行疾病的血清型不一致，也不能达到良好的保护效果。

171 预防投药与免疫接种在预防细菌性疾病上各有何优缺点？

预防投药是指为防止疾病的发生，有针对性地提前投放药物；免疫接种是指为防止传染病的发生，有针对性地提早注射疫苗。在预防细菌性疾病时，既可在饲料或饮水中提早投放药物，也可针对性地免疫接种疫苗，两者各有优缺点。

（1）预防投药的优缺点

1）预防投药的优点是：投喂一种药物可以预防多种疾病。大部分广谱抗菌药还有促生长作用。预防投药操作简单，无应激反应，在猪群有免疫抑制性疾病时投药预防效果更好。

2）预防投药的缺点是：与免疫接种疫苗相比，预防疾病的时间短。长期不科学使用抗生素等药物会使细菌产生耐药性，过量应用还会造成肠道菌群失调和使肝肾等脏器受损。

（2）免疫接种的优缺点

1）免疫接种的优点是：接种 1 次疫苗可在相当长时间内起作用。1 头育肥猪一生只做 1～2 次即可，费用较低。

2）免疫接种的缺点是：接种 1 次疫苗就是 1 次应激或轻度感染（弱毒活疫苗），会降低生产力，影响增重。1 种疫苗只能预防 1 种病，而且疫苗接种保护率不是百分之百。接种方式不当或接种时间不合理，会诱发疾病发生或造成其他疫苗免疫应答不好。

172 养猪户怎样自辨猪病？

（1）看猪的精神状态 病猪精神委顿、行走摇摆、动作呆滞、反应迟钝，或在圈内打转，或横冲直撞，或痴立不动。

（2）看猪的双眼 猪的眼结膜苍白，常见于贫血或内脏出血等；眼结膜充血潮红，是某些器官有炎症或热性病的症状；眼结膜呈紫红色，多为血液障碍所致，常见于疾病的后期。

(3) 看猪的鼻盘 猪的鼻盘干燥、龟裂，是体温升高的症状；鼻腔有分泌物流出，多为呼吸器官有病的症状；鼻、口、蹄部若有水疙、糜烂，可能是猪水疙病、猪口蹄疫或猪水疱疹。

(4) 看猪的尾巴 猪的尾巴下垂不摆动，手摸尾巴根部冷热不均、无反应，表示有病。

(5) 看猪的被毛皮肤 猪的皮肤苍白，是各种贫血或内脏出血的症状；皮肤发紫有出血，应考虑有败血症的可能；皮肤发黄则为肝胆系统与溶血性疾病；皮肤发紫，常见于严重呼吸循环障碍；皮肤粗糙、肥厚，有落屑，发痒，常为疹癣、湿疹的症状。

(6) 看猪的腹部外形 猪的腹部显著膨大，呼吸急促，有肠梗阻与肠扭转的可能；如腹围缩小，骨瘦如柴，体质弱、差，多见于营养不良和慢性消耗性疾病。

(7) 看猪的行走状态 猪只行走蹒跚、举步艰难、尾巴下垂、卧地不起等，表示有病；若四肢僵硬、腰部不灵活、两耳竖立、牙关紧闭、肌肉痉挛，是破伤风的症状。

(8) 看猪的肛门 若猪的肛门周围有粪便污染，多见于腹泻、痢疾性疾病。

(9) 看猪的排尿 猪排尿频多或减少，颜色改变，是疾病的征兆。如果猪频频排尿，并且尿液呈断续状排出，说明排尿疼痛，尿道有炎症；若排血尿，则有尿结石、钩端螺旋体病的可能；若母猪发情时从阴户流出脓性分泌物，可能是子宫内膜炎。

(10) 看猪的粪便 猪的粪便干燥，排粪次数减少，排粪困难，常见于便秘等；粪便稀清如水或呈稀泥状，频频排粪，则多见于食物中毒、肠内寄生虫病及某些传染病；仔猪排出灰白色、灰黄色水样粪便，并带有腥臭味，是仔猪黄痢或白痢的症状；粪便发红，且混有多量小气泡、恶臭，是出血性肠炎的症状；粪便呈水样、碱性，多是病毒感染。

173 怎样给猪注射？

给猪注射是预防、治疗猪病采用的主要措施，常用的方法有以下几种：

（1）皮下注射 是将药液注射到猪体皮肤与肌肉之间的疏松组织中，借助皮下毛细血管的吸收而作用于全身。由于皮下有脂肪层，药液吸收较慢，一般5～15min才可产生药效。

1）注射部位：多为猪的耳根后部、下腹部或股内侧。

2）注射方法：注射时先用左手将皮肤捏起，使之成一皱格，再用右手持注射器从其基部插入针头，并将针头轻轻拨动，如感觉十分轻便，证明针头在皮下，可注药，注完后，拨出针头时，用棉球压住针孔，轻轻揉按。

（2）肌内注射 是将药液注射到肌肉组织中。由于猪体肌肉内血管丰富，药液吸收快，效果好。

1）注射部位：选用肌肉丰富，神经、血管比较少的部位，如耳根颈部或臀部等处。

2）注射方法：右手持注射器，将针头垂直插入注射部位的肌肉深处，然后推动注射器的柄，注入药液。

（3）静脉注射 是将药液直接注射在血管内，使药液迅速发生效果。

1）注射部位：注射部位多为猪的耳静脉。

2）注射方法：为了使静脉隆起易见，便于操作，可先用酒精棉球涂擦耳朵背面耳大静脉，并随手弹打几下，再用手指压迫耳基部静脉。注射针头以10°～15°的角度刺入皮肤和血管，如刺入血管即可见血液跑入注射器内，此时可将药液缓慢地注入。

3）注意事项：药液如有气泡应先排除；固体颗粒或油类药物不能用作静脉注射。

（4）腹腔注射 是将药液注射到腹腔内，这种方法一般在耳静脉不易注射时采用。

1）注射部位：大猪在腹胁部；仔猪在耻骨前缘之下3～5cm腹中线侧方。

2）注射方法：大猪多采用侧卧保定，用左手稍微捏起腹部皮肤，将针头向与腹壁垂直的方向刺入，刺透腹膜后即可注射。给仔猪注射时，一人将仔猪提起，以便使其肠管下移，并使腹部向着手术者，在耻骨前缘下方与腹壁垂直的方向刺入针头。

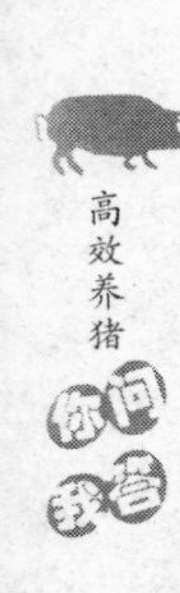

(5) 气管注射 是将药液直接注射到猪只的气管内。适用于猪只的肺部驱虫及治疗气管和肺部疾患。

1）注射部位：在气管的上1/3处，两个气管之间。

2）注射方法：将猪固定，可在气管的中部注射，用食指压迫住气管位置，针头在二指间垂直刺入，如有刺破软骨的感觉，此时回抽针管有大量气泡，即可注入药液。

174 给猪注射时应注意哪些事项?

1）注射前，针头、注射器要彻底消毒。

2）注射时要将猪保定好，注射部位用5%的碘酊或75%的酒精棉球消毒。注射后再用碘酊或酒精棉球压住针孔处皮肤，拔出针头。

3）用注射器抽取药液（疫苗）时，一定要仔细察看药名、剂量、有效期、药瓶是否有破裂、药液是否浑浊或者有沉淀等。

4）凡刺激性较强或不容易被吸收的药液，如青霉素、磺胺类药液等，常作肌内注射；在抢救危急病猪时，输液量大、刺激性强、不宜作肌内或皮下注射的药物如水合氯醛、氯化钙、25%的葡萄糖溶液等，可作静脉注射。

5）抽药后，将注射器内的气体排尽，注意针头有没有被堵，针尖是否锐利，有没有毛刺，注射的剂量是否准确。

6）一些必须经静脉注射的药物，如氯化钙、高渗盐水等，切记不要注射到血管外，避免造成局部组织炎症和坏死。一旦发生针头折断，应在消毒的前提下用镊子等器械将其取出。

7）注射器和针头要严格煮沸消毒，要坚持打一针换一个针头的要求，防止交叉感染。注射器及针头用完后，要及时清洗、消毒、晾干，妥善保管。

175 哪些猪不宜接种疫苗?

(1) 怀孕后期和将要临产的母猪不宜接种疫苗 由于体内胎儿发育逐渐成熟，母猪的各种生理机能发生了很大变化，对外界刺激的反应特别敏感，如果此时给母猪接种疫苗容易引起流产。

(2) 30日龄内未断奶的哺乳仔猪不宜接种疫苗 因为30日龄以

内的哺乳仔猪身体各器官不发达，功能发育尚不健全，尤其是免疫系统不完善，对外界刺激的抵抗力弱，接种疫苗反应强烈，有时会引起应激死亡

（3）病猪不易宜接种疫苗 由于病猪抵抗力弱，若再接种疫苗，就会引起强烈的反应，会使病情加重，甚至造成死亡。

176 怎样防治猪瘟？

猪瘟，又称烂肠瘟。是由猪瘟病毒引起的一种急性、热性、接触性传染病。不分年龄、性别、体重大小，也不分季节，一旦猪群中有1头发病，会很快在全群中流行，死亡率较高。猪瘟的潜伏期平均为7天。

按其临床症状分为最急性、急性、亚急性和慢性4种。最急性的病例，看不到明显的症状，突然死亡。近年来临床表现多以亚急性、慢性或非典型出现，偶有急性出现。一般猪患病后精神不好，寒战，喜卧，不愿走动，食欲减少或不食，喜喝脏水，体温升高至40.5~42℃。有结膜炎，流出黏脓性分泌物，甚至使上下眼睑粘连。病猪在腹侧、四肢内侧无毛处，常出现红点或红斑，指压时红色不褪。初期病猪排出的粪便干硬，粪体表面有黄色或粉红色胶样物附着，以后粪稀，严重时如稀面糊样，并混有血液，味臭。公猪有包皮炎，引起阴鞘积尿，手挤压时有白色恶臭液体流出，一般在10天内死亡。不死的猪逐渐消瘦，行动摇摆，粪时干时湿。有时病猪耳端、尾尖和四肢的皮肤发生坏死，甚至脱落，很难恢复健康。一般在20天内死亡，也有的拖延1~3个月。

有的病猪（以小猪较多）常发生神经症状。病猪盲目前进或后退，然后卧地嘶叫，抽风，眼球上翻，牙关紧闭。可在几分钟内恢复，也可在抽风期间死亡。

剖检急性猪瘟病猪主要呈败血症变化，皮肤或皮下有出血点；颚凹、颈部、鼠蹊、内脏淋巴结肿大，呈暗红色，切面周边出血；肾脏色淡，不肿大，有数量不等的小点出血；脾脏边缘梗死；喉头黏膜、会厌软骨、膀胱黏膜、心外膜、肺及肠浆膜黏膜有出血。慢性病猪的特征变化是盲肠、结肠及回盲口处黏膜上形成扣状溃疡。

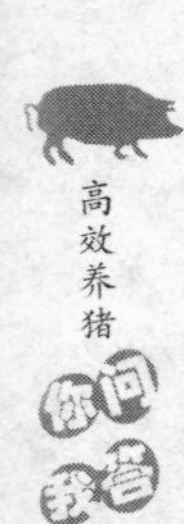

【防治措施】 目前，对于本病还没有有效的治疗方法，主要靠平时的预防。

1）每年的春、秋两季，除对成年猪普遍进行1次猪瘟兔化弱毒疫苗注射外，对断奶仔猪及新购进的猪都要及时防疫注射。将猪瘟兔化弱毒疫苗按瓶签说明加生理盐水稀释，大小猪一律肌内注射1mL，注射后4天即可产生免疫力。

2）猪瘟常发疫区，仔猪出生后21～25日龄注射1次，55～60日龄仔猪断奶后再注射1次，保护率可达100%。

3）紧急免疫接种，在已发生疫情的猪群中，做紧急预防注射，能起到控制疫情和防止疫情扩大蔓延的作用，注射时可先从周围无病区和无病猪舍的猪开始，后注射同群猪，病猪一般不注射。为加强免疫力，注射时可适当增加剂量。

4）加强饲养管理，定期进行猪圈消毒，提高猪群整体抗病力，杜绝从疫区购猪。新购入的猪应隔离观察15～30天，证实无病，并注射猪瘟疫苗后方可混群。

5）在猪瘟流行期间，饲养用具每隔3～5天消毒1次。病猪消毒后，彻底消除粪便、污物，铲除表土，垫上新土，猪粪应堆积发酵。在病猪初期，可试用抗猪瘟血清给猪注射，其剂量为每千克体重2～3mL，每天注射1次，直至体温恢复正常。

177 如何诊断和防治非典型猪瘟？

非典型猪瘟，即不具备猪瘟典型症状及病理剖检变化，而且由于病程稍长容易继发细菌感染（如继发猪肺疫、仔猪副伤寒、猪放线杆菌胸膜肺炎和猪副嗜血杆菌等病）而表现出细菌性疾病的变化，掩盖了原发猪瘟的真相，因此造成诊断和用药困难。

病猪体温多在40.5～41.5℃之间，稽留不退，如果使用抗菌降热药，体温会降下来，食欲增加，但是药效一过，又会上升。病猪被毛粗乱，精神不振，嗜睡，逐渐消瘦，贫血，全身衰弱，病程较长可达1个月以上，很少急性死亡。初期大便较干，5～7天后拉稀，持续到死亡；或者便秘和腹泻交替发生。部分病猪在耳尖、尾尖、腹下、臀部和四肢末梢有紫斑或出血点，病情久的变成坏死痂。

剖检病猪一般可见皮肤出血，脾脏边缘梗死，肺充血、出血，支气管有炎症，肠黏膜充血、出血。

【防治措施】 参照猪瘟的防治措施。对病猪可试用猪瘟高免血清进行治疗，一般用预防量10~20倍的猪瘟疫苗紧急注射，以疫苗病毒刺激机体产生干扰素来干扰病毒的复制，从而迅速产生免疫力。同时，可配合注射免疫增强剂效果更好。接种疫苗24h后可根据临床症状对症下药，综合治疗。

178 猪耳朵发紫就是猪蓝耳病（猪繁殖与呼吸综合征）吗?

猪耳朵发紫不一定就是猪蓝耳病。一般所说的发紫，术语称为发绀，是心脏衰竭、血液循环发生障碍或血液携氧功能下降，造成体表或机体末梢瘀血，血液中氧的含量降低、二氧化碳含量升高所出现的病理变化。发绀部位局部温度降低、代谢机能减弱。在败血症和各种疾病的晚期多会出现紫耳朵现象，如猪瘟、仔猪副伤寒、链球菌感染等。

猪蓝耳病，学名为猪繁殖与呼吸综合征，是由病毒感染引起。本病的特点是引起母猪严重繁殖障碍和幼龄仔猪肺炎，耳朵发紫只是本病的诸多症状之一。

179 怎样防治猪蓝耳病?

猪蓝耳病，又称猪繁殖与呼吸综合征，是由猪繁殖与呼吸综合征病毒引起的一种以感染猪发热、厌食，妊娠母猪晚期流产、早产、产死胎、产弱胎和木乃伊胎，各种年龄猪（特别是仔猪）呼吸障碍为特征的高度传染性疾病。仔猪发病率可达100%，死亡率可达50%以上；母猪流产率可达30%以上，继发感染严重时成年猪也可死亡。

猪群常突然发病，初期发病猪表现为耳朵发热，体温为41℃左右，以40.5℃的体温为最多。精神沉郁，不食；眼结膜发炎、眼睑水肿，咳嗽、气喘，呼吸困难，鼻孔流出泡沫或浓鼻涕等分泌物。大部分病猪耳朵、腹部及肢体末端等处皮肤呈紫红色斑块状或丘疹样，指压不褪色，有的可能死亡。部分病猪关节肿胀，尤其是跗关节和腕关节，触摸疼痛，跛行，颤抖，不能站立或出现共济失调等

神经症状。病程较长猪只的体温大都正常，常表现为食欲不振、消瘦、被毛粗乱，其行为主要表现为跛行、关节肿胀。

临床上经常会与猪瘟、猪伪狂犬病、猪圆环病毒病、仔猪副伤寒、猪副嗜血杆菌病等混合感染，病情复杂，危害严重。

剖检主要病变是肺水肿、出血、瘀血，以心叶、尖叶为主的灶性暗红色实变；心肌出血、坏死；扁桃体出血、化脓；脑出血、瘀血，有软化灶及胶冻样物质渗出；脾脏边缘或表面出现梗死灶；淋巴结出血；肾脏呈土黄色，表面可见针尖至小米粒大的出血斑点；部分病例可见胃肠道出血、溃疡、坏死。

【防治措施】

（1）加强管理 高温季节，做好猪舍的通风和防暑降温，提供充足的清洁饮水，保持猪舍干燥和合理的饲养密度。

（2）接种疫苗 根据周边疫情和自身猪场情况，接种猪蓝耳病疫苗。同时，还要积极做好猪瘟、猪圆环病毒病、猪口蹄疫、猪气喘病、猪伪狂犬病等的免疫工作。规模饲养场推广使用猪蓝耳病疫苗要对全部母猪和公猪进行，基础免疫进行 2 次，间隔 3 周，以后每隔 5 个月免疫 1 次。

（3）加强消毒 清除粪便及排泄物后，用 3%～5% 的氢氧化钠溶液对猪舍内及周边环境消毒，特别是进出猪场的车辆。建议高热季节 1 周消毒 2 次。

（4）坚持自繁自养的原则 建立稳定的种猪群，不轻易引种。若必须引种，首先要搞清所引猪场的疫情。此外，还应进行血清学检测，阴性猪方可引入，坚决禁止引入阳性带毒猪。引入后必须建立适当的隔离区，做好监测工作，一般需隔离检疫 4～5 周，确认为健康猪后才可混群饲养。

（5）妥善处理好病死猪 根据国家有关法律法规及规章的规定，养猪场（户）要及时采取深埋、焚烧等无害化方法处理死胎、死猪，严格控制病猪的流动，严防疫情扩散蔓延。

（6）防治四原则 补充营养，抗病毒，提高机体免疫力，对症治疗和防止混合感染。

180 怎样防治猪细小病毒病？

猪细小病毒病，是由猪细小病毒引起的猪的繁殖障病之一，特别是以初产母猪产死胎、畸形胎、木乃伊胎、弱仔猪，或产仔数少，而母猪无明显症状为特征的一种传染病。本病主要发生于初产母猪，可水平传播和垂直传染，具有很高的感染性，病毒一旦传入，3 个月内几乎可导致猪群 100% 感染，并较长时间保持血清反应为阳性。

本病的主要症状是妊娠母猪流产，但由于感染病毒的时期不同而表现有所不同。怀孕初期（30 日龄以内）感染时，则因胎儿的死亡而吸收，使母猪不孕和无规律地反复发情；怀孕中期感染时，则因胎儿死亡后，逐渐木乃伊化，在分娩时产程延长而造成死产等；在怀孕后期（70 日龄以后）感染时，则大多数胎儿能存活，且外观正常，但可长期带毒、排毒。多数初产母猪感染后可获得坚强的免疫力，甚至可持续终生。但可长期带毒、排毒。被感染公猪的精细胞、精索、附睾、副性腺中都可带毒，在交配时很容易传给易感母猪，而公猪的性欲和受精率没有明显影响。

【防治措施】

1）本病无特效的治疗药物，也没有治疗意义，重在预防。预防本病的基本原则有两条，一是实行自繁自养，防止带毒母猪进入猪场。从场外引进猪时，须选自非疫区的健康猪群，进场后进行定期隔离检疫，确保健康后方能混群饲养或配种。二是待初产母猪获得自动免疫后再繁育配种。来自木乃伊窝的活仔猪，可能是本病毒的携带者，不要留作种用，也不要在头胎母猪的后代中选留种猪。

2）人工免疫接种，疫苗有灭活疫苗和弱毒疫苗两种，我国普遍使用的是灭活疫苗，初产母猪和育成公猪，在配种前 1 个月免疫，免疫期可达 7 个月，1 年免疫 2 次，可以预防本病。

3）发生疫情时，首先应隔离疑似发病猪，尽快确诊，划定疫区，进行封锁，制订扑灭措施。做好全场特别是污染猪舍的彻底消毒和清洗。病死猪的尸体、粪便及其他废弃物应进行深埋或高温消毒处理。对病情轻的患猪可以采取对症治疗，防止继发感染。

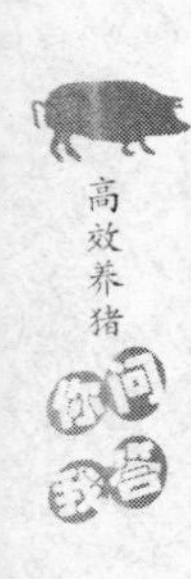

181 怎样防治猪口蹄疫?

猪口蹄疫，是由口蹄疫病毒所引起的主要以偶蹄动物发生的一种烈性传染病。本病传播快，发病率高，主要危害牛、猪、羊等，是世界上危害最严重的家畜传染病之一。病的潜伏期为1~2天。

发病猪一般体温不高或稍高（40~41℃），最初表现为不愿行走、跛行，不食，继而蹄冠、趾间发生红肿，不久逐渐出现米粒大、蚕豆大的充满灰白色或灰黄色液体的水疱，水疱破裂后表面出血，形成暗红色糜烂。如无细菌感染，1周左右痊愈；如有继发感染，严重者侵害蹄叶、蹄壳脱落，患肢不能着地，常卧地不起。疗程稍长者也可见到口腔及面上有水疱和糜烂。哺乳母猪乳头的皮肤常见有水疱、烂斑，吃奶仔猪通常呈急性胃肠炎和心肌炎而突然死亡，死亡率可达60%~80%。

剖检病猪除可见口腔、蹄部的水疱和烂斑外，在咽喉、气管、支气管和胃黏膜有时可出现圆形烂斑和溃疡，上盖有黑棕色痂块。心肌病变具有重要的诊断意义，心包膜有弥散性及点状出血，心肌切面有灰白色或淡黄色斑点或条纹，好似老虎身上的斑纹，所以称为“虎斑心”。此项病变尤以突然死亡的仔猪最为明显。

本病易与水疱病、猪水疱疹、水疱性口炎混淆，单从症状与病理变化，不能做出判断，只有从自然感染家畜的情况和水疱液接种小动物的观察结果才能予以鉴别。

【防治措施】

1）当猪场有疑似口蹄疫病例发生时，除及时进行诊断外，应向上级有关部门报告疫情。同时在疫场（或疫区）严格实施封锁、隔离、消毒、治疗等综合性措施。在最后1头病猪痊愈后15天，经过全面大消毒，方可解除封锁。

2）对猪场的健康猪，应立即注射口蹄疫灭活疫苗（不能用弱毒疫苗），每头猪5mL，颈部皮下注射。注射后14天产生免疫力，免疫期为2个月。

3）病猪的蹄部可用3%的臭药水或来苏儿溶液洗涤，擦干后涂擦鱼石脂软膏，再用绷带包扎。乳房可用2%~3%的硼酸溶液清洗，然后涂上青霉素或金霉素软膏等，定期将奶挤出以防发生乳房炎。

4）口腔可用清水、食醋或0.1%的高锰酸钾溶液洗漱，糜烂面上可涂以1%～2%的明矾或碘甘油（碘7g、碘化钾5g在100mL酒精中溶解后，加入甘油10mL），也可撒布冰硼散（冰片15g、硼砂150g、芒硝18g，共研为末）。

5）小猪发生恶性口蹄疫时，应静脉或腹腔注射5%的葡萄糖盐水10～20mL，加维生素C 50mg，皮下注射安钠咖0.3g。有条件的地方可用病愈牛全血（或血清）治疗。据报道，用结晶樟脑口服，每天2次，每次5～8g，可收到良好效果。

6）保持猪圈干燥、卫生、保温，对不能行走和吃食自如的患猪，可用盆端着饲喂，不能让猪只缺水和缺食。

182 怎样防治猪水疱病？

猪水疱病，又名猪传染性水疱病，是由猪水疱病病毒引起的一种急性接触性传染病，以流行性强，发病率高，蹄部、口部、鼻端和腹部、乳头周围皮肤和黏膜发生水疱为特征。在症状上与猪口蹄疫极为相似，但本病仅发生于猪身上，牛、羊等家畜不发病。

病猪主要特征是在蹄部、口部、鼻端和腹部、乳头周围皮肤和黏膜上出现水疱，水疱破裂后形成溃疡，真皮暴露、颜色鲜红。严重时蹄壳脱落，有的病变部因继发细菌感染而成化脓性溃疡，蹄部有痛感而出现跛行。仔猪多数在鼻盘上发生水疱，可造成初生仔猪死亡。

【防治措施】

1）对于本病一般可按猪口蹄疫的治疗处理方法，以促进机体恢复，缩短病程。蹄部可用30%的臭药水洗净，擦干后涂擦鱼石脂软膏、佘氏消炎膏等，糜烂面涂1%～2%的明矾或碘甘油，乳房可用2%～3%的硼酸溶液洗净，涂红霉素软膏或青霉素软膏。小猪得病时，应静脉或腹腔注射5%的葡萄糖盐水10～20mL，加维生素C 50mg，皮下注射安钠咖0.26g。工作人员要注意个人防护，工作时要穿工作服，工作后用3%的来苏儿溶液洗手消毒，非工作人员不许与病猪接触，避免传染。

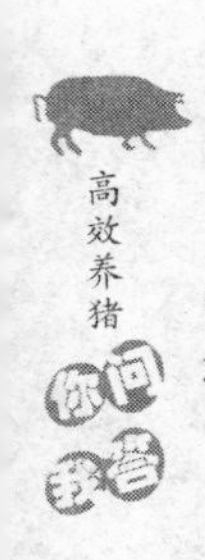

2）预防本病最重要的一条就是不能从疫区调入猪只和猪肉制品，屠宰下脚料和泔水必须经过煮沸方可喂猪。凡受疫区威胁的猪场，要严格做好定期预防注射。

183 怎样防治猪传染性胃肠炎？

猪传染性胃肠炎，是由滤过性病毒引起的一种高度接触性传染病。寒冷季节及饲养管理条件差、饲养密度过大的猪群极易暴发流行。本病死亡率较高，幼龄猪死亡率可达100%。病的潜伏期一般为12～18h。

病猪主要特征是全群发生剧烈的黄色、水样腹泻，体温一般不高，采食量略有减少，有时伴有呕吐症状，最后常因脱水而导致死亡。

剖检可见尸体失水，结膜苍白、发绀，胃肠卡他性炎症，黏膜下有出血斑，胃内充满白色凝乳块，胃底部黏膜轻度充血，肠内充满白色或黄绿色半液状或液状物。

临床上注意与仔猪黄痢、红痢相鉴别。仔猪黄痢不感染大猪，用抗生素等药物治疗有效；仔猪红痢多呈散发性，大猪一般不腹泻，其特征是粪便带血、发红。

【防治措施】

1）本病目前尚无特效药物治疗，只有对症治疗。可使用广谱抗生素以防治继发感染和合并感染。首选药物为硫酸卡那霉素，体重15kg左右的病猪，每次每头肌内注射50万～100万国际单位。

为抑制肠蠕动，制止腹泻，可用病毒灵和阿托品，体重15kg左右的病猪，每次每头肌内注射病毒灵10mL、阿托品10～20mg。

对于病情较重的猪，可用安维糖溶液50～200mL，或10%的葡萄糖溶液50～150mL、维生素C 10～20mL、安钠咖10mL，混合一次静脉注射或腹腔注射。

2）预防主要是抓好饲养管理工作，特别是在寒冷季节要注意防寒保暖，防止饲养密度过大。对妊娠母猪在产前45天和15天左右，可于肌肉和鼻内各接种弱毒疫苗1mL，也可给3日龄的哺乳仔猪直接接种。

184 怎样防治猪流行性腹泻？

猪流行性腹泻，是由类冠状病毒引起的一种以胃肠病变为主的传染病。母猪的发病率为15%～90%，哺乳仔猪、架子猪或育肥猪的发病率可达100%。本病的潜伏期，新生仔猪为24～36h，肥育猪为2天。

临床表现与猪传染性胃肠炎十分相似，大小猪均可发病，年龄越小，病情越重。病猪粪便稀薄、呈水样，为淡黄绿色或灰色，体温稍高或正常，精神、食欲变差。哺乳仔猪发病表现为呕吐、水泻，肛门周围皮肤发红，1周龄内的仔猪常在水泻后3～4天因严重脱水而死亡；断奶后的仔猪与育肥猪的病程持续1周左右。成年猪一般症状不明显，有时仅表现为呕吐和厌食。

本病的主要病理变化是小肠绒毛萎缩，肠壁变薄、呈半透明状，肠内容物呈水样。

【防治措施】

1）目前可利用细胞弱毒疫苗来预防。在母猪分娩前5周和2周，分别口服疫苗。母源抗体可保护仔猪在4～5周龄内不发病。

2）对病猪用抗生素类药物治疗无效，但加强饲养管理，保持猪舍温暖、清洁、干燥，供足饮水可减轻病情和降低死亡率。

185 怎样防治猪狂犬病？

猪狂犬病，俗称疯狗病，又称恐水病，是由狂犬病病毒引起的一种人畜共患传染病，病死率达100%。本病的传播主要受病犬、病猫咬伤或抓伤所致，皮肤黏膜受损伤时，接触病畜也可能被感染。本病潜伏期差异性很大，伤口离头部（中枢神经）越近，潜伏期越短，一般为2～6周。

猪只被咬伤后，因局部发痒而不停地摩擦，有时会擦出血来，之后病猪出现流血、咬牙、狂躁不安、叫声嘶哑、横冲直撞，常常攻击人和其他家畜。间歇期时常钻入垫草中，稍有声响，一跃而起盲目乱窜，最后发生麻痹，经过2～4天死亡。

剖检常见病猪口腔和咽喉黏膜充血糜烂，胃内空虚却有异物，

如破布、毛发、木片等，胃肠黏膜充血或出血，硬脑膜有充血。最重要的是在左大脑部海马角，其次是小脑和延脑处的细胞质内出现嗜酸性包涵体（内基氏小体）。

【防治措施】

1）控制本病的有效措施包括及时捕杀病畜，对家养的动物如犬、猫等按时接种狂犬疫苗。

2）猪一旦被疯犬咬伤、抓伤，应及时处理伤口，可扩大创面，使伤口局部出血，然后用肥皂水、0.1%的升汞、5%的碘酊、3%的碳酸或75%的酒精处理伤口；也可采用烧烙术处理局部，然后立即肌内注射狂犬病灭活疫苗，剂量为5~10mL，第一次注射后，间隔3~5天再重复注射1次。

3）对严重病例或被咬伤的猪，注射一定量的高免血清和免疫球蛋白，既可起到预防作用，也能收到良好的治疗效果。

186 怎样防治猪圆环病毒病？

猪圆环病毒病，是由猪圆环病毒Ⅱ型所引起的又一种新的猪传染病，主要发生在5~16周龄的猪，最常见于6~8周龄的猪，极少感染乳猪。一般于断奶后2~3天或1周开始发病，在急性发病猪群中，病死率可达10%，耐过猪后期发育明显受阻。但常常由于并发或继发细菌或病毒感染而使死亡率大大增加，病死率可达25%以上。本病可经口腔、呼吸道途径感染不同日龄的猪，病猪所接触的物品或病猪的分泌物（血液、尿液、粪便或黏液）可能含有传染性病原体。怀孕母猪感染该病毒后，也可经胎盘垂直传播感染仔猪，并导致繁殖障碍。

患猪临床症状多种多样，如新生仔猪的先天性阵颤、断奶仔猪多系统衰弱综合征和皮炎肾病综合征、猪呼吸系统复合体病、繁殖障碍等，其中，断奶仔猪多系统衰弱综合征、皮炎肾病综合征和繁殖障碍在临床上比较常见，对养猪业危害较大。

发生断奶仔猪多系统衰弱综合征的仔猪，多表现为生长发育不良，逐渐消瘦、体重减轻，皮肤与可视黏膜苍白或黄疸，贫血，衰竭无力，呼吸困难、咳嗽、气喘，有的腹泻，腹股沟淋巴结外露、明显肿大。随着病情的发展，病猪眼圈发紫，耳朵发青，身体发绀，最后窒息死亡。

发生皮炎肾病综合征的患猪，表现为皮肤出现不规则的红紫斑及丘疹，最先出现在猪体后1/4处、四肢和腹部，然后蔓延到胸部、腰背部和耳部。眼观可见圆形或不规则形状的红色到紫色深浅不一的斑点和丘疹，在会阴部和四肢末端结合形成不规则的斑块。随着病程延长，病变区破溃、结痂呈黑色。病情轻者体温不高，生长缓慢，较重者体温升高、厌食、精神不振，最后衰竭死亡。

【防治措施】

1）接种猪圆环病毒病疫苗，建议使用基因工程疫苗灭活疫苗。

2）完善猪场传统的饲养管理。在条件许可的情况下，尽可能采用分段同步生产、两点式或三点式饲养方式。

3）加强饲养管理，减少仔猪应激，禁止饲喂发霉变质的饲料，做好猪舍通风换气，降低氨气的浓度；保持猪舍干燥，降低猪群的饲养密度。

4）改进或改善饲料品质。日常饲养中，可在猪只饮水中添加黄芪多糖和电解多维；饲料中添加含强力霉素、氟苯尼考、泰乐菌素和增效剂的预混料，增强猪体抵抗力，防止继发感染。

5）采取有效的环境卫生和消毒措施，减少病毒感染机会。

6）制订并严格执行合理的免疫程序，适时对猪群进行猪圆环病毒病、猪瘟、猪蓝耳病等疫病的免疫接种，并定期监测猪群抗体水平，及时处理阳性猪。

7）引种时检疫隔离，对于人工授精的猪场，选择无圆环病毒Ⅱ型污染的精液。

8）将病猪隔离，及时进行综合对症治疗，将病情严重的猪淘汰并进行无害化处理。

187 怎样防治猪乙型脑炎？

猪乙型脑炎，是流行性乙型脑炎病毒所致的一种人畜共患传染病，不同年龄、性别和品种的猪都可感染发病。一般在夏季至初秋发病率较高（与蚊蝇的活动有关），主要侵害母猪和种公猪。

病猪发病较突然，体温升高至41℃左右，呈稽留热，喜卧，食欲下降，饮水增加，尿色深重，粪便干结混有黏膜。有的病猪呈现后肢轻度麻痹，后肢关节肿大、跛行。妊娠母猪患病后常发生流产，或产死胎、木乃伊胎。患病公猪多出现一侧睾丸肿胀、发热，严重的睾丸缩小、变硬，失去种用性能。

剖检主要可见脑、脑膜和脊髓膜充血，脑室和髓腔积液增多。母猪子宫内膜有出血点，淋巴结周边性出血。肝脏肿大，肺脏充血、水肿或有灰红色的肺炎灶。公猪睾丸肿大，切开阴囊时，可见黄褐色浆液增多，睾丸切面有斑状出血和坏死灶；若睾丸萎缩，切开阴囊时，发现阴囊与睾丸粘连。

诊断时应与猪布鲁氏菌病、猪细小病毒病、猪流行性感冒等病相鉴别。

【防治措施】

1）本病主要是由蚊虫传播，故要采取措施减少蚊虫滋生与灭蚊，猪圈经常喷洒0.5%的敌敌畏溶液或其他灭蚊剂。掌握好配种季节，避免在天热蚊虫多时产仔。

2）对病猪要隔离治疗。猪圈、用具及被污染的场地要彻底消毒。死胎、胎盘和阴道分泌物都必须妥善处理。

3）本病目前尚无有效疗法，为防止并发症，对呼吸急促的病猪，可采用抗生素或磺胺类药物治疗。

4）对4月龄以上至2岁的后备公、母猪可于流行期前1个月进行乙型脑炎弱毒疫苗免疫接种，注射后1个月产生坚强的免疫力，可防止母猪妊娠后流产或公猪睾丸炎。

188 怎样防治猪流行性感冒？

猪流行性感冒，是由猪A型流感病毒引起的急性、高度接触性传染病。本病发病突然，传播迅速，多发生于气候骤变的晚秋、早春及寒冷的冬季。自然发病的潜伏期为2~7天。

本病常会全群同时发生，病猪体温升高至42℃，精神极度萎靡，食欲废绝，不愿动，喜卧。眼和鼻流出黏性分泌物，阵发性咳嗽，呼吸急促呈腹式呼吸，多数病猪经1周左右才能自然康复。个别病例转为慢性，出现持续咳嗽、消化不良等症状，病程能拖1个月以上。

剖检病猪可见呼吸道中鼻、喉、气管和支气管黏膜充血，附有大量泡沫，有时混有血液。肺脏有深红色的病灶，颈部及肺纵隔淋巴结水肿，胃肠内浆液增多，并有充血。

诊断时应注意与猪瘟、猪肺疫、猪流行性乙型脑炎、猪气喘病等病相鉴别。

【防治措施】 目前尚无特效药物治疗和有效疫苗预防。一般用对症疗法以减轻症状，使用抗生素或磺胺类药物控制继发感染。

1）解热镇痛，可肌内注射30%的安乃近10～20mL，或复方氨基比林10～20mL，或内服阿司匹林3～5片或强力维C银翘片20～50片。病重时，可肌内注射青霉素40～160国际单位。

2）用中药金银花10g、连翘10g、黄芩6g、柴胡10g、牛蒂子10g、陈皮10g、甘草10g，煎水内服。

3）加强饲养管理，将病猪置于温暖、干净、无风处，并喂给易消化的饲料，注意多喂青绿饲料，以补充维生素。特别是在阴雨潮湿和气候变化急剧时，应加强对猪只的管理，有时病猪在良好的环境下甚至不需药物治疗也可痊愈。

189 怎样防治猪副嗜血杆菌病?

猪副嗜血杆菌病，又称多发性纤维素性浆膜炎和关节炎，也称格拉泽氏病，是由猪副嗜血杆菌引起，临床上以体温升高、关节肿胀、呼吸困难、多发性浆膜炎、关节炎和高死亡率为特征的一种传染病，严重危害仔猪和青年猪的健康，已经在全球范围影响着养猪业的发展，给养猪业带来巨大的经济损失。本病主要通过呼吸系统传播，饲养环境不良，断奶、转群、混群或运输应激时最容易诱发。

患猪发病后出现厌食，精神沉郁，被毛粗乱，跛行，呼吸困难，全身震颤及共济失调等症状。若疾病暴发可能引起较高的死亡率。有的猪突然死亡，全身有紫斑，个别猪从鼻孔和嘴角里流出淡红色稀薄不凝固的液体。病程稍长的患病猪，皮肤苍白，渐进性消瘦，有的关节肿胀、跛行（往往仅出现一个跗关节肿胀）。

剖检病猪可见心包炎、腹膜炎、胸膜炎，全身浆膜表面出现浆液性纤维素性及纤维素性化脓性渗出。胸膜以浆液性、纤维素性渗出性炎症为特征。肺间质水肿，最明显的是心包积液，心包膜增厚，心肌表面有大量纤维素渗出，喉管内有大量黏液，后肢跗关节切开有胶冻样物。腹股沟淋巴结呈大理石状，颌下淋巴结出血严重，肝脏边缘出血，脾脏有出血、边缘隆起米粒大的血疱。

【防治措施】

1）加强饲养管理，消除诱因，对全群猪用电解质加维生素 C 粉饮水 5 ~7 天，以增强机体抵抗力，减少应激反应。

2）彻底清理猪舍卫生，猪舍地面和墙壁可用 2% 的氢氧化钠水溶液喷洒消毒，2h 后用清水冲净，再用复合碘喷雾消毒，连续喷雾消毒 4 ~5 天。

3）隔离病猪，用敏感的抗生素进行治疗，口服抗生素进行全群性药物预防。为控制本病的发生、发展和耐药菌株出现，应进行药敏试验，科学使用抗生素。一般猪副嗜血杆菌病对头孢菌素、氟甲砜、庆大霉素、壮观霉素、磺胺类及喹诺酮类等药物比较敏感，对四环素、氨基苷类和林可霉素等药物具有一定的抵抗力。

4）做好免疫接种，使用自家苗（最好是能分离到该菌，增殖、灭活后加入该苗中）、猪副嗜血杆菌多价灭活苗能取得较好的效果。种猪用猪副嗜血杆菌多价灭活苗免疫能有效防止仔猪早期发病，降低复发的可能性。对母猪，初免可于产前 40 天一免，产前 20 天二免。经免猪产前 30 天免疫 1 次即可。受本病严重威胁的猪场，仔猪也要进行免疫，根据猪场发病日龄推断免疫时间，仔猪免疫一般安排在 7 ~ 30 日龄内进行，每次 1mL，最好一免后过 15 天再重复免疫 1 次，以增强免疫效果。

190 怎样防治猪附红细胞体病？

猪附红细胞体病，是由血液寄生虫附红细胞体引起的，临床上以贫血、黄疸和发热为主要特征的一种热性、溶血性传染病。各种不同年龄、性别和品种的猪均易感染发病，多发于夏季 6 ~10 月吸血昆虫多的季节，在饲养管理不良、气候恶劣、长途运输、预防接种等应激情况下，均可使隐性感染的猪突然发病甚至大群发作，出现高热和高死亡，而且传播迅速。

发病初期，患猪精神抑郁，食欲减退，饮欲增加，体温为40～42℃，高热稽留，身上有小出血点，粪便呈球状，外附着黏液或黏膜；后期拉稀，或拉稀与便秘交替出现。有的病猪耳朵、颈下、胸前、腹下、四肢内侧等部位皮肤红紫，指压不褪色，并且毛孔出现淡黄色汗迹；有的病猪两后肢发生麻痹，不能站立，卧地不起；有的病猪流涎，呼吸困难，咳嗽，眼结膜发炎。病程为3～7天，或死亡或转为慢性。

剖检病变有黄疸和贫血，全身皮肤黏膜、脂肪和脏器显著黄染，常呈泛发性黄疸。全身肌肉色泽变淡，血液稀薄呈水样，凝固不良。全身淋巴结肿大，潮红、黄染，切面外翻，有液体渗出。胸腹腔及心包积液，肺肿胀，瘀血、水肿。心外膜和心冠脂肪出血、黄染，有少量针尖大出血点，心肌苍白松软。肝脏肿大、质脆，细胞呈脂肪变性，呈土黄色或黄棕色。胆囊肿大，含有浓稠的胶冻样胆汁。脾脏肿大，质软而脆。肾脏肿大、苍白或呈土黄色，包膜下有出血斑。膀胱黏膜有少量出血点。

【防治措施】 本病目前尚无疫苗预防，也无特效的治疗药物，只有采用综合性的防治措施与对症治疗的方法综合治疗。

1）在本病的高发季节，应扑灭蜱、虱子、蚤、螫蝇等吸血昆虫，断绝其与猪接触。

2）定期在饲料中添加预防量的四环素、强力霉素、金霉素、土霉素和磺胺类药物，对本病有很好的预防效果。

3）早期发现及时治疗可收到很好的效果。可用血虫净（贝尼尔）、四环素、卡那霉素、强力霉素、黄色素和对氨基苯胂酸钠等药物治疗，效果较好。

191 怎样防治猪痢疾？

猪痢疾，是由猪痢疾密螺旋体引起的一种危害严重的猪肠道传染病，各种年龄的猪均可感染发病，但以2～4月龄的仔猪受害最为严重。病的潜伏期为5～180天。

根据病程长短可分为急性、亚急性及慢性3型。各类型的症状大致相同，多数病猪开始排黄灰色稀粪，食欲减退，个别病猪体温

能升高到40～41℃，1～2天后排出黏液状粪便，其中带有血块和黏膜坏死块。严重的粪便呈红色水样，有的病猪不断排出少量暗红色的黏液和血液，通常污染肛门、臀部。病猪有腹痛表现，常见弓背踢腹。拉稀过久会出现脱水，造成口渴，最后消瘦衰竭而死亡。

剖检病变主要为在大肠，可见结肠、盲肠和直肠等黏膜充血、出血，呈渗出性卡他性变化。急性型肠壁呈水肿性肥厚，大肠松弛，肠系膜淋巴结肿胀，肠内容物为水样，恶臭并含有黏液，肠黏膜常附有灰白色纤维素样物质，特别是在盲肠端出现充血、出血，水肿和卡他性炎症。

【防治措施】

1）对病猪可在隔离的条件下进行治疗。对本病有效的药物种类很多，可选择使用。常用的药物有：庆大霉素、痢菌净、痢特灵、土霉素、新霉素、林可霉素、壮观霉素、甲硝异丙咪、二甲硝基咪唑等，拌料饲喂，连用3～5天均有效果。

2）不从发病地区购买种猪与仔猪，猪场坚持实行自繁自养。引进的猪最少要隔离观察1个月，确认无病后方可并群混养，病猪舍、用具等要彻底消毒。怀疑有此病发生时，可用上述治疗药物剂量的1/2进行预防。

192 怎样防治猪痘？

猪痘，是由猪痘病毒引起的以皮肤某些部位的黏膜上出现痘疹为主要特征的一种急性、热性传染病。当天气阴雨寒冷、猪圈潮湿污秽和猪营养不良时流行严重，发病率和致死率较高。常发生于4～6周龄的哺乳仔猪。主要通过直接接触，或空气、伤口感染得病。饲料、用具、外寄生虫等作为媒介。病的潜伏期为4～7天。

发病时病猪体温上升到41℃以上，不吃食，结膜发炎，眼睑被分泌物粘住，鼻孔流涕或被堵塞，全身被毛稀少的部分如鼻盘、眼睑、股内侧、下腹等处出现许多红斑、丘疹，有时蔓延至颈部和背部，2～3天后，丘疹变成水疱，里面有清亮的渗出液，继之变为脓液。由于病变部发痒，猪经常摩擦，痘疱破裂后结痂，局部皮肤增厚起皱纹如皮革状。另外，在口腔、咽喉、气管、支气管内均可发生痘疹，若管理不当常继发肺炎、胃肠炎、败血病等，继而发生死亡。

本病与猪口蹄疫、猪水疱病、猪水疱疹病、猪水疱性口炎易混淆，但本病的痘疹不出现在蹄部，且无跛行症状；与湿疹也很相似，但湿疹无传染性，且病猪不发热。

【防治措施】

1）加强饲养管理，平时保持良好的环境卫生，做好灭虱、灭蝇工作。严防从疫区引进种猪，一旦发病，应立即隔离和治疗病猪，病猪皮肤上的结痂块等污物，要集中一起堆积发酵处理，对污染的场所要进行严格消毒。

2）本病目前尚无疫苗预防，康复猪可获得坚强的免疫力。

3）对病猪无有效药物治疗，为了防止继发感染，可使用抗生素和磺胺类药物。局部病变可用10%的高锰酸钾溶液洗涤，擦干后涂抹甲紫、碘甘油等。

193 怎样防治猪肺疫（猪巴氏杆菌病）？

猪肺疫，又称猪巴氏杆菌病、猪出血性败血症，俗称“锁喉风”或“种脖子瘟”，是由特定血清型的多杀性巴氏杆菌引起的急性发热败血性传染病。多发生于春、秋两季，一般为散发性，常与猪瘟、猪丹毒等病并发。病的潜伏期为1~5天。

按其临床症状分为最急性型、急性型和慢性型3种。最急性型（败血型），突然发病，不表现症状而突然死亡；病程稍长的，常表现为咽喉头肿胀、坚硬而热，体温升高至41℃以上，呼吸极度困难，口、鼻流泡沫，呈犬坐喘鸣状，后期耳根、颈部及下腹部等处皮肤变成蓝紫色，有时见出血斑点，最后窒息死亡。

急性型主要表现为纤维性胸膜肺炎症状，病初体温升高，带有咳嗽，口、鼻有黏液，以至有脓性分泌物排出，呼吸困难、急促，常呈犬坐姿势。皮肤有红斑和出血点，病程为4~6个月。

慢性病多见于流行后期，主要表现为慢性呼吸道炎症和慢性肠炎等，症状为：精神不振，持续性咳嗽，体温时高时低，食欲减退，逐渐消瘦，呼吸困难，有的关节肿胀，皮肤出现湿疹，最后腹泻、衰弱而死亡。病程为半个月以上。

由于病型不同，病理变化也不同。最急性型为败血性变化，全身黏膜、浆膜和皮下组织、心内膜等处有大量出血斑点。最突出的病例是咽喉部发生水肿，其周围组织发生出血性浆液浸润，肺瘀血、出血和水肿，淋巴结肿大，为浆性出血性炎症。急性型主要变化是纤维素性胸膜肺炎，有各期肺炎病变和坏死灶，肺切面呈大理石样。慢性型病例在肺脏有多处坏死灶，切开后有干酪样物质。

【防治措施】

1）加强饲养管理，消除可能降低抗病力的因素，每年春、秋季定期用猪肺疫氢氧化铝甲醛疫苗或猪肺疫口服弱毒疫苗进行2次免疫接种。前者皮下注射5mL，注射后14天产生免疫力，后者可按瓶签要求使用，服用后7天产生免疫力。

2）治疗可用青霉素、链霉素和甲砜霉素、土霉素等抗菌药物。青霉素，按每千克体重1万国际单位，肌内注射，每天2次，连用3天；链霉素，每千克体重1万国际单位，肌内注射，每天2次，连用3天。

194 怎样防治仔猪白痢?

仔猪白痢，又称大肠杆菌病，是由大肠杆菌引起以仔猪拉灰白色稀粪为特征的急性肠道传染病。一般出生后7～20天的仔猪发病较多，一年四季均可发生，但在冬季和炎热夏季气候骤变时多发生，饲养管理和卫生条件较差时，极易导致本病的流行，发病率和死亡率都较高。

病猪多突然发生腹泻，粪便呈浆状、糊状，色乳白、灰白或青灰等不一，具恶腥臭，肛门周围常被粪便污染，有时可见吐奶。随着病程进展，粪便呈水状，病猪口渴加剧，严重的可见眼凹陷，目光呆滞，被毛粗乱，皮肤无弹性，病猪弓背，后肢软弱无力，若治疗不及时可引起昏迷而死。

剖检可见病猪尸体苍白、消瘦，主要呈现卡他性炎症变化。胃内有凝乳块，肠内常有气体，内容物为糨糊状或油膏状，呈乳白色或灰白色，肠黏膜轻度充血、潮红，肠壁菲薄而带半透明状，肠系膜淋巴结水肿。

【治疗方法】

1）土霉素，按每千克体重 50～100mg，每天内服 2 次，连服 3 天。

2）呋喃西林或痢特灵，每天 0.1～0.3mg，日服 2 次，连服 3 天。

3）磺胺脒 15g、次硝酸铋 15g、胃蛋白酶 10g、龙胆末 15g，加淀粉和水适量，调成糊状，可供 15 头仔猪用，上、下午各 1 次，抹在仔猪口中。

4）敌菌净加磺胺二甲嘧啶，按 1∶5 配合，混合后按每千克体重 60mg，首次量加倍，每天内服 2 次，连服 3 天。

5）硫酸庆大霉素注射液（5mL 含 10 万单位），按每千克体重 0.5mL 肌内注射，配合同剂量口服，每天 2 次，连用 2～3 天。

6）链霉素 1g、蛋白酶 3g，混匀，供 5 头小猪一次内服，每天 2 次，连用 3 天。

此外，尚有许多中草药，如黄连、黄柏、白头翁、金银花及大蒜等对仔猪白痢都有一定疗效。

【预防措施】

加强妊娠母猪和哺乳母猪的饲养管理，注意饲料的科学搭配，防止饲料突变，以保证母乳质量。在冬季产仔季节，要注意猪舍的防寒和保暖工作，母猪分娩前 3 天，猪舍应彻底清扫、消毒，换上清洁、干燥垫草。仔猪生下后，脐带一定要彻底消毒，尽早让仔猪吃上初乳，吃初乳前每头仔猪口服 2mL 庆大霉素。给仔猪提前补饲，可促进其消化器官的早期发育，增加营养，从而提高抗病能力。仔猪出生 3 天就要给予饮水，以防饮脏水而出现腹泻。在仔猪饲料中，以每千克饲料中均匀混入痢特灵或粗制土霉素 1g，也可预防白痢病的发生。

195 治疗仔猪白痢有哪些妙招？

1）大蒜 2 头，捣泥，加入白酒 10mg、温水 40mg、甘草末 100g，调匀后 1 天 2 次内服，连服 2～3 天。

2）白胡椒面 0.2g、盐酸土霉素粉 0.5g、鞣酸蛋白 3g，一次内服，每天 1 次，连服 3～5 次。

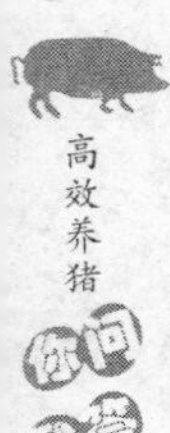

3）高粱50g，炒焦研成细末，加呋喃西林0.1g，一次内服，每天1次，连服2～3次。

4）白头翁、龙芽草、金银花各50g，陈艾、青蒿、车前草、铁巴茅各25g，共研细末，拌料喂仔猪或喂母猪。

5）白头翁6份、龙胆草3份、黄连1份，研成细末，每头仔猪服用10g，每天1次，连服3天。

6）白头翁、瞿麦各0.5kg，每天分2～3次喂母猪，连喂3天。

7）山药、苍术各50g，泽泻、白芍各100g，烘干研成细末，制成仔猪白痢散，喂服或水煎内服，每天3次，母猪每次服一半的药量，仔猪每头每次服粉剂15～20g。

8）秦皮60g，地榆、苍术、葛根各30g，加水1000g煎至一半后待用。仔猪每次灌服25g，每天2次，连用2天。

9）黄连素片，一次内服1～2片（每片0.5g），每天2次，连服2～3天。

10）陈醋100g，分上、下午2次拌入母猪饲料喂下，连服2～3天。

11）白痢散，哺乳母猪每头每天150g拌入料内，分为上、下午2次喂下，连服2天。

12）扶正祛邪散：黄芪100g、白头翁100g、当归60g、黄连50g、白术35g、苍术50g，共研为细末，视仔猪大小，每次服5～10g，每天服2次，重症夜间加服1次。

13）石榴皮粉或车前子粉0.25kg，每天分2～3次喂母猪，连喂3天。

14）取黄柏150g、黄芩100g、石榴皮200g、甘草50g放于沙锅内，加入饲料中喂母猪，治疗哺乳仔猪白痢有明显效果。

15）取鲜马齿苋2～3kg，投入猪栏内，让哺乳母猪和仔猪自由采食，每天2次，连喂3～6天。

16）水杨酸钠，每次30g，每天1～2次喂母猪，连喂3天。

17）当仔猪患有白痢时，给母猪喂服阿司匹林，每次8～10片（0.5g/片），研碎拌入料中喂服，早晚各1次，连服2天即愈。

18）用复方新诺明、乳酸菌素、食母生各1～2片，混合后1次给病猪口服，每天 2 次，连喂 3 天。

19）链霉素 1g、蛋白酶 3g，混匀，供 5 头仔猪一次内服，每天 2 次，连用 3 天。

20）痢特灵 5mg，一次内服，每天 2 次，连服 3 天。

196 怎样防治仔猪红痢？

仔猪红痢，又称猪传染性坏死性肠炎、出血性肠炎、C 型魏氏梭菌病，是由 C 型产气荚膜梭菌所引起的肠毒血症。主要危害 1 ~ 3 日龄的仔猪，一旦发病，常年在产仔季节暴发，可使整窝仔猪全部死亡。

急性病例症状不明显，往往不见拉稀，只是突然不吃奶，常在病后数小时死亡；病程稍长者，不吃奶，行走摇晃，开始拉黄色或灰绿色稀粪，之后拉红色糊状粪便，其中混有坏死组织碎片及多量小气泡，粪便恶臭，病猪一般体温不高，只有个别升高达 41℃ 以上。大多数病猪在短期内死亡，极少数能耐过，后恢复健康。

剖检病猪可见肛门周围被黑红色粪便污染，腹腔内有多量樱桃红色腹水，典型病变在小肠（多数在空肠），肠管呈深红色，甚至为紫红色，肠腔内有红黄色或暗红色内容物，肠黏膜上附有灰黄色坏死性伪膜，其浆膜下及肠系膜内积有小气泡，淋巴结肿大、出血。心肌苍白，心外膜有出血点。

【防治措施】

本病无良好的药物治疗，预防本病必须严格实行综合卫生防疫措施，加强母猪的饲养管理，搞好圈舍及用具的卫生和消毒，产仔后的母猪，必须把乳头洗净后，再给仔猪吸奶。

在发病的猪群中，对怀孕母猪于临产前 1 个月和产前半个月，各肌内注射仔猪红痢疫苗 10mL，使母猪产生较强的免疫力后，在其初乳中产生免疫抗体，初生仔猪吃到初乳后，可获得 100% 的保护力。也可于仔猪出生后口服庆大霉素、恩诺沙星、土霉素、痢特灵等药物，以防仔猪红痢的发生。

197 怎样防治仔猪黄痢？

仔猪黄痢，又称初生仔猪大肠杆菌病，是由致病性大肠杆菌引

起的初生仔猪的一种急性、高度致死性传染病。多发生于1周龄以内的哺乳仔猪，尤以1~3日龄为最多。经常1头仔猪发病，很快会传至整窝，死亡率极高。

病猪主要症状是突然腹泻，初期拉黄色糊状软粪，不久转为半透明的黄色液体、腥臭。严重的病猪肛门松弛，大便失禁，眼球下陷，迅速消瘦，皮肤失去弹性，外阴部、会阴部、肛门周围及股内等处皮肤潮红，很快昏迷而死。发病最早的常在生后数小时、无拉稀症状而突然死亡。

剖检病猪可见颈部及腹部皮下水肿，肌肉苍白，肠道黏膜出现急性卡他性炎症，尤其是十二指肠最严重，肠黏膜肿胀、充血、出血，肠壁变薄，肠管松弛，肝、肾脏常有小坏死性病灶，脑部充血或有出血点。

【防治措施】

1）由于本病的病程短，发病后常来不及治疗，但如在一窝内发现1头病猪后立即对全窝做预防性治疗，可减少损失。常用药物有链霉素、环丙沙星、恩诺沙星、氟甲砜霉素、阿莫西林、金霉素、新霉素、磺胺甲嘧啶等。由于细菌易产生耐药性，最好先分离出大肠杆菌做药敏试验，选出最敏感的治疗药品用于治疗，能收到好的疗效。

2）加强饲养管理，做好预防工作。母猪产房在临产前必须消扫、冲洗，彻底消毒，并垫上干净垫草。母猪产仔后，先把仔猪放入已消毒的产仔箱内，暂不接触母猪，再彻底打扫产房，把母猪乳房、乳头、胸腹及臀部洗净、消毒、擦干，挤掉头几滴乳汁，再固定乳头喂奶。产后头3天每天要清扫圈舍2次，乳房清洗消毒2~3次。

198 怎样防治仔猪副伤寒？

仔猪副伤寒，又称猪沙门氏杆菌病，主要是由猪霍乱沙门氏菌和猪伤寒沙门氏菌引起的仔猪常见传染病之一。其病原菌常存在于健康猪的肠道内，当饲养管理不良、卫生条件差、气候骤变等因素使猪体抵抗力降低时容易诱发本病，一年四季均可发生，但春初、秋末气候寒冷季节常发，主要发生于2～4月龄的幼猪，常与猪瘟、猪气喘病并发或继发。

急性型（败血型）多见于断奶前后的仔猪，常突然死亡，病程稍长者可见精神沉郁，食欲不振或废绝，喜钻于垫草内，体温升高至41～42℃，鼻、眼有黏性分泌物，病初便秘，后下痢，粪色淡黄、恶臭，有时混有血液。死前不久颈、耳、胸下及腹部皮肤呈紫红色，后变蓝紫色，病程为4～10天，多数患猪往往因心力衰竭而死亡。

慢性型最常见，病初减食或不食，体温升高或正常，精神不振，腰背弓起，四肢无力，走路摇摆，经常出现持续性下痢，粪便时干时稀，呈淡黄色、黄褐色或绿色，恶臭，有时混有血液，严重时，肛门失禁。由于持续下痢，病猪日渐消瘦、衰弱，被毛粗乱无光，行走摇晃，最后极度衰竭而死。多在半个月以上死亡，有的甚至长达2个月，不死的病猪生长发育停滞，成为僵猪。

剖检急性病例可见全身淋巴结肿大，呈紫红色，切面外观似大理石状，肝、肾、心外膜、胃、肠黏膜有出血点，病程稍长的病例，大肠黏膜有糠麸样坏死物。慢性病例，典型的病变是盲肠及结肠有浅平溃疡或坏死，周边呈堤状，中央稍凹陷，表面附有糠麸样伪膜，多数病灶汇合而形成弥漫性纤维素性坏死性肠炎，坏死灶表面干固结痂，不易脱落。

【防治措施】

1）加强饲养管理，保持圈舍干燥、卫生，并喂给全价配合日粮，对1月龄以上的仔猪肌内注射仔猪副伤寒冻干弱毒疫苗预防。

2）治疗时可根据药敏试验，选用新霉素、土霉素、痢特灵、新诺明、庆大霉素等药物。

3）对已发病的猪，隔离饲养，污染的猪圈可用20%的石灰乳或2%的氢氧化钠进行消毒；治愈的猪，仍可带菌，不能与无病猪群合养。

199 怎样防治猪丹毒？

猪丹毒，是由猪丹毒杆菌引起猪的一种急性、热性传染病。主要表现为急性败血症、亚急性的皮肤疹块、慢性心内膜炎和化脓性关节炎。不同年龄、品种的猪都可感染，但3个月以上的架子猪发

病率最高。一年四季均可发生，尤以炎热多雨季多发，主要经消化道感染，常呈散发或地方性流行。潜伏期长短与病菌毒力强弱和猪的抵抗力有关，一般为3~5天，最长为7天，最短只有24h。

猪丹毒在临床上有急性型、亚急性型和慢性型3种类型。常见的是急性与亚急性，慢性的少见。最典型的症状是体温升高达41~42℃，猪喜卧，寒战，绝食，腹泻，呕吐，继而胸、腹、四肢内侧和耳部皮肤出现大小不等的红斑或黑紫色疹块，指压可暂时退色，疹块部位稍凸起、发红，界限明显很像烙印，俗称“打火印”。有的病例，疹块中央发生坏死，久而变成皮革样痂皮。

根据病型不同，病理变化有所不同，急性型以败血症为特征，胃、小肠黏膜充血、肿胀、出血，全身淋巴结肿胀、充血、出血。脾、肾脏肿大，心内膜有小出血点。亚急性型主要病变为皮肤有坏死性疹块，疹块皮下组织充血，有的病例关节发炎、肿胀。慢性型主要是心脏二尖瓣处有溃疡性心膜炎，形成疣状团块，形状如菜花，腕关节和跗关节呈现慢性关节炎，关节囊肿大，有浆液性渗出物。

诊断时应注意与猪链球菌病、猪肺疫、猪瘟、猪副伤寒、猪弓形虫病相鉴别。

【防治措施】

1）加强饲养管理，做好定期消毒工作，增强机体抵抗力。可以定期给猪免疫接种疫苗，仔猪在60~75日龄时皮下或肌内注射猪丹毒氢氧化铝甲醛疫苗5mL，3周后产生免疫力，免疫期为半年。以后每年春、秋两季各免疫1次。用猪丹毒弱毒菌苗，每头猪注射1mL，免疫期为9个月。也可注射猪瘟、猪丹毒、猪肺疫三联冻干疫苗，大、小猪一律1mL，免疫期为9个月。

2）治疗时，首选药物为青霉素，对急性型病猪最好首先用水剂青霉素，按每千克体重1万~1.5万国际单位静脉注射，每天2次。如青霉素无效时，可改用四环素或金霉素，按每千克体重1万~2万国际单位肌内注射，每天1~2次，连用3天。

200 怎样防治仔猪水肿病?

仔猪水肿病，是由病原性大肠杆菌毒素引起仔猪的一种急性、致死性传染病。常发生于断奶前后，小至数日、大至3～5月龄也偶有发生，多以地方性流行或散发性出现。在同一窝内，最初患病的仔猪为生长快、体膘最好的，病猪几乎全部死亡。本病的发生与饲料和饲养方法的改变，以及饲料单一、缺乏矿物质和维生素等一些应激因素有关。

临床上最早通常突然发现1～2头体壮的仔猪出现精神委顿，减食或停食，病程短促很快死亡。多数病猪先后在眼睑、结膜、齿龈、脸部、颈部和腹部皮下出现水肿，严重的头顶甚至胸下部出现水肿。有的站立时弓背发抖，步态蹒跚，逐渐不能站立，肌肉震颤，倒地四肢划动如游泳状，发出嘶哑的尖叫声，体温正常或偏低。病程短者为数小时，一般1～2天内死亡，病死率可达90%。

病理变化的主要特征是各组织发生水肿，尤以胃壁肠系膜和体表某些部位的皮下水肿最为突出。头部、眼睑及结膜较易见水肿。胃壁的大弯和贲门部水肿，黏膜层和肌层之间有一层胶冻样无色或淡红色水肿。

【防治措施】

1）对已发病的仔猪无特效治疗方法，初期可口服盐类泻剂，以减少肠内病原菌及其有毒产物，同时可使用抑制致病性大肠杆菌的药物。可用氢化可的松注射液，每千克体重3～5mg，肌内或静脉注射，或地塞米松磷酸钠注射液，每千克体重0.3～0.5mg，每天2次，选用其中一种药物即可。再加上下列药物同时治疗，双氢克尿塞每5kg体重内服1片，每天服2次；磺胺-5-甲氧嘧啶注射液每20kg体重肌内注射10mL，每天2次；复方杆菌净每千克体重口服1片，每天2次，经2～3次用药后，病状就会消失，当仔猪能站立，眼睑水肿已消失，则停止用药，并注意给足饮水。

2）仔猪断奶时，要防止饲料和饲养方式的突变，避免饲料过于单一或蛋白质过多，多喂些青绿饲料与矿物质，并在断奶前1周和断奶后3周，每头每天内服磺胺甲嘧啶1.5g，可预防本病发生。

201 怎样防治猪气喘病？

猪气喘病，是由猪肺炎支原体引起的一种接触性慢性呼吸道传

染病。病猪可通过咳嗽、喘气、打喷嚏等排出病原，散布于空气中，如被健康猪吸入即引起传染而发病。大、小猪均有易感性，其中哺乳仔猪及幼猪最容易发病，其次是怀孕后期及哺乳母猪。新疫区常呈暴发性流行，发病率与死亡率均较高。

发病猪主要症状为咳嗽、气喘。病初为短声连咳，特别是在早晨出圈后遇到冷空气的刺激，或经驱赶或喂料前后最容易听到，同时流出大量清鼻液，病重时流灰白色黏性或脓性鼻液。中期出现气喘，呼吸次数增加，每分钟可达60~80次，呈明显的腹式呼吸。体温一般正常，食欲无明显变化。后期气喘加重，发生哮鸣声，甚至张口喘气，同时精神不振，猪体消瘦，不愿走动。饲养条件好时，可以康复，但仔猪发病后死亡率较高。

剖检病猪可见肺脏显著增大，两侧肺叶前缘部分发生对称性实变。实变区呈紫红色或深红色，压之有坚硬感觉，非实变区出现水肿、气肿和瘀血，或者无显著变化。

【防治措施】

1）加强饲养管理，实行科学喂养，增强猪体的抗病能力和康复力。提倡自繁自养，不从疫区引入猪，新购进的猪要加强检疫，进行隔离观察，确认无病后，方可混群饲养。疫苗预防可用猪气喘病弱毒疫苗，免疫期在8个月以上，保护率达70%~80%。有条件的，可培育无病原菌的种猪，建立无气喘病的健康猪场。

2）对发病猪进行严格隔离治疗，被污染的猪舍、用具等，可用2%的氢氧化钠溶液或20%的草木灰水喷雾消毒。

3）治疗病猪可选用硫酸卡那霉素，每千克体重3万~4万国际单位，肌内注射，每天1次，连续5天为1个疗程。如果与土霉素交互注射，可提高疗效，防止产生抗药性。盐酸土霉素，每天每千克体重30~40mg，用灭菌蒸馏水或0.25%的普鲁卡因或4%的硼酸溶液稀释后肌内注射，每天1次，连续5~7天为1个疗程。猪喘平，每千克体重2万~4万国际单位肌内注射，每天1次，5天为1个疗程。治喘灵，每千克体重0.4~0.5mL，颈部肌内深部注射，5天1次，连用3次。

202 怎样防治猪链球菌病?

猪链球菌病，是致病性链球菌感染而引起的一些疾病的总称。急性型常为出血性败血症和脑炎，慢性型则以关节炎、心内膜炎及组织化脓性炎症为特点。一年四季均可发生，但以5~11月发病较多，大、小猪均能感染，但其中以架子猪和怀孕母猪发病率较高。

本病根据病程可分为急性败血型、脑膜脑炎型、关节炎型、淋巴结脓肿型等几种类型。急性败血型多突然发病，体温升高到40~42℃，精神沉郁，食欲减退，全身症状明显。脑膜脑炎型表现为惊厥，震颤，圆圈运动或卧倒四肢摆动。关节炎型表现为一肢或几肢关节肿胀、疼痛，肢体软弱，行动摇摆，步态僵硬，跛行，重者不能站立。淋巴结脓肿型，多见颌下淋巴结、咽部和颈部淋巴结肿胀，有热痛，根据发生部位不同可影响采食、咀嚼、吞咽和呼吸。扁桃体发炎时体温可升高到41.5℃以上。部分病例也有腹泻，排血尿，皮肤点状或斑状出血等。

剖检急性败血型病例主要为出血性败血症病变和浆膜炎，体表有局限性化脓性肿胀，全身淋巴结肿大、出血；心内膜出血，脾脏肿大、出血，胃黏膜充血、出血，有溃疡。脑膜脑炎型，脑膜充血、出血，少数脑膜下有积液，脑切面可见白质和灰质有小点出血，骨髓也有类似症状；心包、胸腔、腹腔有纤维素性炎症变化。

【防治措施】

1）加强饲养管理，注意环境卫生，经常对可能污染的环境、用具消毒，及时淘汰病猪。健康猪可用猪链球菌弱毒疫苗接种。

2）治疗时可选用青霉素，每千克体重3 000~4 000国际单位，肌内注射，每天2次，连续用3~5天。土霉素口服，每千克体重0.05~0.1g，每天分2次服用。磺胺嘧啶，日剂量为每千克体重80mg，分3次口服，连服5天。以上药物如能两种药物联合或交叉应用，则效果更好。但必须坚持连续用药和给足药量，否则易复发。

3）对于病猪体表脓肿，初期可用5%的碘酊或鱼石脂软膏外涂；已成熟的脓肿，可在局部用碘酊消毒后，用刀切开，将脓汁挤尽后，

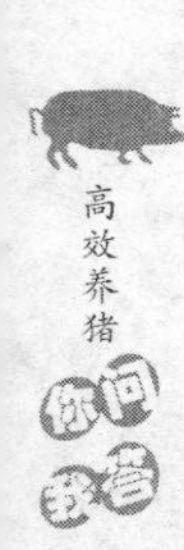

撒些消炎粉。

203 怎样防治猪坏死杆菌病？

猪坏死杆菌病，是由坏死杆菌引起的以患病组织的坏死液化为特征的一种传染病，常继发于其他感染或创伤之后。猪舍潮湿，护蹄不良，小猪牙齿生长过度而引起母猪乳头损伤等都是诱发本病的因素。本病的潜伏期为1~3天。

猪的坏死杆菌病，按发病的部位不同临床上分为4种类型。

（1）坏死性口炎 唇、舌、咽、齿龈等黏膜和附近的组织发生坏死，有恶臭，同时病猪食欲消失，全身衰弱，经5~20天死亡。

（2）坏死性鼻炎 在鼻软骨、鼻骨、鼻黏膜表面出现溃疡与化脓。病变可延伸到支气管和肺。

（3）坏死性皮炎 坏死灶可发生于哺乳仔猪身体的任何部位，有时发生尾巴脱落现象。

（4）坏死性肠炎 胃肠黏膜有坏死性溃疡，病猪出现腹泻、虚弱、神经症状，死亡的居多。

剖检病程短与病势轻的猪，内脏没有明显的病变，但病程长与病势严重的猪，可见肝硬变，肾包膜不易剥离，膀胱黏膜肥厚，口腔及胃黏膜有纤维坏死性炎症，肠黏膜上更为严重。

【防治措施】

1）发现病猪，及时隔离，受污染的用具、垫草、饲料等，要进行消毒或烧毁。注意保持猪舍干燥，粪便应进行发酵处理。

2）治疗时，对坏死性皮炎，可先用0.1%的高锰酸钾溶液或2%的来苏儿或3%过氧化氢溶液冲洗患部，彻底清除坏死组织，然后选用下列任何一种方法治疗：一是撒消炎粉于创面；二是涂擦10%的甲醛溶液，直至创面呈黄白色；三是涂擦高锰酸钾粉；四是将烧开的植物油趁热灌入创内，隔天1次，连用2~3次。

对坏死性口炎，先用高锰酸钾溶液洗涤口腔，然后可选用碘甘油、10%的氯霉素酒精溶液或5%的甲紫等药物涂擦口腔，每天2次，直至痊愈。

对坏死性肠炎宜口服抗生素或磺胺类药物治疗。

204 怎样防治仔猪渗出性皮炎？

仔猪渗出性皮炎，是由猪葡萄球菌引起，主要发生于哺乳仔猪和刚断奶仔猪的一种急性和超急性感染。猪葡萄球菌为革兰氏阳性、条件致病菌，常寄居于猪的皮肤、黏膜上，当机体的抵抗力降低或皮肤、黏膜破损时，病菌便乘虚而入，导致发病。

一般仔猪发病较多，猪只突然发病，病初在吻突、眼睛周围、耳郭、面颊及鼻背部皮肤，以后在肛门周围和下腹部等无被毛处皮肤出现红斑，继之成为3~4mm大小的微黄色水疱并迅速破裂，渗出清朗的浆液或黏液，常与皮屑、皮脂和污物混合，干燥后形成棕褐、黑褐色坚硬厚痂皮，并呈横纹龟裂，具有臭味，触之黏手如接触油脂样感觉，故俗称为“猪油皮病”。之后病情更加严重，有的仔猪不会吮乳，有的出现四肢关节肿大、不能站立、全身震擅，有的出现皮肤增厚、干燥、龟裂、呼吸困难、衰弱、脱水、败血死亡。患猪常出现全身性皮炎，并可导致脱水和死亡。

剖检病猪可见全身黏性胶样渗出，恶臭，全身皮肤形成黑色痂皮，肥厚干裂，痂皮剥离后露出桃红色的真皮组织，体表淋巴结肿大，输尿管扩张，肾盂及输尿管积聚黏液样尿液。

【防治措施】

1）本病的预防应注意搞好圈舍卫生，母猪进入产房前应先清洗、消毒，然后进入清洁、消毒过或熏蒸过的圈舍。母猪产仔后10天内应进行带猪消毒1~2次。

2）接生时修整好初生仔猪的牙齿，断脐、剪尾都要严格消毒，保证围栏表面不粗糙，采用干燥、柔软的猪床等能降低发病率。对母猪和仔猪的局部损伤立即进行治疗，有助预防本病的发生。

3）一旦发病应迅速隔离病猪，尽早治疗。皮肤有痂皮的仔猪用45℃的0.1%的高锰酸钾溶液或1∶500的百毒杀浸泡5~10min，待痂皮发软后用毛刷擦拭干净，剥去痂皮，在伤口涂上复方水杨酸软膏或新霉素软膏。对于脱水严重的病猪应及早用葡萄糖生理盐水或口服补液盐补充体液，并保证给患猪供应清洁的饮水。没有条件进行药敏试验的偏远地区猪场，可尝试应用青霉素、三甲氧苄氨嘧啶、

磺胺或林可霉素、壮观霉素等抗生素肌内注射，连用3~5天。

205 怎样防治猪钩端螺旋体病?

猪钩端螺旋体病，是由钩端螺旋体引起的一种人畜共患的传染病，在家畜中感染率较高，但发病率较低，主要通过皮肤、黏膜和经消化道传染。每年以7~10月为流行的高峰期。

病猪临床症状表现形式多样，主要有发热、黄疸、血红蛋白尿、出血性素质、流产、皮肤和黏膜坏死、水肿等。

急性型（黄疸型）：多发生于大猪和中猪，呈散发性。病猪体温升高，厌食，皮肤干燥，常见病猪在墙壁上摩擦皮肤至出血，1~2天内全身皮肤或黏膜泛黄，尿呈浓茶样或血尿。病后数日，有时数小时内突然惊厥而死。

亚急性型和慢性型：多发生在断奶前后，体重30kg以下的小猪，病初有不同程度的体温升高，眼结膜潮红，食欲减退，几天后眼结膜有的潮红水肿，有的泛黄，有的苍白水肿。皮肤有的发红擦痒，有的轻度泛黄，有的头颈部水肿，尿呈茶样至血尿。病猪逐渐消瘦，病程由十几天至一个多月不等，致死率为50%~90%。怀孕母猪有20%~70%发生流产。

剖检病猪可见皮肤、皮下组织、浆膜和黏膜有黄液，胸腔和心包有黄色积液。心内膜、肠系膜、膀胱黏膜出血。肝脏肿大、呈棕黄色。膀胱内积有血样尿液，肾脏肿大，慢性者有散在的灰白色病状。水肿型病例，可见头颈部出现水肿。

【防治措施】

1）当在猪群中发现本病时，立即隔离病猪，消毒被污染的水源、场地、用具，清除污水和积粪。消灭场内老鼠。及时用钩端螺旋体病多价疫苗进行紧急预防接种。接种量，体重15kg以下为3mL，体重15~40kg为5mL，体重40kg以上为8~10mL，皮下或肌内注射。

2）对症状轻微的病猪治疗时，可用链霉素，每千克体重15~25mg，肌内注射，每天2次，连用3~5天。庆大霉素，每千克体重15~30mg，口服或肌内注射，每天1次，连用3~5天。

3）在猪群中发现感染，应全群治疗，每千克饲料加入土霉素0.75～1.5g，连喂7天，可解除带菌状态和消除一些轻型症状。

4）对急性型、亚急性型病例，在病因疗法的同时结合对症疗法，其中使用葡萄糖维生素C静脉注射及强心利尿剂，对提高治愈率有重要作用。

206 养猪为什么要定期驱虫？

寄生虫是养猪场最容易忽视的问题，也是对养猪场危害最大的因素。目前养猪采用饲喂生料，加上猪经常在地面上拱食，尤其是农村散养和放牧的猪，很容易感染寄生虫。成虫与猪争夺营养成分，幼虫造成猪营养吸收不良，移行幼虫破坏猪的肠壁、肝脏的组织结构和生理功能，轻者导致猪食欲不振、烦躁不安、拱栏翻圈、吃得多长得慢或逐渐消瘦，重者诱发肺炎、肠炎、血样腹泻、痢疾、溃疡、贫血等，造成的损失高达猪场产值的8%，使猪的生长速度降低10%～12%，饲料利用率降低12%，影响养猪的经济效益。所以，养猪必须定期进行驱虫，做好预防保健，防患于未然。

一般育肥猪在体重20kg左右和60kg左右时各驱虫1次，种猪每3个月驱虫1次。

207 猪常见的寄生虫有哪些？各有什么危害？

能引起猪发病的寄生虫很多，通常分为体内寄生虫和体外寄生虫2种。体内寄生虫主要包括蛔虫、线虫和丝虫等，体外寄生虫主要包括蜱、螨（猪疥螨）、虱和蚤等。

不同的寄生虫对于猪只造成的危害也不同。对于体内寄生虫来讲，通常情况下会与猪只争夺营养，使得饲料利用率降低，导致患寄生虫疾病的猪极度消瘦，逐渐形成僵猪。成虫穿入肝实质的小胆管中，造成胆管阻塞，严重者阻塞肠道，撑破肠道使肠内容物外漏，导致猪死亡。寄生虫移行明显加剧流感、病毒性肺炎、立克次体、血样腹泻、痢疾等病的危害。

而体外寄生虫，由于吸食血液刺激皮肤，产生痒感，猪不停地啃咬痒部或躁动不安，在物体上摩擦造成皮肤出血与结痂、脱皮等

皮肤损伤，引发渗出性皮炎。传播各种疾病，如附红细胞体、支原体、衣原体、螺旋体和各种细菌、病毒病等。

不管是猪只体内的寄生虫还是体外的寄生虫，它们在致病过程中所产生的症状及危害都是渐进、缓慢的，一般不会像细菌性、病毒性疾病那样来的快速、突然。但是寄生虫感染对养猪业的经济效益影响极大，所以有人把寄生虫称作是养猪业利润的“隐形杀手”。

208 养猪场采用什么样的驱虫模式为好？

在养猪过程中，常用的驱虫模式主要有以下几种：

（1）不定期驱虫模式 将发现猪群寄生虫感染病症的时刻确定为驱虫时期，针对所发现的寄生虫种类选择驱虫药物进行驱虫。采用这种驱虫模式的猪场比例较高，在中小型养猪场（户）较常见。该模式便于操作，但驱虫效果不明显。

（2）定期（1年2次）驱虫模式 即在每年春季（3~4月）进行第一次驱虫，秋冬季（10~12月）进行第二次驱虫，每次都对全场所有存栏猪进行全面用药驱虫。该模式在较大的规模化猪场使用较多，操作简便，易于实施。但是，由于驱虫的时间间隔达半年之久，即使对于生活周期长达2.5~3个月的蛔虫，在理论上也能完成2个世代的繁殖，容易出现重复感染。

（3）阶段性驱虫模式 指在猪的某个特定阶段进行定期用药驱虫。种母猪产前15天左右驱虫1次，保育仔猪阶段驱虫1次，后备种猪转入种猪舍前15天左右驱虫1次，种公猪每年驱虫2~3次。

（4）“四加一”驱虫模式 是当前最流行的驱虫模式。即种公猪、种母猪每季度驱虫1次（即1年4次），拌料用药连喂7天；后备种猪转入种猪舍前驱虫1次，拌料用药连喂7天；初生仔猪在保育阶段50~60日龄驱虫1次，拌料用药连喂7天；引进猪混群前驱虫1次，拌料用药连喂7天。

这种模式直接针对寄生虫的生活史和在猪场中的感染分布情况及主要散播方式等重要内容，重新构建了猪场驱虫方案。其特点是：加强对猪场种猪的驱虫强度，从源头上杜绝了寄生虫的传播，起到了全场逐渐净化的效果；考虑了仔猪对寄生虫最易感染这一情况，在保育阶段后期或在进入生长舍时驱虫1次，能帮助仔猪安全度过易感期，依据猪场各种常见寄生虫的生活史与发育期所需的时间，种猪每隔3个月驱虫1次。如果选用药物得当，可对蛔虫、毛首线虫起到在其成熟前驱杀的作用，从而避免虫卵排出而污染猪舍，减少重复感染的机会。故该模式是当前比较理想的猪场驱虫模式。

无论采用哪种驱虫模式，都要求定期进行，形成一种制度。不能随意想象或者明显看见猪体有寄生虫感染后才进行驱虫；或者是抱着一劳永逸的想法，认为驱虫1次就可高枕无忧。同时，猪场应做好寄生虫的监测，采用全进全出的饲养方式，做好猪场的清洁卫生和消毒工作，严禁饲养猫、狗等宠物。同时加强发酵垫料的管理工作，通过发酵垫料的堆积发酵及时杀灭虫卵。

209 怎样防治猪蛔虫病？

猪蛔虫病，是由猪蛔虫寄生在猪的小肠中而引起的一种常见的寄生虫病。其流行和分布极为广泛，3~6月龄的仔猪最易感染。当猪感染后，生长发育不良，甚至可引起死亡。一般都是因猪吞食被具有感染性蛔虫卵污染的饲料或饮水而引起发病。

成年猪抵抗力较强，故一般无明显症状。对仔猪危害严重，当幼虫侵袭肺脏而引起蛔虫性肺炎时，主要表现体温升高，咳嗽，呼吸喘、急，食欲减退及精神倦怠等症状；在成虫大量寄生时常引起小肠阻塞，猪体消瘦，贫血，生长发育不良。有时虫体钻入胆管，阻塞胆管，引起腹痛和黄疸。成虫产生的毒素可作用于中枢神经系统，引起神经症状，如阵发性痉挛、兴奋和麻痹，还可引起荨麻疹等。

剖检病猪，虫体寄生少时，一般无显著病理变化。如多量感染时，在初期多表现肺炎病变，肺的表面或切面出现暗红色斑点。由于幼虫的移行，常在肝上形成不定型的灰白色斑点及硬变。如蛔虫钻入胆管，可在胆管内发现虫体；如有大量成虫寄生于小肠时，可见肠黏膜卡他性炎症；如由于虫体过多引起肠阻塞而造成肠破裂时，

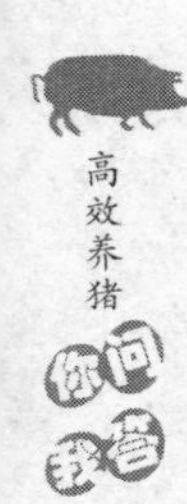

可见到腹膜炎和腹腔出血。

【防治措施】

1）定期驱虫，在仔猪1月龄、5~6月龄和11~12月龄时分期选用左旋咪唑，每千克体重10g拌入饲料中1次投喂，每天1次，连用2天。母猪可于临产前1个月左右进行1次驱虫，以保护仔猪不受感染。

2）保持栏舍清洁、干燥，猪粪要勤清除，堆积发酵以消灭蛔虫卵。

3）治疗时可选用精制敌百虫，按每千克体重0.1g（总剂量不超过7g），溶解后拌入少量饲料内，1次投喂；左旋咪唑，每千克体重10mg，拌入饲料喂服，或用5%注射液，每千克体重3~5mg，皮下或肌内注射，每天1次，连用2天；丙硫咪唑，每千克体重15mg，拌料一次喂服，效果很好。

210 怎样防治猪弓形虫病？

猪弓形虫病，是由一种刚地弓形虫引起的人畜共患的寄生虫病。猪呈急性、慢性或不显性感染。一年四季均可发生，2~4月龄的猪发病率和死亡率较高，在新发病地区往往是大规模突然暴发流行，大小猪均可感染发病，死亡率可达20%~50%。人工接种的潜伏期为3~7天。

急性感染时，猪病可出现高热，流鼻汁，眼结膜充血，有眼眵，体表发红，趾端和耳端发紫，腹泻等，并逐渐消瘦。有的出现癫痫发作，呕吐，全身不适，震颤，麻痹，不能起立等神经症状。病的后期体温急剧下降而死亡。病程一般为7~10天。在暴发流行时，患病的怀孕母猪往往发生流产。

剖检病程后期的猪体表各部位，尤其是下腹部、下肢、耳朵、尾部出现不同程度的瘀血斑或暗紫红色斑块，最具特征的内部病变是在肺、淋巴结和肝，其次是脾、肾、胃等脏器。急性死亡病例，主要可看到肺水肿，肝、脾脏肿大，有点状出血，多发性坏死，淋巴结，特别是肺门、胃门、肝门及肠系膜淋巴结肿大、出血、坏死等。

【防治措施】

1）保持圈舍清洁、卫生，定期消毒，场内禁止养猫，经常开展灭蝇、灭鼠工作；母猪流产的胎儿及排泄物要就地深埋。

2）治疗时用磺胺二甲嘧啶或磺胺嘧啶，日剂量是每千克体重100mg，分2次内服（间隔1~2h）。其他如磺胺甲氧嘧啶、制菌磺胺、甲氧苄嘧啶和制菌净等药物均有疗效。

211 怎样防治猪旋毛虫病？

猪旋毛虫病，是由旋毛虫的成虫寄生于猪的肠管及其幼虫寄生于横纹肌内所引起的一种寄生虫病。人、猪、犬、猫、鼠、牛、羊、马等动物均可感染。猪主要是吃了含有肌肉旋毛虫的肉屑或鼠类而感染。人感染是由于食入生的未煮熟的含旋毛虫包囊的猪肉而引起。

猪有严重感染时，才会出现临床症状。在感染后3~7天体温升高，腹泻，有时呕吐，患猪消瘦，以后（幼虫进入肌肉引起肌炎）出现肌肉僵硬和疼痛，呼吸困难，声音嘶哑，有时还出现面部水肿、吞咽困难等症状。有时眼睑和四肢水肿。死亡较少，多于4~6周康复。

剖检可在肌肉旋毛虫常寄生的部位如膈肌、舌肌、喉肌、肋肌、胸肌等处找到细针尖大小、未钙化的包囊，呈露滴状，半透明，较肌肉的色泽淡，以后变成乳白色、灰白色或黄白色。钙化后的包囊为长约1mm的灰色小结节。

【防治措施】

1）加强屠宰卫生检验，不吃生猪肉，捕灭饲养场内的老鼠，焚烧老鼠尸体。猪只不放牧，防止接触动物尸体和一些昆虫。

2）治疗病猪可选用丙硫咪唑，每千克体重10mg，一次口服。噻苯咪唑，每千克体重60mg，一次口服，连用5~10天。氟苯咪唑，以125mg/mg的比例拌料，连喂10天。

212 怎样防治猪疥癣病（猪癞）？

猪疥癣病，又称螨病，俗称疥疮、癞、癞皮病，是由疥癣虫寄生在猪的皮肤内所引起的一种慢性皮肤寄生虫病，5月龄以内的仔猪

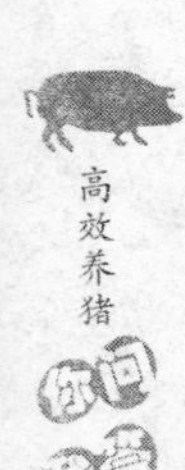

最易感染。

病猪皮肤发炎奇痒，通常从头部开始，并逐渐扩展至腹部及四肢，甚至全身。由于剧痒，猪常在墙角、圈门、栏柱等物体上擦痒，经常擦出血来，以至皮肤粗糙、肥厚、落屑、皲裂、污秽不堪等，最后病猪食欲不振，营养减退，身体消瘦，甚至死亡。

【防治措施】

1）猪舍要保持干燥，光线充足，空气流通，经常刷拭猪体，猪群不可拥挤，并定期消毒栏舍。新购进的猪应仔细检查，经鉴定无病时，方可合群饲养。

2）发现病猪及时隔离治疗，可用0.5%～1%的敌百虫水溶液，或速灭杀丁、敌杀死等药物，用水配成0.02%的溶液，直接涂擦、喷雾患部，隔2～3天1次，连用2～3次。或用烟叶或烟梗1份，加水20份，浸泡24h，再煮1h，冷却后涂擦患部。也可用柴油下脚料或废机油涂擦患部。或硫黄1份，棉粉油10份，混合均匀后涂擦患部，连用2～3次。

213 怎样防治猪霉败饲料中毒？

饲料保管和储存不善，如雨淋、水泡、潮湿、加工调制不当等，容易使饲料腐败变质，产生大量的有毒物质，如蛋白质的分解产物和细菌毒素等，当猪大量采食后很快会引起急性中毒。长期少量饲喂会引起慢性中毒。

猪中毒后，初期表现为精神不振，食欲减退，结膜潮红，鼻镜干燥，磨牙，流涎，有时发生呕吐。病情继续发展，食欲废绝，吞咽困难，腹痛拉稀，粪便腥臭，常带有黏液和血液。最后病猪卧地不起，失去知觉，呈昏迷状态，心跳加快，呼吸困难，全身痉挛，腹下皮肤出现红紫斑。初期体温常升高到40～41℃，后期体温下降。慢性中毒时，表现为食欲减退，消化不良，猪体日益消瘦。妊娠母猪常发生流产，哺乳母猪乳汁减少或无乳。

【防治措施】

1）禁止用霉败变质饲料喂猪，若饲料发霉轻而没有腐败变质，应经漂洗、暴晒、加热等处理后，少量饲喂。发现猪中毒后要立即停喂霉败饲料，改喂其他饲料，尤其是多喂些青绿多汁饲料。

2）治疗时可采取排毒、强心补液、对症治疗等措施。如用硫酸钠或硫酸镁30～50g，1次加水内服；用10%～25%的葡萄糖溶液200～400mL，维生素C 10～20mL，10%的安钠咖5～10mL混合一次静脉注射或腹腔注射。用土霉素按每千克体重0.03～0.05g，肌内注射，每天1～2次；磺胺脒1～5g，加水内服，每天2次。

214 怎样防治猪食盐中毒？

食盐是动物体内不可缺少的矿物质之一，但长期过量饲喂，又供水不足，或突然大量饲喂盐分过多的饲料（如咸菜、酱油渣、腌肉汤、菜卤等），都会引起中毒。

中毒后病猪表现极度口渴、厌食，有时呕吐，口腔黏膜发红，腹痛，下痢和便秘，多数病猪呈神经症状，眼失明，盲目直冲，或后退单向性转圈运动，头向后仰，痉挛，严重时呼吸困难，瞳孔放大，全身肌肉痉挛、抽搐，磨牙，心脏衰弱，最后卧地不起，昏迷死亡。

剖检病猪主要病变在消化道，胃肠有出血性炎症，在胃肠黏膜上有多处溃疡，脑脊髓各部有不同程度的充血和水肿，尤其是急性病例的脑软膜和大脑实质最为明显。

【防治措施】

1）严格控制猪每天的食盐饲喂量，一般大猪每头每天15g，中猪10g，小猪5g即可。利用酱油渣、鱼粉等含盐较多的饲料喂猪时，应与其他饲料合理搭配，一般不能超过饲料总量的10%，并注意给足饮水。

2）发现猪中毒后，应立即停喂含盐过多的饲料，并供给大量的清水或糖水，促进其排盐和排毒，同时用硫酸钠30～50g或油类泻剂100～200mL，加水一次内服；用10%的安钠咖5～10mL，0.5%的樟脑水10～20mL及利尿剂（加速尿），皮下或肌内注射，以强心、利尿、排毒。

215 怎样防治猪黄曲霉毒素中毒？

猪黄曲霉毒素中毒，是由于猪误食被黄曲霉或寄生曲霉污染的

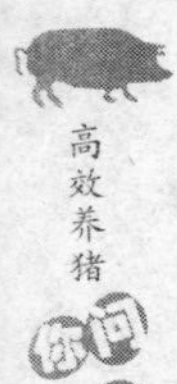

含有毒素的花生、玉米、麦类、豆类、油粕等而引起。猪误食霉败饲料后1~2周即可发病。

急性病猪，多发生于2~4月龄、食欲旺盛、体质健壮的仔猪，常无明显的临床症状而突然倒地死亡。亚急性病猪，体温多升高到40~41.5℃，精神沉郁，食欲减退或废绝，黏膜苍白，后躯衰弱，走路不稳，粪便干燥，直肠流血；有的猪发出呻吟或头抵墙壁不动。育肥猪多为慢性经过，走路僵硬，食欲减退，发生异嗜癖，到处啃吃泥土、瓦砾、被粪尿污染的垫草等。病猪弓背、卷腹，兴奋不安，粪便干燥，有的病猪眼、鼻周围皮肤发红，以后为蓝色。

剖检急性病猪在胸、腹腔内可见大量出血，后腿、前肩等处皮下及其他部位的肌肉处都能见到出血。肠道内有血液，肝脏浆膜部有针尖样或瘀斑样出血。心内膜与心外膜均有出血，偶见脾脏有出血性梗死。

【防治措施】

1）加强饲料管理，防止饲料发霉，严禁饲喂霉败饲料。轻度发霉（未腐败变质的），应先行粉碎，随后加清水（1∶3）浸泡并反复换水，直至浸出水呈无色为止，然后再配合其他饲料饲喂。

2）目前尚无特效解毒药物，只能采取投服盐料泻剂，如硫酸镁、硫酸钠，静脉放血和补糖解毒保肝等。

216 怎样防治猪黑斑病甘薯中毒？

猪黑斑病甘薯中毒，是由于猪食入有黑斑病的甘薯（烂地瓜）而引起的一类中毒症。多发生于春末夏初甘薯出窖时，饲喂了黑斑苗床上选剩的黑斑病甘薯，或是饲喂了黑斑病甘薯制粉后的粉渣而引起。甘薯患黑斑病、软腐病、象皮虫病都能引起猪中毒，症状都相似。黑斑病的有毒成分是翁家酮与甘薯酮。

猪多于采食病甘薯后2天发病，仔猪发病率较高。主要表现为精神沉郁，食欲废绝，腹部膨大，便秘或下痢，呼吸困难，有很响的喘气声，脉搏不匀，发生阵发性痉挛，出现运动障碍，步态不稳。中毒较轻者，3~4天后能逐渐恢复。但病情严重的猪则出现明显的神经症状，头抵墙，盲目行走，往往倒地搐搦而死。

剖检主要病理变化是肺脏膨隆、水肿，肺叶上有斑块状出血，肺脏质脆，切开后流出大量血水及泡沫，支气管内充满稀薄液体，胃肠黏膜易剥落，有出血点，肝脏肿大、质脆。

【防治措施】

1）不用霉烂甘薯喂猪，苗床上的霉烂甘薯应及时清理，以防猪误食。

2）对中毒病猪可内服硫酸钠、硫酸镁等缓泻剂通便，以排出毒物，同时内服0.1%的高锰酸钾溶液适量；3%的过氧化氢溶液10～30mL与3倍以上5%的葡萄糖生理盐水注射液混合后，一次静脉注射；也可用5%～20%的硫代硫酸钠注射液20～50mL，静脉注射。

217 怎样防治猪痢特灵中毒？

痢特灵是一种广普抗菌药物，常用于仔猪白痢等腹泻病的治疗，但用量过大或用药时间过长，容易引起中毒。

猪中毒后主要表现精神沉郁，口吐白沫，发生尖叫声，运动失调，后肢无力，步态蹒跚。有的卧地不起，呈犬坐姿势，角弓反张，四肢划动似游泳状。后期体温下降，瞳孔散大，最后抽搐死亡。

【防治措施】

1）严格控制用药剂量和疗程，日服量按每千克体重10mg以内（分3次投服），3～5天为1个疗程。一旦出现中毒，应立即停药进行治疗。

2）治疗时可用1%的硫酸钠100mL内服以催吐；用0.05%的高锰酸钾溶液反复洗胃；用硫酸钠或硫酸镁按每千克体量1g，加水适量内服，以促使痢特灵排出；用5%的葡萄糖生理盐水注射液100mL、维生素B和维生素C各2mL，静脉或腹腔注射，每天2次，连用2天，以补液解毒。

218 怎样防治猪有机磷农药中毒？

猪误食了喷洒过有机磷农药的蔬菜或青草，或用农药拌过的种子，或被农药污染的饲料和污水，以及外用时被猪添食等而引起中毒。有机磷农药种类很多，常见的有对硫磷、甲基对硫磷、甲拌磷、

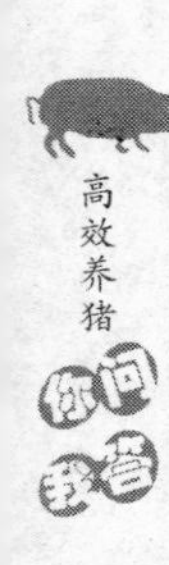

乐果、敌百虫、敌敌畏等。

有机磷农药进入猪体内30min到8h后，即出现以神经症状和消化道症状为主的中毒症状。患猪流涎、流泪、流涕，瞳孔缩小，结膜暗红，肌肉发抖，眼球震颤，斜视，磨牙。患猪口吐清水，呼吸急促，四肢颈部和臀部肌肉痉挛，站立不稳，伏卧或侧卧。最后多因呼吸中枢麻痹或心力衰竭而死亡。

剖检病猪可见肝脏、肾脏肿大，肾脏呈土黄色，质脆；胃肠黏膜出血，胃内容物有蒜臭味；肺脏水肿，气管及支气管内有大量泡沫样液体；心外膜有出血点。

【防治措施】

1）加强对农药的使用与管理，用敌百虫驱虫时要严格掌握用量，不论体重多大的猪，一次性口服总量不得超过7g；外用时要掌握浓度和涂擦面积。

2）轻度中毒的猪，可单独使用解磷定（有机磷中毒的特效解毒剂）或阿托品；中度中毒的猪，最好是解磷定和阿托品合并使用；重度中毒的猪，解磷定和阿托品必须合并使用。解磷定按每千克体重0.015～0.03g，用生理盐水配制成10%的溶液，缓慢静脉注射，每2～3h用药1次，硫酸阿托品皮下或静脉注射，每次5～10mL。注射后观察瞳孔变化，若无明显好转，30min后再用同量重复注射，直至瞳孔散大至正常，逐渐清醒即可。

3）对症治疗。催吐用1%的硫酸铜溶液灌服；洗胃用4%的碳酸氢钠溶液；维护心脏机能用安钠咖；镇静用氯丙嗪；为有助于消除肺水肿，可配合高渗葡萄糖溶液；为防止毒物继续吸收，促进毒物排出，可灌服活性炭、硫酸钠（镁）等。严重腹泻需补液时，可用等渗葡萄糖生理盐水注射液，复方氯化钠注射液或5%的葡萄糖注射液。

219 怎样防治猪磷化锌中毒?

磷化锌是我国目前使用比较广泛的灭鼠药之一。常因放置不当污染饲料或中毒死鼠被猪误食而引起中毒。

中毒后病猪表现精神萎靡，食欲消失，体温下降，寒战，呕吐，腹泻，呕吐物和粪便有大蒜味，于黑暗处可见有荧光。随着病情发展，呼吸困难，全身僵硬，四肢痉挛而死亡。急性中毒猪从发病到死亡约6h，慢性中毒猪2～3天后常发生皮肤出血，少尿及血尿。

剖检主要病理变化为肺瘀血、水肿，胃内容物有酸臭的大蒜味，小肠黏膜呈弥漫性出血、黏膜脱落，肝脏瘀血、肿胀，腹腔有暗红色积液。

【防治措施】

1）加强对灭鼠药的管理，妥善投放、使用灭鼠药；中毒死鼠应及时处理，以防被猪误食而中毒。

2）治疗时，在中毒早期可用5%的碳酸氢钠溶液洗胃，以阻止磷化锌转化为磷化氢；或用0.5%～1%的硫酸铜灌服，使磷化锌形成不溶性的磷酸铜，同时具有催吐作用；或灌服0.1%～0.5%的高锰酸钾溶液，使磷化锌氧化成磷酸酐而失去毒性。内服硫酸钠（镁），以促使毒物排出，并结合强心、利尿、补糖、输液等支持疗法。

220 怎样防治猪异嗜癖？

猪异嗜癖，是由多种原因引起的一种机能紊乱、味觉异常的综合征。主要是因饲料单一、营养不全，日粮中缺乏某些物质，维生素、蛋白质、某些氨基酸及食盐供给不足，钙磷比例失调发生佝偻病和软骨病，慢性胃肠炎疾病、寄生虫病等造成的。

病猪表现为食欲减少，舔食各种各样的异物，如啃吃泥土、石块、砖头、煤渣、烂木、破布、尿碱、鸡屎等；舍饲育肥猪相互咬对方的尾巴、耳朵，添血。久之患猪被毛粗糙、弓背、磨牙、消瘦、生长发育停滞，哺乳母猪泌乳减少，甚至吞食胎衣和仔猪。

猪患仔猪佝偻病、软骨病和纤维性骨营养不良时，除上述病症外，还出现特有的症状。

【防治措施】

1）加强饲养管理，给予全价日粮，保证日粮各种营养充足，比例适当，多喂青草或青贮饲料，补饲谷芽、麦芽、酵母等富含维生素的饲料。

2）发现病猪，应分析病因，及时治疗。单纯性异嗜癖，可试用碳酸氢钠、食盐或人工盐，每头每天10~20g。如果是因日粮中缺乏蛋白质和某些氨基酸引起的，应在原日粮中添加鱼粉、血粉、肉骨粉和豆饼等；如果是因缺乏维生素引起的，应增喂青绿多汁饲料和添加多种维生素；如果是因佝偻病和软骨病引起的，应及时补充骨粉、碳酸钙、磷酸钙及维生素A、D等。

221 怎样防治仔猪佝偻病？

仔猪佝偻病，主要是由于维生素D缺乏和钙、磷代谢障碍而引起的仔猪骨组织发育不良的一种非炎症性疾病。其中先天性佝偻病是由母猪营养缺乏导致仔猪胚胎期骨发育不良引起的。

病猪初期食欲减退，消化不良，发育缓慢，不愿起立和运动，有异嗜癖；病情继续发展，可见病猪走路摇摆，起卧困难，常呈犬坐姿势；严重时，面骨肿胀，后肢关节肿大与肿痛，长骨弯曲变形。

剖检病猪可见骨骼变形，软骨增生，骨骼增大，骨髓呈红色胶冻样，关节面溃疡，易发生骨折。

【防治措施】

1）饲喂富含钙、磷和维生素D的饲料，多喂豆科的青绿饲料，在饲料中要补充骨粉、鱼粉。圈舍要保持清洁、干燥，光线充足，特别是大群饲养的猪更应注意多晒太阳。

2）对病猪可用维胶性钙注射液，每千克体重0.2mL，肌内注射，隔日1次。维生素A、D注射液肌内注射2~3mL，隔日1次。或喂鱼肝油10mL，每日2次。同时，在饲料中适当增加贝壳粉、蛋壳粉、骨粉等，以补充钙、磷的含量。

222 怎样防治仔猪白肌病？

仔猪白肌病，是指仔猪骨骼肌发生变性、坏死，肌肉色淡、苍白，主要是由于饲料中缺乏微量元素硒和维生素E而引起的一种代谢性疾病。多发生于1~2月龄、营养良好、体质健壮的仔猪。

病猪主要表现为食欲减少，精神沉郁，呼吸困难。病程较长的，表现后肢强硬、弓背，站立困难，常呈前腿跪立或犬坐姿势。严重者坐地不起，后躯麻痹，表现出神经症状，如转圈运动、头向一侧歪等，呼吸困难，心脏衰弱，最后衰竭死亡。

剖检死亡病猪可见其骨骼肌特别是后臀肌和腰、背部肌肉变性、色淡，有灰白色或灰黄色条纹。心包积液，心脏扩张，心肌变淡，有灰白色或灰黄色条纹，有的心脏外观呈桑葚状。肝脏肿大，质脆易碎，瘀血。

【防治措施】

1）注意妊娠母猪的饲料搭配，保证饲料中微量元素硒和维生素E等添加剂的含量。有条件的地方，可饲喂一些含维生素E较多的青绿饲料，如种子的胚芽和优质豆料干草。对哺乳母猪，可在饲料中加入一定量的亚硝酸钠（每次10mg）。在缺硒地区于仔猪出生后第二天可肌内注射亚硒酸钠注射液1mL。

2）对病猪可用0.1%的亚硒酸钠注射液，每头仔猪肌内注射3mL，20天后重复1次；同时应用维生素E注射液，每头仔猪50~100mg，肌内注射，具有一定疗效。

223 怎样防治猪钙磷缺乏症？

猪钙磷缺乏症，是由饲料中钙和磷缺乏或者二者比例失调引起，临床上主要表现佝偻症和骨软症。佝偻症主要发生于新生仔猪（详见“221问．怎样防治仔猪佝偻病？”）；骨软症常见于成年母猪，易发生于哺乳中、后期，表现为消化紊乱，异嗜癖，后躯麻痹，跛行，运动强拘，盆骨、股骨、腰间部椎骨等易发生骨折。

【防治措施】

1）根据生长、怀孕和哺乳等不同生长或生理期，按照饲养标准补足钙、磷及维生素D，并注意饲料中钙、磷比例。猪圈要通风良好，扩大光照面积。

2）补喂磷酸二氢钙，成年怀孕母猪每天每头50g，仔猪每头10g；仔猪可加喂鱼肝油，每天2次，每次1茶匙，或骨粉10~30g。

224 怎样防治猪铁、铜、锌缺乏症？

（1）猪铁缺乏症　铁缺乏主要发生于仔猪，表现为仔猪贫血，

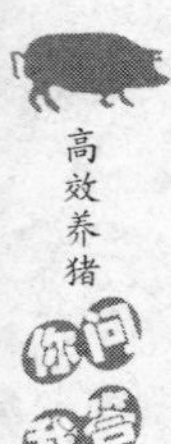

血液中红细胞减少，血红蛋白下降到5%以下，血色指数低于1，并出现异形红细胞、多染红细胞及有核红细胞，网组织细胞增多，血液稀薄、色淡、凝固性降低。

【防治措施】

1）补饲铁盐，如硫酸亚铁、乳酸亚铁、柠檬酸铁、酒石酸铁或葡萄糖酸铁均可。也可在圈舍内堆放含铁的红黏土等，让猪自由拱食，预防铁缺乏。

2）哺乳仔猪的缺铁性贫血，可以用含铁的多糖化合物肌内注射来预防。

（2）猪铜缺乏症 猪铜缺乏主要表现为贫血，心肌萎缩，下痢，食欲消失，生长缓慢，被毛褪色，伴有异嗜癖等症状。

【防治措施】

用硫酸铜1.0g、硫酸亚铁2.5g、温开水1 000mL，混合过滤后喂仔猪或涂擦在母猪乳头上让仔猪舔食。或按每千克体重用氯化钴、硫酸亚铁各1.0g，硫酸铜0.5g，溶入100mL凉开水中，供全窝仔猪内服。

（3）猪锌缺乏症 猪锌缺乏时表现为皮肤粗糙，角化不全，食欲减退，生长迟缓等症状。

【防治措施】

补饲硫酸锌或碳酸锌，每千克饲料添加50mg即可。

225 怎样防治猪碘缺乏症？

猪碘缺乏症，多发生于初生仔猪，表现为仔猪全身无毛，头、颈、肩部皮肤增厚、水肿，体弱无力，仔猪常于出生后几小时死亡。存活的仔猪，则表现为嗜睡，生长发育不良，四肢无力，行走摇摆等。

【防治措施】

（1）预防 将结晶碘1.0g、碘化钾2.0g，放入250mL水中，溶解后加水至25kg，喷洒于1周所用的饲料中，每头按20mL计算，用于大群猪预防。

（2）治疗 可在母猪日粮中加喂碘化钾，每周0.2g。仔猪可每天随母乳给予碘酊 1～2g 内服。

226 怎样防治猪维生素 A、B 缺乏症？

（1）猪维生素 A 缺乏症 猪维生素 A 缺乏，皮肤粗糙、皮屑增多。早期出现头偏向一侧，走路摇晃，后躯似麻痹，弓背，打战，不安等症状。严重时，神经机能紊乱，听觉迟钝，视力减弱，肌肉痉挛，后躯麻痹，甚至瘫痪。青年猪常呈现强直性和阵发性惊厥及感觉过敏等特征。母猪发情持续期延长，妊娠母猪往往引起流产、早产、死胎或产瞎眼猪、畸形胎。公猪性欲下降、精子活力低或排死精。

【防治措施】

1）保证青绿饲料供应，在缺乏青绿饲料的冬季可补饲胡萝卜等。

2）注射维生素 A 注射液 2 万～5 万国际单位，仔猪注射 1 万～2 万国际单位，肌内注射，连用 1 周。维生素 AD 注射液，母猪 2～5mL、仔猪 1～5mL，肌内注射，隔日 1 次。鱼肝油，怀孕母猪 15～40mL、仔猪 1～5mL，拌料喂服，每天 1 次，连用 10～15 天。重病者还可以直接滴服浓鱼肝油，每天数滴，连续数日，对尚未吃食的仔猪，可灌服鱼肝油 2～5mL。

（2）猪维生素 B_1 缺乏 维生素 B_1 缺乏时患猪初期多表现为食欲不振，生长不良，腹泻，心跳加快，跛行（以后肢多见），多发性神经炎等症状。后期出现肌肉萎缩，四肢麻痹，急剧消瘦等，最后死亡。

【防治措施】

1）日粮内应保证有麸皮、米糠等富含维生素 B_1 的饲料供应，不能单独喂玉米。多饲喂青绿饲料，亦可预防维生素 B_1 缺乏。

2）给病猪按每千克体重皮下或肌内注射维生素 B_1（硫胺素）0.25～0.5mg。

（3）猪维生素 B_2（核黄素）**缺乏症** 维生素 B_2 缺乏时患猪主要表现为生长迟缓，眼白内障，蹄腿弯曲、强直，步态强拘等症状。时久者皮肤增厚，皮疹，鳞屑，溃疡及脱毛。母猪表现食欲减退，

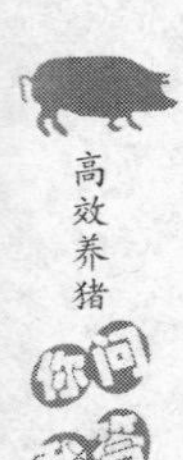

不发情或早产，胚胎死亡和胚胎被重吸收，以及泌乳能力降低等。

【防治措施】

在饲料中添加维生素 B_2。猪的需要量为每天每千克体重 6～8mg，每吨饲料中补充 2～3g 维生素 B_2 即可满足需要。

（4）猪维生素 B_{12} 缺乏症 猪维生素 B_{12} 缺乏主要表现为恶性贫血，虚弱，皮肤发炎，仔猪生长发育不良，生殖能力降低等症状。

剖检病猪可见肝细胞坏死及脂肪肝。

【防治措施】

1）可在每吨饲料中补充维生素 B_{12} 1～5mg。育肥猪和生殖泌乳阶段母猪，日粮中补充适量动物性蛋白质，如鱼粉或肉粉，可保证猪维生素 B_{12} 的需要。

2）治疗时可肌内注射维生素 B_{12}，每头猪 0.3～0.4mg，隔日 1 次，连续 3～5 次。

227 怎样防治猪胃肠炎？

猪胃肠炎，是由于各种致病因素刺激胃肠黏膜而引起的一种以消化不良、腹泻为主的普通性疾病。喂饲大量腐败、霉烂、变质、冰冻、刺激性的饲料和不干净的饮水，气温突变，长途运输等因素使猪体抵抗力降低，都能诱发本病。此外，还可继发于某些传染病、寄生虫病、中毒性病等。

患猪病初精神不振，食欲减退，喜饮冷水，时有腹痛，呕吐，有舌苔，口腔酸臭，结膜潮红，肠音增强，大便干燥，尿量减少。病的后期以拉稀为主要特征，粪便带有黏液、血液、脓汁和恶臭气味，肛门和尾部附近被粪便污染。病情进一步发展，肠音微弱或废绝，大便失禁，猪体严重脱水，卧地不起，强行运动时行走摇晃，体质极度虚弱，若不及时治疗，往往会造成死亡。

【防治措施】

1）加强饲养管理，增强猪体的抵抗力，排除各种致病因素，预防本病发生。

2）治疗时，首先服用硫酸钠、硫酸镁或液状石蜡等，以清除胃肠内容物。然后选用土霉素、痢特灵、磺胺脒等杀菌消炎。土霉素，每千克体重 0.1g 内服，连服 3 ~5 天；痢特灵，每千克体重 5 ~ 10mg，每天分 2 次内服，连服 3 ~5 天。对病情严重者，进行强心补液，可用葡萄糖生理盐水 500 ~1000mL，静脉或腹腔注射；用 10% 的安钠咖 5 ~10mL，皮下或肌内注射。

228 猪腹泻用抗生素治愈后又出现便秘是怎么回事？

1）由于用药过量，杀灭或抑制了肠道内有益菌的生长与繁殖。

2）有的厂家治疗腹泻的抗生素里加入了抑制肠道平滑肌蠕动的药物，或在用抗生素的同时服用了上述药物，均会造成肠道蠕动减弱。

3）在患病时或病愈后采食量少，对肠道刺激性减弱。

4）由于用药导致了副交感神经系统活动减弱，致使肠蠕动机能降低。

5）由于采食量减少导致盐分摄入减少，从而限制了水分的摄入，加之腹泻造成体内尤其是肠道水分减少而发生便秘。

229 怎样防治猪肠便秘？

猪肠便秘，主要是由于饲喂谷糠、稻糠和粉碎不好的粗硬饲料，以及饮水不足，运动量少，矿物质缺乏，或因异嗜吃下毛发团等，致使肠内容物停滞在某段肠管，造成肠管阻塞或半阻塞。另外，也常见于某些传染病（如猪瘟、猪丹毒）和寄生虫病（如蛔虫、姜片虫等）过程中。

病猪表现食欲减退或不食，口渴增加，胀肚，起卧不安，有的呻吟，呈现腹痛，常努责。初期排少量颗粒状的干粪，上面粘有灰色黏液，1 ~2 天后排粪停止。体格小的猪，结肠便秘，在腹下常能摸到坚硬的粪块或粪球，触及该部有痛感。

【防治措施】

1）首先解除病因，在大便未通前禁食，仅供给饮水；若肠道尚无炎症，可用蓖麻油或其他植物油 50 ~80mL 投服。已有肠炎的可灌服液状石蜡 50 ~200mL，或用温肥皂水深部灌肠。若上述方法无效，可在便秘硬结处经皮肤消毒后，直接用针头刺入硬结部中央，再接

上注射器，注射液体适量，15min 以后，用手指在硬结处轻擀、按搓，将硬结破碎开，然后再肌内注射甲硫酸新斯的明注射液3 ~ 9mL。

2）对于直肠便秘，应根据猪体的大小，用手指掏出，先在手指上涂上润滑剂，然后将手指插入肛门，抵到粪球后，用指尖在粪球中央掏挖，待体积缩小后，将粪球掏出。

3）手术切开肠管掏出阻塞物。

4）继发性便秘，应着重于原发病的治疗。

230 猪发生应激综合征怎么办？

猪的应激综合征，是猪受到不良因素的刺激后而产生的非特异性应激反应。引起猪应激综合征的因素很多，一些异常刺激，如长途运输、驱赶、捆绑、恐惧等，环境突然改变，饲料中缺乏维生素及微量元素等都会诱发本病。以肌肉丰满、体矮、腿短的育肥猪容易发病。

初期病猪出现不安，肌肉和尾巴震颤，皮肤有时出现红斑，体温升高，黏膜发绀，食欲减退或不食；之后肌肉僵硬，猪站立困难，眼球突出，全身无力，呈休克状态。严重的病例，无任何症状就突然死亡，大多数猪在 0.5 ~ 1.5h 内死亡。

剖检特征变化是绝大多数猪肌肉苍白、质软及有水分渗出。

【防治措施】

1）加强饲养管理，尽量减少或避免各种应激因素的刺激。

2）对已发病猪，如症状较轻，处于发病早期时，应立即单圈饲养，给予充分的安静和休息，同时用凉水浇洒全身。对于症状较重的猪，可用下列药物进行治疗：氯丙秦注射液每千克体重 2mg，肌内注射；盐酸苯海拉明注射液，每头猪 2 ~ 3mL，肌内注射；5% 的碳酸氢钠注射液，每头猪 100mL，静脉注射；维生素 C 注射液，每头猪 5 ~ 10mL，肌内注射。

231 猪中暑怎么办？

猪中暑，是日射病和热射病的统称。日射病是指在炎热季节，猪放牧过久或用无盖货车长途运输，使猪受日光直射头部引起脑充血或脑炎，导致中枢神经系统机能严重障碍；热射病是因猪圈内拥挤闷热、通风不良或用密闭的货车运输，使猪体散热受阻，引起严重的中枢神经系统机能紊乱。

日射病患猪初期表现为精神沉郁，四肢无力，步态不稳，共济失调，突然倒地，四肢作游泳样运动，呼吸急促，节律失调，口吐白沫，常发生痉挛或抽搐，迅速死亡。热射病患猪初期表现为不食，喜饮水，口吐白沫，有的呕吐，继而卧地不起，头、颈贴地，神经性昏迷，或痉挛、战栗。呼吸浅表有间歇，极度困难。

【防治措施】

1）在炎热季节，必须做好饲养管理和防暑工作。栏舍内要保持通风凉爽，防止潮湿、闷热拥挤。生猪运输尽可能安排在晚上或早上，并做好各项防暑和急救工作。

2）发现病猪立即将其置在荫凉、通风的地方，先用冷水或冰水浇头，或用冷水灌肠，给予大量的1% ~2%的凉盐水，并用2.5%的盐酸氯丙嗪溶液2 ~3mL，5%的葡萄糖生理盐水200mL、20%的安钠咖溶液5mL静脉注射。伴发肺充血及水肿的病猪，先注射20%的安钠咖溶液5mL，立即静脉放血100 ~200mL，放血后用复方氯化钠溶液100 ~300mL静脉注射，每隔3 ~4h重复注射1次；对狂躁不安、心跳加快的病猪皮下注射安乃近10mL、盐酸氯丙嗪3mL。对育肥猪中暑，可用十滴水药物10 ~20mL，一次内服，每天2次，并配合上述药物治疗，效果明显。

232 怎样防治猪风湿病？

猪风湿病，是一种原因不明的慢性病，全年均可发生，尤其是冷湿天气，寒风、贼风侵袭，圈舍潮湿，运动不足及饲料急骤变换等，均可引起发病。以仔猪多发。

猪风湿病主要侵害猪的背、腰、四肢的肌肉和关节，同时也侵害蹄和心脏及其他组织器官。猪的肌肉及关节风湿，往往突然发生，先从后肢开始，逐渐扩大到腰部以至全身，患部肌肉疼痛，走路跛行，或弓腰走小步。病猪常喜卧，驱赶时勉强走动，但跛行往往随运动的增加而减弱。

【防治措施】

1）垫草要经常换晒，圈舍要保持清洁、干燥，堵塞圈舍内小洞，防止仔猪在寒冷季节淋雨。

2）治疗可用2.5%的醋酸可的松注射液5～10mL，每天2次肌内注射；或用醋酸氢化可的松注射液2～4mL，关节腔内注射。在初期，可用复方水杨酸钠注射液10～20mL，耳静脉注射；或用10%的水杨酸钠注射液和当归注射液各10mL，每天2次静脉注射，连用2～4天。

233 怎样防治猪直肠脱（脱肛）?

由于猪营养不良，长期腹泻、便秘、强烈努责等而引起直肠后段全层肠壁脱出肛门外称为直肠脱，仅部分直肠黏膜脱出肛门之外称为脱肛。以2～4月龄仔猪多发，猪分娩时强烈努责也可引发本病。

病初仅在猪排粪后直肠黏膜脱出，呈鲜红色球状突出物，黏膜呈轮状皱缩，但仍能恢复。如果病因未消除又会脱出，脱出时间稍长，黏膜发生水肿，以后黏膜干裂，水肿液流出，污秽不洁，沾有泥干、垫草，黏膜呈暗红、紫色，最后变为灰色。如后段直肠全层肠壁脱出，在肛门后面形成向下垂的暗红色圆柱突出物。

【防治措施】

1）对2～4月龄小猪要喂给柔软饲料，保证有足够的蛋白质和青绿饲料，平时应适当地给予运动，饮水要充足。

2）在发病初期，可用2%的明矾水或0.3%的高锰酸钾溶液，将脱出直肠冲洗干净，然后提起猪两后肢，使其头朝下，将脱出部分慢慢地用食指送回。为了防止再脱出，可将肛门的袋口缝合，收紧缝线时留出一指粗的排粪口，打成活结，随时调整肛门孔的大小。也可以在距肛门边1～2cm处，分左、右、上3点，各注射95%的酒精3～5mL，使局部组织肿胀，借以达到固定的目的。

3）对脱出部分已水肿坏死的，可先用3%的明矾水冲洗局部，再用针乱刺水肿黏膜，取纱布包扎紧，以便挤出水肿液。坏死黏膜要清除干净，并撒上少量明矾粉，最后轻轻把脱出的直肠末端送入肛门内。手术后，猪要单独饲养，少吃多餐，料要稀薄。若不见排粪，立即用温肥皂水灌肠。如果直肠坏死严重，要采取直肠截除手术。

234 猪发生脐疝怎么办？

脐疝，又名赫尔尼亚，是指猪腹腔内的器官，部分或全部通过天然脐孔，脱入到皮下所致，常因脐孔闭合不全或完全未闭锁，加上猪奔跑、挣扎、按压、强烈努责等因素，使腹内压力增大而引起发病。本病多见于仔猪。猪脐疝可分为可复性与嵌闭性2种。

（1）可复性脐疝 在猪的脐部外表有一囊状物，有一定的伸缩性。囊状物大小不一，质地柔软，无热痛，能把脱出物还纳进腹腔，同时可摸到脐带轮。

（2）嵌闭性脐疝 病猪表现为不安，并有呕吐。初期尚有粪便，以后停止排粪，囊状物较硬，有热痛，脱出物只能还钠部分或完全不能还纳，若不及时进行治疗，则预后不佳。

【治疗方法】

对于可复性脐疝，有的可自愈，若疝囊过大，必须像嵌闭性脐疝一样，用手术治疗。

手术步骤：术前应停食1天，一般采取仰卧保定，术部剪毛，洗净，用5%的碘酊消毒，然后用75%的酒精涂擦脱碘，一般不用麻醉。纵向提起皮肤，避开阴茎，切开皮肤（不要切破腹膜），剥离疝囊后将疝囊连同内容物还纳腹腔，用手指或镊子等抵住轮口，防止脱出，用刀背轻刮脐带轮，使其出血形成新鲜创面，便于愈合。用较粗丝线，对脐孔轮行间断结节缝合，撒上消炎粉，最后皮肤做结节缝合，包扎绷带。

若肠管与疝囊发生粘连，则须在疝囊上切一小口，细心剥离，当发生嵌闭性脐疝时，切开疝囊后，注意检查肠管的颜色变化，如发现肠管坏死，应将坏死肠管切除，行肠管断端吻合，再闭合疝轮。

手术完毕，向腹腔内注入青霉素、链霉素和0.25%的普鲁卡因溶液，以防止肠粘连。手术后要加强护理，防止切口污染。在1周

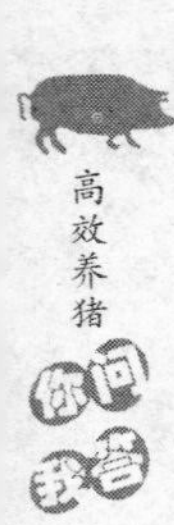

内喂食减少1/3，以防止腹压过大，造成缝合裂口。

235 怎样治疗猪外伤（创伤）？

由于引起外伤的原因不同，对猪体的损害也不同。如用棍棒打击猪引起的挫伤，其皮肤仍完整，称为闭合性外伤；如锐利器械（叉子、刀等）引起的刺伤、刀伤等，称为开放性外伤。

闭合性外伤局部有红、肿、痛，白色猪可见损伤部皮肤呈暗红或青紫色。开放性外伤可见有皮肤裂开或伤口，体腔的脏器也可能发生损伤。若继发感染，会出现全身性反应（体温、呼吸、脉搏的变化）。

【治疗方法】

发现外伤应及时处理。对开放性外伤应将伤口上的污物（被毛、草屑等）及坏死组织清除，再用消毒药如0.1%的高锰酸钾或0.05%的新洁尔灭溶液等冲洗，冲洗后撒上消炎粉或涂擦一些消炎膏。对较深的伤口，必须在冲洗后，用纱布条浸泡0.1%的雷佛诺尔溶液后，塞进伤口内作引流，直至伤口内无炎性渗出物、肉芽增生良好为止。闭合性外伤可直接涂抹5%的碘酊或鱼石脂软膏等进行处理。

236 母猪迟迟不发情怎么办？

母猪迟迟不发情，在饲养管理上多是由于日粮过于单一、蛋白质不足或品质低劣，或缺乏维生素、矿物质，母猪过肥或过瘦，长期缺乏运动等原因而引起。

【治疗方法】

对那些在仔猪断奶10天后迟迟不发情的母猪，可采取以下措施催情及促使其排卵。

（1）诱情 每天早晚用公猪追逐或爬跨母猪，或把不发情的母猪放在公猪圈内混养。

（2）乳房按摩 分表皮按摩与深层按摩2种。表皮按摩的方法是，在每排乳房的两侧前后反复抚摩（不许碰乳头），可促使母猪发情。深层按摩的方法是，在每个乳房周围用5个手指捏摩（不捏乳头），可促使母猪排卵。一般每天早饲后，表皮按摩10min；母猪发情后，表皮按摩与深层按摩各5min；交配前的那天早晨，改为深层按摩10min。

（3）药物催情 皮下注射孕马血清，每天1次，连用2～3次，第一次5～10mL，第二次10～15mL，第三次15～30mL，注射后3～5天即可发情。肌内注射绒毛膜促性腺激素，体重75～100mg母猪，一次肌内注射500～1 000国际单位。中药可用淫羊藿50～80g、对叶草50～80g，水煎后内服，每天1剂，连服2～3剂。

（4）药物治疗 对因患子宫炎和阴道炎而配不上种的母猪，可先用0.1%的高锰酸钾溶液适量反复冲洗子宫，然后采用25%的高渗葡萄糖液30mL，加青霉素100万国际单位，输入母猪子宫内，半小时后再配种。严重者要等下一个发情期再配种。

237 引起母猪流产的原因有哪些？

1）营养不良。妊娠母猪日粮中严重缺乏蛋白质、维生素与矿物质。

2）母猪过肥、过瘦。过肥母猪子宫周围沉积的脂肪较多，压迫子宫造成供血不足或使子宫不能随胎儿的生长发育而扩张，从而限制了胎儿的生长发育。母猪过瘦主要是营养不良造成的。

3）公、母猪高度近亲繁殖，使胚胎生命力下降。

4）突然改换饲料，使妊娠母猪不能忍受。

5）冬季或早春喂冰冻饲料或饮冰水。

6）长期睡在阴冷、潮湿的猪舍内。

7）管理不当。如放牧运动时滑跌、咬架、跳沟、打冷鞭、追赶过急、打猪、踢猪等；猪舍太拥挤，猪争食挤压等；猪窝高低不平，胎儿受到不正常的挤压。

8）母猪患某些高热性疾病，如患猪瘟、猪丹毒、猪流行性感冒、猪肺炎，其他败血症等。

9）母猪患疥癣、猪虱或湿疹，由于奇痒而经常用力蹭痒。

10）各种中毒。如霉菌中毒，棉籽饼中毒，菜籽饼中毒，酸度过大的青贮或酒糟造成的酸中毒及各种剧毒农药中毒等。

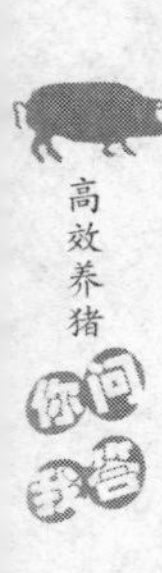

238 母猪出现生产瘫痪怎么办？

母猪生产瘫痪，是指母猪在产前或产后以四肢运动丧失或减弱为特征的一种代谢性疾病。临床上包括产前瘫痪和产后瘫痪。主要是由于日粮中缺乏钙、磷或是两者比例失调，以及长期不晒阳光，又缺乏维生素 D 等而引起。

产前瘫痪多在产前数天或几周，突然发生起立与步态困难，肌肉颤抖，前肢爬行，后肢摇晃，驱赶时有尖叫声，逐渐卧地不起，对外界刺激反应很弱或完全丧失。产后瘫痪，多在产后半个月内发生，病猪少食或拒食，奶少，后躯无力，站立不稳。继而卧地不起，后半身麻痹。严重病例常有昏迷症状，体温一般正常。

【防治措施】

1）平时对妊娠母猪要适当地添加钙、磷制剂，多喂些鱼粉、骨粉等，或喂给全价配合饲料。经常晒太阳、供应足够的青绿饲料。

2）治疗时可肌内注射维丁胶性钙 10～30mL，每天 1 次，连用 3～4 天；也可用 10%～20% 的葡萄糖酸钙 50～150mL 或 10% 的氯化钙溶液 20～50mL，加入 5% 的糖盐水 200～500mL 静脉注射，每天 1 次。也可将骨头烤干后碾成粉末，每顿用 15g 拌入饲料中饲喂；或用鸡蛋壳 4 个、骨头粉 30g，掺热白酒少量扮匀，让猪一次吃下。

239 母猪产后出现子宫内膜炎怎么办？

母猪产后子宫内膜炎，主要是由于胎衣不下、难产、子宫脱出及助产时消毒不严等，感染了葡萄球菌、链球菌或大肠杆菌等而引起。

急性患猪，阴道内流出污红色黏液或黏脓性分泌物。病重猪，分泌物呈红褐色，有臭味，病猪常呈排尿姿势。慢性患猪，症状不明显，不定期从阴道排出浑浊的黏性分泌物，发情不正常，有时假发情，屡配不孕。

【治疗方法】

主要是应用抗菌消炎药物，防止感染扩散，并促进子宫收缩，消除子宫腔内的渗出物。

1）为清除子宫内的渗出物，可每天应用消毒液冲洗子宫1次，如0.1%的高锰酸钾溶液、0.05%的新洁尔灭溶液等。导出冲洗液后，向子宫腔内注入抗生素，如土霉素或青霉素等。

2）为防止感染扩散，应全身应用抗生素及磺胺类药物，可肌内注射青霉素、链霉素或静脉注射新霉素、四环素。磺胺类药物以选用磺胺二甲基嘧啶为适宜，但用量要大并连续使用，直到体温降至正常后2~3天为止。

3）为增强机体抵抗力，可静脉注射含糖盐水；补液时可添加5%的碳酸氢钠及维生素C，以防止酸中毒及补充所需的维生素。

240 什么是母猪难产？什么情况下需要助产？

在给母猪接产过程中，如发现胎衣破裂，羊水流出，母猪较长时间用力，仔猪就是产不出，可能发生难产。猪的难产多为产力性难产，即分娩时子宫及腹壁的收缩次数少，时间短和强度不够（阵缩及努责微弱），致使胎儿不能排出。

产道检查时，可摸到子宫角深处有胎儿。由于子宫收缩力弱，胎儿仍保持血液循环，起初胎儿还活着，但如久未发现分娩而不助产，胎盘循环减弱，胎儿即会死亡，子宫颈口也将缩小，此时必须进行剖宫产。

【助产技术】

对于猪难产助产，应熟练掌握“六字”措施，即推、拉、掏、注、针、剖。

（1）推 接产人员用双手托住母猪的后腹部，伴随着母猪的努责，向臀部方向用力推。

（2）拉 看见仔猪的头或腿时，可用手抓住仔猪的头或腿把仔猪拉出。

（3）掏 母猪较长时间努责，仔猪就是产不出来时，可用清洗消过毒的手（5个手指呈锥形）慢慢伸入阴道内掏出仔猪。当掏出1头仔猪，由难产转为正产时，就不要继续掏了。掏完后用手把40万国际单位青霉素抹入母猪阴道内，以防母猪患阴道炎。

（4）注 肌内注射脑垂体后叶素3~5mL。

(5) 针 针刺百会穴。

(6) 剖 以上措施都采用后，仔猪仍生不下来，应立即做剖宫产手术取出胎儿。

241 注射催产素时应注意哪些事项？

母猪一旦发生难产，接产人员首先想到的是打催产素，这样做是不科学的。应该先查找出难产的原因，看是否适合打催产素，因为难产有3个方面的原因，只有产力性原因才可以打催产素。注射催产素时主要注意以下几方面：

1）母猪因紧张或应激造成难产时，注射催产素用处不大。在这种情况下保持分娩舍安静是最好的方法。

2）催产素对子宫的收缩作用以临产及刚分娩时最为有效，无分娩预兆时用催产素催产无效。

3）催产素主要作用于子宫体，对子宫颈的作用微弱。所以，子宫颈未开张或因助产过迟子宫不再收缩、子宫颈已经缩小时，用催产素效果不理想。

4）不恰当时刻注射催产素引起子宫收缩，仔猪可能被封锁在子宫内。由于骨盆过窄、产道受阻、胎位不正等原因引起的难产，注射催产素后可使仔猪在一侧造成堵塞，其他仔猪不能再通过。在这种情况下，同时进行人工助产是唯一的解决办法。另外，有剖宫产史的母猪难产时，子宫剧烈收缩可能发生破裂。所以在使用催产素前须先检查产道、胎位情况，并进行剖宫产史的调查。

5）掌握好剂量，切忌注射剂量过大。大剂量注射催产素的情况下，会引起子宫痉挛性收缩，导致子宫破裂、出血，或胎儿窒息死亡。另外，当受大剂量催产素作用时，子宫肌将过度疲劳而瘫痪，子宫松软不能再收缩，而仍留在子宫内的胎盘不再被排出，这将引起子宫发炎。同时，子宫还可因子宫肌肉收缩产生的乳酸蓄积引起中毒，最后出生的仔猪也会因乳酸而对其成活产生不利影响。所以催产素使用剂量要适宜，一般以首次注射20～40国际单位、以后每次10～20国际单位为宜。因为催产素在母猪体内作用时间短、失效快，它只在短时间内有作用，因此，根据子宫收缩及胎儿排出情况可以考虑间隔 1 ~2h 重复使用 1 次。

6）加强护理，补充能量。临床上经常出现使用催产素后，由于母猪努责过度导致身体极度疲劳，虚弱无力，影响产仔和产后带仔。所以使用催产素时要加强对母猪的护理，及时补充足够的能量和体液，最好将催产素稀释到 5% 的葡萄糖盐水中静脉注射，或喂给母猪适量的糖水。

242 母猪产后胎衣不下怎么办？

母猪分娩后胎衣在 1h 内没有排出，就叫胎衣不下或胎衣滞留。多由于猪体虚弱，产后子宫收缩无力，以及怀孕期间子宫受到感染，胎盘发生炎症，导致结缔组织增生，胎盘粘连等因素，致使胎衣不下。

猪的胎衣不下多为部分不下。猪表现为不安，体温升高，食欲降低，泌乳减少，喜喝水。阴户内流出红褐色液体，内含胎衣碎片。哺乳时常突然起立跑开（多是因为乳汁少，仔猪吮乳引起疼痛所致）。

【治疗方法】

猪产后经 1 ~2h 仍不排出胎衣时，即应进行治疗。为促进子宫收缩，可肌内注射脑垂体后叶素 2 ~4mL，或肌内或皮下注射催产素 5 ~10 国际单位，24h 后再重复注射 1 次。也可投服益母草流浸膏 4 ~8mL，每天 2 次。胎衣腐败时，可用 0. 1% 的高锰酸钾溶液冲洗子宫，并投入土霉素片。为促进胎儿胎盘与母体胎盘分离，可向子宫内注入 5% ~10% 的盐水 1 ~2L，注入后应注意使盐水尽可能完全排出。

243 母猪产后缺乳或无乳怎么办？

母猪产后缺乳或无乳，主要是母猪在妊娠期间及哺乳期间，饲料单一、营养不全，或母猪过早配种、乳腺发育不全，以及患乳腺炎、子宫内膜炎和其他传染病而引起，常发生于产后几日之内。

由于母猪泌乳量减少，仔猪吃奶次数增加，但仍吃不饱，仔猪常叼住乳头不放，并发出叫声，甚至咬伤母猪乳头，母猪常拒绝仔

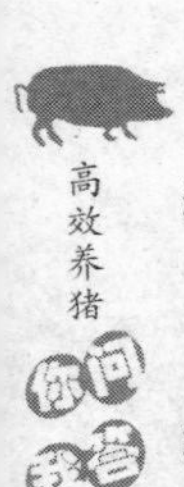

猪吃奶，并用鼻子拱或用腿踢仔猪。仔猪吃不饱，严重者可饿死。

【防治措施】

1）加强饲养管理，给母猪喂营养全面且易消化的饲料，增加青绿饲料及多汁饲料。

2）对发病母猪，可内服催乳灵10片，或妈妈多10片，每天1次，连用2~3天。或将胎衣用水洗净，煮熟切碎，加适量食盐混入饲料中饲喂；或用小鱼、小虾、小蛤蜊煮汤掺食喂饲。用中草药王不留行40g，穿山甲、白术、通草各15g，白芍、黄芪、党参、当归各20g，研成碎末，混入饲料中饲喂或水煎加红糖灌服。对体温升高、有炎症的母猪，可用青霉素、链霉素或磺胺类药物肌内注射。

244 母猪产后不食或食欲不振怎么办？

母猪产后不食或食欲不振，主要是由于饲料单一，营养不良；或母猪产仔时间过长，过度疲劳；或产前产后一次性喂料太多，母猪出现顶食；或吞食胎衣，引起消化不良；或产道感染，体温升高，内分泌失调所致。

母猪表现为食欲降低，仅喝点清水或吃些少量的青绿饲料，尿少而黄，粪便较干燥，乳汁减少。

【防治措施】

1）母猪妊娠后期应保持较好的膘情，在哺乳期第一个月要加强营养，使母猪不能掉膘太快。

2）治疗时可选用胃复安，每千克体重1mg，肌内注射，每天一次，连续3次；在病初可用催产素、氢化可的松，肌内注射，同时内服十全大补汤。后期用25%的葡萄糖溶液500mL、三磷酸腺苷40mg、辅酶A100国际单位，静脉注射；也可用苦胆1个、醋100mL，将苦胆先用水和匀，再加入醋调匀，灌服；或用中药补中益气汤，外加炒麻仁30g、大黄10g、芒硝30~50g，煎汤灌服。

245 怎样治疗母猪乳房炎？

母猪乳房炎，是母猪乳腺受到物理、化学、微生物等刺激所发生的一种炎性变化。主要是由于仔猪尖锐的牙齿咬伤乳头皮肤感染而引起。

患猪乳房出现红、肿、热、硬，有痛感，不让仔猪吃奶，多发于单个或数个乳房。病初乳汁稀薄，内混有絮状小块，之后乳少而变浓，混有白色絮状物。有时带血丝，甚至变为黄褐色浓液，有臭味。严重者，乳房溃疡，停止泌乳，个别病例体温升高，出现全身症状。

【治疗方法】

（1）乳房内注入药液疗法 先挤净病乳区内的分泌物和乳汁，然后向每个乳头徐徐注入青霉素20万~30万国际单位、链霉素0.2~0.3g，溶于20mL 0.25%的普鲁卡因溶液中。如果乳腺内分泌物过多或乳汁变化较大时，可先注入防腐消毒剂（如0.02%的呋喃西林溶液、0.2%的高锰酸钾溶液等）适量，停留数分钟挤出，再注入抗菌药物。

（2）乳房基部封闭疗法 用青霉素40万国际单位，溶于0.25%的普鲁卡因溶液50~90mL中，在患病乳基部注射，每天1~2次。

（3）全身疗法 对于病情较重，全身症状明显的，可以青霉素与链霉素、青霉素与新霉素联合应用。

（4）温敷疗法 对于非化脓性乳房炎的急性炎症稍平息时，可用毛巾或纱布等浸上38~42℃的药液，敷在患病乳房上，每次30~60min，每天2~3次。常用的药液有1%~3%的醋酸铅溶液、10%~20%的硫酸镁溶液、0.1%的呋喃西林溶液等，对乳房硬结处可用鱼石脂软膏或余氏消炎膏等外敷。

246 怎样防治母猪不孕症？

母猪不孕症，是母猪生殖机能发生障碍，引起暂时或永久不能繁殖的疾病。主要是由于母猪营养不良，性机能减退，发情失常或不发情；母猪过肥造成内分泌活动失调；母猪过老，卵巢发生进行性萎缩，性机能减退或消失；以及慢性子宫内膜炎和卵巢囊肿，阴道炎等所致。

母猪表现为发情无规律，或是长时间不发情，性欲缺乏或显著减退，无明显的发情征候。有的虽然发情正常，但屡配不孕。

【防治措施】

1）对母猪建立合理的饲养管理制度，防止母猪过肥或过瘦，老龄母猪不宜做种用时，应及时淘汰用于育肥，对有生殖器官疾病的母猪，应及早治疗，对久治不愈者，应予以淘汰。

2）对不发情或发情不正常的母猪，可肌内注射三合激素注射液2～4mL，或绒毛膜促性腺激素500～1 000国际单位，或己烯雌酚注射液2～5mL，或苯甲酸求偶二醇注射液2～4mL，或孕马血清10～15mL，皮下注射。

247 初生仔猪出现震颤的原因有哪些？

初生仔猪震颤，也称“抖抖病”，造成本病的原因很多，如果仔猪能正常吮奶，一般在出生后3～4周即可恢复正常。常见的原因主要有以下几方面：

（1）圆环病毒引起 妊娠母猪感染II型圆环病毒，会使初生仔猪出现震颤。

（2）缺铜引起 饲料缺铜或铜代谢障碍会使初生仔猪出现震颤。铜是猪体内神经髓鞘形成过程中一种重要酶的组成成分，缺铜使该酶活性下降或酶含量不足，造成神经髓鞘发育不良而导致初生仔猪震颤。

（3）猪瘟病毒引起 母猪在妊娠期间感染猪瘟病毒或猪瘟疫苗接种不当，造成胎儿感染猪瘟病毒而引起初生仔猪震颤。

（4）霉菌毒素中毒引起 妊娠母猪长时间采食含有霉菌毒素的饲料，会引起初生仔猪震颤。

248 什么是僵猪？怎样治疗僵猪？

僵猪，又称小老猪，在猪生长发育的某一阶段，由于遭到某些不利因素的影响，使猪长期发育停滞，虽然饲养时间较长，但体格小，被毛粗乱，极度消瘦，形成两头尖、中间粗的“刺猬猪”。这种猪吃得少，长得慢，或者只吃不长，给养猪生产带来很大的损失。

造成僵猪的原因：一是由于母猪在妊娠期饲养不良，母体内的营养供给不能满足胎儿生长发育的需要，致使胎儿发育受阻，产生初生重很小的“胎僵仔猪”；其次是由于母猪在泌乳期饲养不当，使其泌乳不足，或对仔猪管理不善，如初生弱小的仔猪吸吮干瘪的乳头，致使仔猪发生“奶僵”；三是由于仔猪长期患寄生虫病及代谢性疾病，形成“病僵”；四是由于仔猪断奶后饲料单一、营养不全，特别是缺乏蛋白质、矿物质和维生素等营养物质，导致断奶后仔猪长期发育停滞而形成“食僵”。

【预防措施】

1）加强母猪妊娠后期和泌乳期的饲养管理，保证仔猪在胎儿期能获得充分发育，在哺乳期能吃到较多营养丰富的乳汁。

2）合理给哺乳仔猪固定乳头，提早补料，提高仔猪断奶体重，以保证仔猪健康发育。

3）做好仔猪的断奶工作，做到饲料、环境和饲养管理措施 3 个逐渐过渡，避免断奶仔猪产生各种应激反应。

4）搞好环境卫生，保证母猪舍温暖、干燥、空气新鲜、阳光充足。做好各种疾病的预防工作，定期驱虫，减少疾病。

【脱僵措施】

1）发现僵猪及时分析致僵原因，排除致僵因素，单独培养，加强管理，驱虫治病，并改善营养，加喂饲料添加剂，促进猪机体生理机能的调节，恢复正常的生长发育。

2）在僵猪的日粮中，加喂 0.75% ~1.25% 的土霉素碱，连喂 7 天，待发育正常后加 0.4%，每月 1 次，连喂 5 天。适当增加动物性饲料和健胃药，以达到宽肠健胃、促进食欲、增加营养的目的。并加倍使用复合维生素添加剂、微量元素添加剂、生长促进剂和催肥剂，促使僵猪脱僵，加速催肥。

249 为什么说改善饲养管理是防病的根本措施？

加强饲养管理，注重环境卫生，实行科学养猪是提高抗病能力、减少猪病发生的重要措施。

加强管理主要就是创造良好的猪场环境，建立严格的兽医卫生制度和猪场的日常管理制度。加强饲养就是给予品质优良、满足猪生长需要的全价营养，规模养猪由于追求利益最大化，常常使猪处于应缴状态，如为提高猪舍利用率，往往将猪限定在有限的面积内；为了追求生长速度，给予丰厚的饲料营养，这些情况往往都背离了猪本身的生物学习性，成为发生疾病的潜在因素。所以必须改善饲养管理，控制这些潜在因素的影响是猪场控制疫病的根本途径。

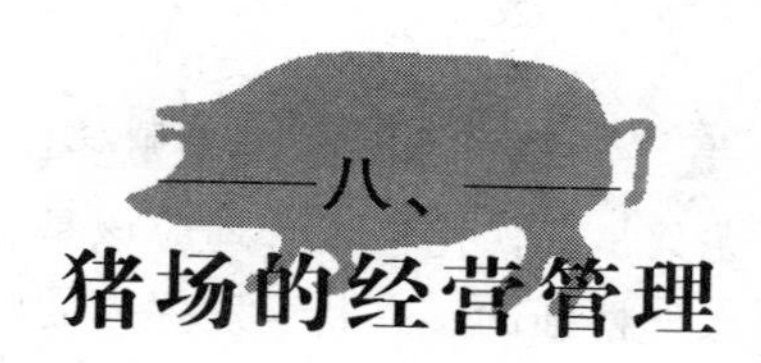

八、猪场的经营管理

250 猪场经营管理的基本内容有哪些？

猪场的生产与管理水平直接关系到猪场的经济效益。因此，生产与经营管理规程制订的合理与否，对猪场的直接效益有很大的影响。猪场经营管理的主要内容包括生产管理、计划管理、劳动管理、销售管理、财务管理、经济核算、技术及经济活动分析、市场预测、经济合同、保险业务和科学决策等。

251 如何进行猪场的生产管理？

生产管理包括生产的所有技术、经济和管理领域。它主要涉及以下 3 个方面：生产什么、生产多少、怎样生产。其实质就是如何以猪为中心，把一切措施落实到猪的经济效益上。因此，要搞好猪场的生产管理必须做好以下工作：

1）实行生产目标化管理和生产管理目标承包责任制。把生产目标同猪场经济效益挂钩，生产水平越高，人员收入就越多，积极性就越高。

2）建立、完善生产激励机制，对生产线员工进行生产指标绩效管理。规模化猪场最适合的绩效考核奖罚方案，应是以车间为单位的生产指标绩效工资方案。每个生产车间里员工之间的工作是密切相关的，有时是不可分离的，所以承包到人的方法是不可取的。生产线员工的任务是搞好养猪生产，把生产成绩搞上去，所以对他们也不适合于高利润指标承包，只适合于搞生产指标奖罚。生产指标

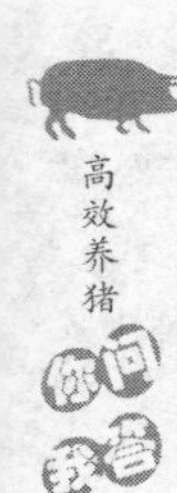

绩效工资方案就是在基本工资的基础上增加一个浮动工资，即生产指标绩效工资。生产指标不要过细，以免造成结算困难，但是一定要突出重点。比如配种妊娠车间，生产指标绩效方案中的重点应该是配种分娩率与胎均活产仔数。

252 猪场经营管理应该建立哪些规章制度？

规模化猪场，尤其是现代化猪场管理应该是制度化管理，要建立一套完善的、可操作性强的、有利于发挥人的聪明才智的规章制度，使整个企业都是制度管理。猪场的日常管理工作要制度化，要让制度管人，而不是人管人。要建立健全猪场各项制度，如员工守则及奖罚条例、员工休请假考勤制度、会计出纳岗位职责制度、生产报表制度、电脑员责任制度、水电维修工岗位责任制度、机动车司机岗位责任制度、保安员门卫岗位责任制度、仓库管理员岗位责任制度、消毒更衣室管理制度、销售部管理制度、办公室管理制度、人力资源管理制度等。

253 猪场经营管理为何要建立报表制度？有哪些报表？

报表是反映猪场生产管理情况的有效手段，其目的不仅仅是统计，更重要的是分析，及时发现生产中存在的问题并及时解决问题，从而指导养猪生产顺利进行。因此，猪场尤其是规模化猪场，必须建立一套完整的科学的生产线报表系统，并用先进的电脑管理软件系统进行统计、汇总及分析。这就要求各生产车间主任或组长要认真做好生产记录，并准确、如实地填写周报表，交到上一级主管，查对核实后，及时送到场部并及时输入电脑。

猪场报表的内容主要分生产报表和其他报表。

(1) 生产报表 主要包括：种猪配种情况周报表、分娩母猪及产仔情况周报表、断奶母猪及仔猪生产情况周报表、种猪死亡淘汰情况周报表、肉猪转栏情况周报表、肉猪死亡及上市情况周报表、妊检空怀及流产母猪情况周报表、猪群盘点月报表、猪场生产情况周报表、配种妊娠舍周报表、分娩保育舍周报表、生长育肥舍周报表、公猪配种登记月报表（公猪使用频率月报表）、猪舍内饲料进销存周报表、人工授精周报表等。

（2）其他报表 主要有：饲料需求计划月报表、药物需求计划月报表、生产工具等物资需求计划月报表、饲料进销存月报表、药物进销存月报表、生产工具等物资进销存月报表、饲料内部领用周报表、药物内部领用周报表、生产工具等物资内部领用周报表、销售计划月报表等。

254 规模化猪场如何制订生产计划？

规模化猪场的生产是按照一定的生产流程进行的，在各个生产车间栏位数和饲养时间都是固定的，各流程相互连接，如同工业生产一样，所以，应制订出详尽的计划使生产按一定的秩序均衡进行。只有均衡生产才能保证诸如工资方案、猪群周转、疫病控制、栏舍使用、资金运行等计划和指标的有效落实。

猪群的均衡生产决定了全场的均衡生产，在生产实践中必需科学地制订生产计划，包括周、月、年生产计划，配种率、分娩率、产仔率等目标计划，达不到预定计划的要查找原因，及时解决，确保计划的完成率，及时总结提高猪场的生产水平与经济效益。根据编制计划时间长短猪场计划可分长远计划、年度计划和阶段计划。

（1）长远计划 长远计划是猪场3~5年或更长时间的发展纲要和制订年度计划的依据，对猪场的发展具有方向性的指导作用。

（2）年度计划 年度计划是计划管理的主要环节，是长期计划的具体化，它是猪场最基本的生产经营活动，是在总结上一年度生产活动的基础上制订的，是指导当年生产经营活动的总体方案。

（3）阶段计划 阶段计划是年度生产任务在各时期的具体安排，可按季或月来编制，编制方法同年度计划基本相同，只是内容更具体，指标更准确，通过定期检查，促进阶段计划的完成。因此通过计划的实施，可以看出猪场任务完成的情况，生产经营的水平，饲料供求是否平衡，产品销售状况等。

255 猪场为何要进行生产成本核算？

猪场的生产成本核算就是对猪场生产仔猪、商品猪、种猪等产

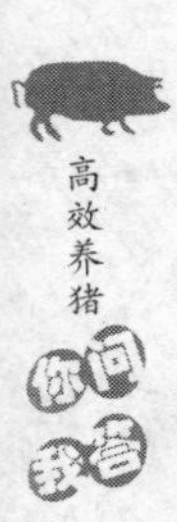

品所消耗的物化劳动和活劳动的价值总合进行计算，得到每个生产单位产品所消耗的资金总额，即产品成本。

当前养猪不同于过去的副业养猪，而是把猪当做商品出售，取得盈利的同时为社会提供副食。成本的高低直接影响着盈利的高低，所以猪场必须搞好生产成本核算。另外，通过生产成本核算分析，可以弄清经营管理中的问题，不断考核自己的经营成果，挖掘猪种和饲料配方的潜力，寻求节省人工的途径。通过生产成本核算可以做到心中有数，找到解决问题的科学依据，以便制订改善经营的措施，提出今后发展养猪的最佳方案。不进行生产成本核算就是一笔糊涂账，找不出经营中的问题，无从着手改进，就会在市场竞争中吃败仗，以至于被淘汰。因此进行生产成本核算对于猪场提高经济效益和市场竞争能力具有重要的意义。

256 养猪成本的构成包括哪些？如何计算各项费用？

养猪成本主要包括仔猪费、饲料费、人工费、防疫和医药费、房屋和机械设备折旧费、零星用具购置费、借款及占用资金的利息，以及销售费用、运费、水电费和零星死亡损失费等。在成本中不包括大批死亡的意外亏损。在计算成本时要把每项费用支出均摊到每一头猪的成本中，才能看出这批猪各项费用所占成本的比重，否则就不易弄清这批猪的成本构成。

各项费用计算方法如下：

（1）仔猪费 同批仔猪的总支出费用除以仔猪总数，得出平均每头仔猪的费用。

（2）饲料费 把同一批猪所消耗的配合饲料、副产物和青绿饲料的实际用量，一项项按单价计算出来，再把各项饲料费相加，得出饲料费用支出总金额。用饲料费用支出总金额除以同批出栏猪头数就得出每头猪饲料费。

（3）人工费 小规模猪场或专业养猪户既是生产者又是经营者，一般都不计算本户耗用的人工，只计算雇用工人的工资。在养猪商品化的情况下，一年出栏成百上千头猪，每个劳力一年的费用理应分摊到每头商品猪。对养猪大户来说，人工费用是养猪成本中不可忽视的一个重要项目。

一批猪共用工日数/出栏猪头数=平均每头猪耗用工日

一个工日平均工资×平均每头猪耗用工日=每头猪人工费。

（4）折旧费 固定资产（如房舍、机具等设备）的购入价/（使用年限×当年出栏猪总头数）=每头猪的折旧费。

（5）利息 一般只把贷款所支付的利息算入成本，对占用的自有资金不计利息支出，这种计算不合理，因为自有资金如果不用于养猪而存入银行就有利息收入，养猪占用的资金和应付的利息较多，因而应把自有资金计算利息支出，并把利息算入成本。

占用资金按借款利息计算出利息支出总额/全年出栏猪总头数=平均每头猪分摊的利息支出。

257 猪场如何进行生产成本核算？

生产成本核算是猪场不断提高经济效益和市场竞争能力的重要途径。在当前养猪日益微利的情况下，对于那些刚刚投资养猪业的养猪场来说，生产成本核算显得更加重要。生产成本核算的基本方法如下：

（1）确定生产成本核算对象、指标和计算期单位 养猪场生产的终端产品是仔猪、种猪和瘦肉型商品猪，生产成本核算的指标是每千克或每头产品的成本资金总量，计算期有月、季度、半年、年等单位。

（2）确定构成养猪场产品成本的项目 一般情况下将构成猪场产品生产成本核算的费用项目分为两大类，即变动费用项目和固定费用项目。变动费用项目是指那些随着猪场生产量的变化其费用大小也显著变化的费用项目，例如猪场的饲料、药品、水煤、燃料、电和低值易耗物品费用。其中饲料包含饲料的买价、运杂费和饲料加工费等。固定费用项目是指那些与猪场生产量的大小无关或关系很小的费用项目，如饲养人员工资、奖金、福利费用，以及猪场直接管理人员费用、固定资产折旧费和维修费等。其特点是一定规模的养猪场随着生产量的提高由固定费用形成的成本显著降低，从而降低生产总成本，这就是规模效应，降低固定费用是猪场提高经济

效益的重要途径之一。

(3) 成本核算过程 各类成本发生额如下：

采购费用分配率 = 采购费用总额/原料总买价 × 100%

原料采购成本 = 买价 × 采购费用分配率

饲料产品加工费分配量 = 加工费总额/加工总量

已消耗饲料产品的成本价 = 原料组成价/损耗率 + 加工费分配量

损耗率 = (原料消耗量 − 饲料成品量)/原料消耗量 × 100%

在饲料加工过程中，其饲料产品的原料价应按饲料配方的组成计算。

总饲养成本 = 饲料变动成本 + 其他变动成本 + 固定成本

通过以上核算，就可定量产品中各种成本在总成本中的比例，从而得到了该年度生猪产品的总成本及单位产品的成本。

258 如何合理地确定猪群结构？

猪群结构是指各类群的猪在全部猪群中所占的比例关系。为了保证猪场生产顺利发展，降低饲养成本，提高养猪经济效益，必须科学合理地确定猪群结构。

1) 必须根据猪场的生产任务，即出栏商品猪或提供仔猪的头数，确定出基础母猪的饲养量。可按每头基础母猪年产 2 胎，每胎提供育成仔猪 8 ~ 10 头，育肥期成活率 96% ~ 98% 的比例倒推。

即：出栏任务/97% = 育成仔猪数

育成仔猪数/(9 头/胎 × 2 胎) = 基础母猪数

2) 种公猪头数可按事先情况下公猪与母猪的比例 1∶20 ~ 1∶30 或人工授精情况下的公猪与母猪的比例推算。

3) 后备公、母猪的选留比例，可分别按占基础母猪及种公猪的 50% 安排，基础母猪及种公猪淘汰率为 25% ~ 30%，所以，后备公、母猪的选留比例也可按每年或应淘汰和补充的基础母猪数的 1 ~ 2 倍掌握，品质优良的青壮年（1.5 ~ 4 岁）公、母猪在基础母猪群中应保持 80% ~ 85% 的比例。

259 怎样分析猪场的经济效益？

猪场的经济效益是养猪场的最终目标，它的好坏直接关系到养猪场的生存与发展。作为一个猪场的负责人需要科学地分析猪场的经济效益，要搞清猪场盈利或亏损的真正原因，从而做出正确的决策、拿出可行的方案。下面介绍几种经济效益分析的方法。

(1) 因素分析法 影响养猪经济效益的因素很多，主要有管理、环境、饲料、品种、疾病等。

1）管理。管理是第一位的，这里所说的管理包括对人的管理和对猪的饲养管理。有一个真正懂得猪场正规化管理的场长（负责人）是办好猪场的前提条件，尤其是规模化猪场。只有做到科学管理，才能提高母猪的年产胎数、胎均活产仔数，才能提高猪的成活率和生长速度，才能降低饲料消耗。

2）环境。环境指养猪大环境与小环境，大环境包括养猪的形势、政策、市场等；小环境包括猪场周围的环境，特别是防疫环境、环保环境等。猪粮比价是影响猪场经济效益的重要市场因素，业内人士习惯上把活猪（毛猪）的价格与玉米价格的比称为猪粮比价，盈亏临界点约为6:1，大于6:1市场就是盈利的，低于6:1市场就是亏损的，经营好的也许不亏或少亏。

3）饲料。养猪要用科学的配方饲料，营养是基础。饲料是养猪业的关键，一般占整个生产成本的60%～80%，怎样合理利用饲料、降低饲料成本、科学配方，对提高猪场的经济效益起到关键性的作用。

4）品种。品种的选择至关重要，俗话说："母猪好，好一窝；公猪好，好一坡"。充分利用杂种优势，饲养瘦肉型杂种猪，如杜长大三元杂种猪，从而提高肉料比、酮体瘦肉率、提高出栏猪的售价。

5）疫病。疫病控制是猪场的生命线。所以，很多场长喜欢把猪场的经济效益不好的责任推给疫病流行。其实猪病问题归根结底是饲养管理问题，饲养管理搞得好的猪场病就少。如果连产房及保育舍全进全出、免疫程序、预防保健、生物安全都做不好，何谈猪病控制？这些是猪场疫病控制的关键。要改变传统观念，要实现从治疗兽医向预防兽医、预防兽医向保健兽医的转变。

(2) 效益分析法 对猪场经济效益进行分析最主要的是要进行出栏猪头均效益分析，就是用出栏猪平均的盈利水平来代表整个猪场盈利水平的分析法。其前提是把猪场的所有成本费用，包括母猪、公猪、后备猪的成本费用都摊到出栏猪身上。

一般来说，规模化猪场满负荷生产后，连续计算3~5年，出栏猪头均效益商品场50~100元、种猪场100~200元是正常水平。由此算来，饲养基础母猪500~600头，年出栏1万头的商品猪场年均利润50万~100万元、种猪场年均利润100万~200万元是正常水平。

其简单的推算公式和方法如下：

出栏猪头均利润=总利润/出栏猪总数

总利润=总销售收入－总成本

总销售收入=销售量（头数）×单价（元/头）

总成本细分：

总成本=饲料成本+药物成本+其他成本（又称间接成本）

总成本=初生仔猪成本+哺乳期成本+保育期成本+生长育肥期成本

上述公式中的每一项都除以出栏猪数就变成：

出栏猪头均成本=头均饲料成本+头均药物成本+头均其他成本

出栏猪头均成本=头均初生仔猪成本+头均哺乳期成本+头均保育期成本+头均生长育肥期成本。

以一个万头种猪场在2013年的经济效益分析为例来说明，该场2013年的数据整理结果如下：

出栏猪头均成本1180元=头均饲料成本850元+头均药物成本70元+头均其他成本260元。

出栏猪头均成本为1080元，头均饲料成本为850元，其饲料成本占总成本的72.0%。可以说，该场间接成本控制的较好。一般来说，管理经营好的猪场，饲料成本应占总成本的70%~80%。头均药物成本为70元，也不错。目前在中国，疫病控制好的猪场头均药物成本为50~80元。

再把其药物成本细分：头均药物成本70元=消毒药成本5元+预防药物成本8元+疫苗成本50元+治疗药物成本7元。从此可以看出，该猪场疫病控制得相当可观，药物成本结构比较合理，治疗的费用很少，大部分药费都用在预防保健上了。说明该场猪群预防保健做得好，病猪很少。

出栏猪头均成本 1180 元 = 头均初生仔猪成本 150 元 + 头均哺乳期成本 280 元 + 头均保育期成本 100 元 + 头均生长育肥期成本 650 元。

说明：头均哺乳期成本 = 哺乳母仔饲料费用/72.6%；头均保育期成本 + 头均生长育肥期成本 = 该阶段饲料费用/72.6%；余下的成本费用都摊到初生仔猪身上。这个成本细分也很重要，可以分析各个饲养阶段的生产管理水平。比如：头均初生仔猪成本若过高，说明间接费用过高；或母猪、公猪、后备猪饲养费用过高；或母猪繁殖成绩过低。这个猪场头均初生仔猪成本与头均保育期成本不高，头均哺乳期成本与头均生长育肥期成本偏高。

有经验的饲养者买种猪时喜欢买体重小的，只要断奶 1 周以后就行，就是这个道理。种猪场断奶仔猪成本很高，保育及生长育肥期成本与育肥场差不多（高出不多）。而有些种猪场不会算这笔账，大小种猪均按体重又不分阶段定价，卖体重小的种猪就亏大了。

（3）母猪年均提供出栏猪数与全群料肉比　一个猪场生产技术的高低，通过两个指标数据就可以说明，即母猪年均提供出栏猪数与全群料肉比。母猪年均提供出栏猪数，它几乎囊括了所有的生产指标：母猪年产胎数、分娩率、胎均活产仔、成活率，等等。目前国内一流的猪场，母猪年均提供出栏猪数在 20 头以上，全群料肉比为 3.0 以下（全群料肉比 = 全场所消耗的饲料总重/同期出栏猪总重）。再细分，算一下生长育肥期的料肉比，一般水平为 2.8～3.4，一流水平为 2.6～3.2。哺乳、保育仔猪料肉比没有实际意义，若料肉比高，往往说明其补料做得好。

260 养猪为什么要进行市场预测？

市场预测是一种掌握市场需求量变化动态的科学。主要任务是通过对现有各种资料和市场信息的分析研究，并利用适当的数学模型，来测算未来一定时期内，市场对某种产品的需求量及变化的趋势，从而为企业制订计划目标和为企业作出各项经营决策提供资料和依据。

作为大多数猪场，尤其是家庭猪场，所经营的均是商品猪，其经济效益的高低，与市场行情关系极大。因此，养猪经营者必须学会进行市场预测，懂得一些有关市场的知识和行情，及时掌握生猪及其产品的市场动向和消费者需求的变化，才能做到心中有数，从而决定自己的经营策略和经营方法，制订比较合理的规划和计划。

261 怎样进行市场预测？

现在的生猪市场行情就像过山车一般，养猪场（户）能否赚钱，一定要理性看待猪价的过山车现象，关键是看如何把握一定时期养猪业的市场动向。

养猪业市场的动向包括三个方面：一是一个时期（几个月甚至几年）生猪生产总的发展趋势和市场趋向；二是当前全国总的市场动向；三是产区当地市场动向。

一个时期生猪市场变化总的趋向，对养猪场（户）应采取什么样的经营策略至关重要，虽然家庭猪场的产品比较单一，主要是商品肉猪，但也有品种选择、养猪规模大小等问题，还有何时出栏适销、供应何种配套饲料等问题。要解决这些问题，就要对当前市场上包括产区当地和邻近市、县的生猪、猪肉及饲料等商品供求关系的变动情况，疫病流行情况，以及人们的消费习惯，国家有关的补贴政策等了如指掌，而后才能安排好自己的养猪计划。

一般情况下，农民习惯于看仔猪价格的涨落来观察市场动向，仔猪价好，表明养猪户多，于是市场上仔猪供不应求；相反，仔猪跌价、烂市，说明养猪户不愿多进猪、养猪，将会出现仔猪供过于求。其实，生猪行情具有十分明显的周期性，生猪存栏少、价格高的时候，即便及时补栏，也不可能立竿见影，养猪可能会出现阶段性赢利，相反就会出现阶段性亏本。

一般来说生猪价格变动的大周期一般为 3 年左右，养殖户仅根据当前的行情变化判断是不够的。随着市场经济的发展，销售生猪不仅限于产区市场，还与全国市场甚至同国际市场有密切关系。另外，一年四季的生猪价格浮动也很大，通常情况下第二、第三季度，由于是消费淡季，生猪出栏量又相对过高，此阶段往往出现供大于求的现象，猪价走势偏低。所以，生猪价格高时不能盲目多养，在生猪价格进入低谷期时，养猪户也应合理调整养殖结构，通过技术手段降低生猪死亡率、控制各个生产环节成本，适时出栏销售，从而达到减少损失的目的。

262 生猪行情主要受哪些因素的影响？

根据我国养猪现状和消费观念，生猪行情主要受以下几个因素的影响：

（1）生猪生产总量（存栏量）　我国生产的猪肉大部分是内销，如果生猪存栏量大，市场供给相对偏多，供大于求，则价格就会呈下落的趋势。

（2）饲料及其原料价格　饲料占养猪成本的70%以上，饲料及原料价格高，尤其是玉米、豆粕等大宗原料，养猪成本就会增高。成本是决定因素，因为成本在一定的程度上决定着生猪存栏量，养猪成本高，养殖户的积极性便会降低，存栏量就会减少，生猪价格自然就会上升。

（3）猪肉消费水平　猪肉的价格与季节和人们的消费水平的高低有重大关系。进入冬季腌肉制作季节和春节前，需求量增加，猪肉价格上升，生猪价格自然就会随之上升。而腌肉季节过去和春节过后，市场需求进一步减少，价格会出现规律性下降，尤其是3～5月进入猪肉消费淡季，基本上是一年中猪肉价格的最低点。

（4）猪的疾病　猪的疾病多，母猪产仔率下降，死亡率高，养殖成本大幅上升，仔猪价格处于高位的情况下，养猪成本增加，养殖户担心市场风险，不敢贸然扩大养殖规模，甚至放弃生猪养殖，造成生猪存栏大幅度减少，则生猪价格就有上升的趋势。

（5）其他　除了上述因素会直接影响生猪行情外，还受国家实施扶持生猪生产、母猪补贴政策，其他肉类产品的价格，团购水平，建筑工地和大中专院校开学的时间，气候变化，国际市场变化等因素的影响。

263 怎样降低养猪成本?

养猪成本主要包括两方面：一是饲料成本，二是非生产性开支。归纳起来主要有：仔猪费、饲料费、人工费、防疫和医药费、房屋和机械设备折旧费、零星用具购置费、借款及占用资金的利息，以及销售费用、运费、水电费和零星死亡损失费等。在成本中不包括大批死亡的意外亏损。

根据近年来养猪综合出厂成本得知，饲料所占比例呈现逐年降低趋势，但其仍占总生产成本的62%，居第一位，用人费用则相反，所占比例逐年攀升提高至21%，两者合计为83%，其他医疗费用、器具与水电消耗及杂项支出仅占17%。因此，降低养猪生产成本应注意以下几个方面：

(1) 提高生产效率 提高每头母猪年产仔猪头数及育肥猪平均日增重。

(2) 提高饲料效率 降低每千克育肥猪所需饲料单价，降低饲料成本。

(3) 节约其他各项开支 在保证生产的前提下，节约其他各项开支，压缩非生产费用。

1）充分合理利用猪舍和各种机具及其他生产设备，尽可能减少产品所应分摊的折旧。

2）节约使用各种原材料，降低消耗，减少浪费，其中包括饲料、垫草、燃料费用等。

3）加强猪场的管理，做好环境控制和消毒工作，减轻和消除猪场对环境造成的污染，改善环境卫生，切断病源传播途径，降低猪只的发病率和死亡率，减少医疗费用。

4）有效运用人力，努力提高出勤率和劳动生产率，在实行工资制的劳动报酬时，在每个工作日报酬不变的条件下，劳动生产率越高，产品生产中支付的工资越少。

5）尽可能精简非生产人员，精打细算，节约企业管理费用。

264 提高养猪经济效益的主要途径有哪些?

猪场养猪的主要目的是盈利，其产品应是低成本、高质量、适合市场需要。为此，要提高猪场养猪的经济效益，既要制订正确的经营决策，使产品具备市场竞争能力，销路通畅，又要采用先进的饲养技术，提高产量，降低成本，同时还要抓好生产中的经营管理工作。主要做好以下几方面工作：

（1）养猪场的经营规模要适度 家庭猪场规模的大小与经济效益的高低并不是任何时候都成正比的，只有当生产要素的投入规模与本猪场经营管理水平相适应，而产品又适销对路时，才能获得最佳经济效益。

（2）选择优良猪种 选择优良猪种，是提高养猪生产的有效措施之一。选择猪种时应根据本地的具体情况，如饲料条件、市场猪肉及其产品的需求情况等，最好选择经过对比试验筛选过的生长快、适应好的杂交一代猪，如用良种公猪如大约克夏猪、长白猪等与当地土种母猪杂交，所产生的母猪称为杂交一代猪，然后再用杜洛克进行配种，所产三元杂种猪作为育肥猪，这样每天每头猪能节约饲料3.0～4.5kg。

（3）实行自繁自养法 实行自繁自养，可以降低育肥用断奶仔猪的成本费用，减少疫病发生，从而降低饲养成本。

（4）提高饲料利用率，科学饲养 根据猪的生长发育特点和不同生产阶段的营养需要，制订适合本地区、价格便宜、营养全面的饲料配方，实行科学饲养管理，如改吊架子育肥为直线育肥，推行高密度养猪，如冬季0.8m^2猪舍养4头育肥猪，夏季1m^2猪舍养1头育肥猪；有效地缩短育肥期，适时屠宰和出售，提高出肉率。一般育肥猪90～120kg屠宰最合适。

（5）扩大饲料来源和提高饲料报酬 饲料成本占猪场总成本的70%左右。饲料质量的优劣在很大程度上影响猪只生产性能的发挥，饲料的质量和价格是养猪生产经营成败的决定因素。因此，除购买全价配合饲料并尽可能节约饲料、减少浪费外，要尽一切可能开辟饲料来源，如糟渣、麦麸、米糠、蚕蛹等。

（6）掌握市场信息，开展多种经营 养猪场要搞好经营，适时出售猪，降低成本，必须掌握市场信息，广开门路，开展多种经营，应重视养猪生产、加工、销售等各个环节，充分发挥自己的优势，

因地制宜，围绕主业搞副业，搞好副业补主业，尽量减少主业的工农业以外负担和其他管理费用，开源节流，增加经济收入。

265 养猪业风险的主要表现有哪些?

养猪业风险是指在养猪业生产经营过程中，各种不确定性带来的与经营者预期收益相悖的潜在损失和危害。养猪业除一部分规模化程度较高以外，其他仍然以家庭中小规模饲养为主。中小规模养猪户面临风险大、承受风险的能力较弱等问题。常见的风险主要有以下几种：

(1) 疾病风险 近年来猪病的流行越来越复杂，越来越频繁，越来越没有规律可循，给养猪业带来极大的威胁。疾病因素对猪场的影响有两类。一是生猪在养殖过程中或运输途中发生疾病造成的影响，主要包括：大规模的疫情将导致大量猪只的死亡，带来直接的经济损失；疫情会给猪场的生产带来持续性的影响，净化过程将使猪场的生产效率降低，生产成本增加，进而降低效益，内部疫情发生将使猪场的货源减少，造成收入减少，效益下降。二是生猪养殖行业暴发大规模疫病或出现安全事件造成的影响，主要包括：生猪养殖行业暴发大规模疫病将使本场暴发疫病的可能性随之增大，给猪场带来巨大的防疫压力，并增加在防疫上的投入，导致经营成本提高；生猪养殖行业出现安全事件或某个区域暴发疫病，将会导致全体消费者的心理恐慌（媒体舆论风险），降低相关产品的总需求量，直接影响猪场的产品销售，给经营者带来损失。

(2) 市场风险 市场风险其实就是市场的价格风险，不是人力可以改变的。直接影响到价格涨跌的原因很多，但总的来说主要还是因供需矛盾引起的，即因市场突变、人为分割、竞争加剧、通胀或通缩、消费者购买力下降、原材料供应等变化导致市场份额急剧变化所致。对于国内生猪市场，由于市场的无序竞争，生猪存栏大量增加，导致饲料价格上涨，生猪价格下跌；或由于疫病暴发，大量猪只死亡，生猪存栏急剧减少，求大于供，导致生猪价格上涨。外销生猪还存在着销售市场饱和的风险。

(3) 产品风险 产品风险即因猪场新产品、服务品种开发不对路，产品有质量问题，品种陈旧或更新换代不及时等导致损失带来的风险。猪场的主营业务收入和利润主要来源于生猪产品，如果产品品种单一，存在产品相对集中的风险；对种猪场而言，由于待售种猪的品质退化、产仔率不高，存在销售市场萎缩的风险；对商品猪场而言，由于猪肉品质不好，不适合消费者口味，并且药物残留和违禁使用饲料添加剂的问题没有得到有效控制，出现猪肉安全问题，导致生猪销售不畅。

（4）经营管理风险　经营管理风险即由于猪场内部管理混乱、内控制度不健全、财务状况恶化、资产沉淀等造成重大损失带来的风险。猪场内部管理混乱、内控制度不健全会导致防疫措施不能落实，暴发疫病造成生猪死亡的风险；饲养管理不到位，造成饲料浪费、生猪生长缓慢、生猪死亡率增加的风险；原材料、兽药及低质易耗品采购价格不合理，库存超额，使用浪费，造成猪场生产成本增加的风险；对差旅、用车、招待、办公费、产品销售费用等非生产性费用不能有效控制，造成猪场管理费用、营业费用增加的风险。猪场的应收款较多，资产结构不合理，资产负债率过高，会导致猪场资金周转困难、财务状况恶化的风险。但随着我国加入世界贸易组织（WTO），猪场在管理、营销等方面将面临跨国公司的挑战，需要与国际惯例和通行做法相衔接；如果猪场不能根据这些变化进一步健全、完善管理制度，可能会影响猪场的持续发展。

（5）投资及决策风险　投资风险是指因投资不当或失误等原因造成猪场经济效益下降带来的风险；决策风险即由于决策不民主、不科学等原因造成决策失误、导致猪场重大损失带来的风险。如果在生猪行情高潮期盲目投资办新场，扩大生产规模，会产生因生产过剩、市场饱和，导致猪价大幅下跌的风险；投资选址不当，生猪养殖受自然条件及周边卫生环境的影响较大，也存在一定的风险。对生猪品种是否更新换代、扩大或缩小生产规模等决策不当，会对猪场效益产生直接影响。

（6）养猪技术风险　养猪技术风险是养猪设施、技术落后造成养猪经济效益下降带来的风险。全国除发达地区和后来兴建的一些规模猪场设施较好以外，很多中小规模猪场的设备老化，结构不合

理，产品质量不高，无法提供现代猪所需的良好环境，更无法发挥其生长潜能。由于对养猪实用技术的应用还比较欠缺，对先进技术的应用也只能算是某些猪场的专利，不重视选种选育，不推广人工授精的比比皆是，这些因素的存在，将直接影响养猪业的发展。

（7）人力资源风险 人力资源风险是指猪场对管理人员任用不当，无充分授权或精英人才流失，无合格员工或员工集体辞职造成损失所带来的风险。有丰富管理经验的管理人才和熟练操作技能的工人对猪场的发展至关重要。如果猪场地处不发达地区，交通、环境、生活不理想，难于吸引人才；饲养员的文化水平低，对新技术的理解、接受和应用能力差，都会削弱猪场经济效益的发挥；长时间的封闭管理，信息闭塞，生活条件差，会导致员工情绪不稳，影响工作效率；猪场缺乏有效的激励机制，员工的工资待遇水平不高，制约了员工生产积极性的发挥。

（8）环境、自然灾害及安全风险 环境风险即自然环境的变化或社会公共环境的突然变化，导致猪场人财物损失或预期经营目标落空所带来的风险；自然灾害风险即因自然环境恶化如地震、洪水、火灾、暴风雪等造成猪场损失所带来的风险；安全风险即因安全意识淡漠、缺乏安全保障措施等原因而造成猪场重大人员或财产损失所带来的风险。环境、自然灾害及安全风险都是猪场不能忽视的问题。

（9）政策风险 政策风险是指因政府法律、法规、政策、管理体制、规划的变动，税收、利率的变化或行业专项整治，造成损害所带来的风险。例如经济越发达的地区，对环保的要求越高，对土地的渴望越强烈，就越不欢迎养殖业，禁养、限养和强制拆迁层出不穷。实际上在中国，90%以上的养猪场可能都是法律意义上的非法猪场。因为他们根本没有三个证：防疫合格证、工商营业执照和排污许可证。其中，防疫合格证从各地畜牧局申请，工商营业执照从工商局申领，排污许可证从环保局申领，前两者相对容易，而排污许可证则是绝大多数猪场无法拿到的。原因很简单，一方面，按照现有的投入和标准，许多猪场根本无法通过环评；另一方面，有关部门也在有意识控制合法猪场的数量。一旦某地规划有变，这些非法猪场便成为拆迁和驱赶的对象，且毫无补偿可言。即使有些地方政府倡导养猪（生态）小区，但是很多是地方政府搞形象工程、贴金工程，而且各养猪（生态）小区由于技术水平、饲料质量、防疫情况、种猪质量不一致，生产效率和经济效益也不尽相同，特别是养猪业中的疾病控制和环境控制难度越来越大，生态破坏越来越严重，不利于养猪业健康发展。

（10）舆论风险 近些年，随着食品安全问题频频暴发，舆论对养殖业的影响日益加剧，且显示出无与伦比的杀伤力。食品安全风波，并不一定完全都是行业自身的问题。有一些问题，是部分外行媒体因不专业炒作造成，有些则必须归咎于行业自身的混乱。但不管怎样，一旦某个产品或行业遭遇舆论聚焦性抨击，消费者的信心丧失，价格必然暴跌，全行业必然集体为之付出惨重的代价。牛奶危机、瘦肉精风波、三聚氰胺事件、曾经的猪流感事件、2013 年上半年的 H7N9 流感风波等都是例子。

在养猪过程中除上述风险外，还会遇到其他一些风险，总结这些风险，是为了引起高度重视，研究和采取有效措施防范风险，确保养猪场（户）利益最大化。

266 降低养猪业风险的有效措施有哪些？

养猪业存在很大的风险，有的是无抗拒力，但是只要建立长效的避险机制，确保风险最小化，才能保证养猪的利益最大化。降低养猪业风险的有效措施，主要有以下几方面：

1）调查研究，科学决策，规避投资与决策风险。养猪者要有风险管理的概念和意识，猪场的重大投资或决策前，要认真开展调查研究，仔细分析市场行情走势，然后经过有关专家论证，再量力而行投资。要采用民主、科学的决策手段，条件成熟了才能实施，防止决策失误、盲目上马、扩张投资。

2）预防为主，依法灭病，规避重大动物疫病疫情风险。重大动物疫病所带来的风险越来越严重，为把风险控制在最低程度，首先要树立“防疫至上，以防为主”的理念，将防疫工作始终作为猪场生产管理的生命线；其次要健全管理制度，制订猪场疾病的净化流

程，同时建立饲料采购供应制度和疾病检测制度、消毒防疫制度及危机处理制度，尽最大可能减少疫病发生概率，并杜绝病猪流入市场；第三要全面落实依法灭病措施，实行问责制，因弄虚作假、防疫不到位，出现疫情问题时，追究责任；第四要加大硬件投入，为防范疫病风险提供保障，同时加强与国内外牲畜疫病研究机构的合作，为猪场疫病控制防范提供强有力的技术支撑，大幅度降低疾病发生所带来的风险。

3）及时关注和了解市场动态，调整生产结构，规避市场风险。及时掌握市场动态，适时调整生产规模，在保持原有市场的同时，加大国内市场和新产品的开发力度，实现产品多元化，保持并充分发挥生猪产品在质量、安全等方面的优势，加强生产技术管理，树立生猪产品的品牌，在不同层次开拓新市场，巩固并提高生猪产品的市场占有率和盈利能力。中国在加入世界贸易组织之后，国际猪肉市场上蕴藏着巨大商机，我国的生猪产品与发达国家相比在成本和价格方面有一定竞争优势，在生产过程中要贯彻国际先进的动物福利制度，从根本上改善生猪的饲养环境，从生产和产品质量上达到国际标准，争取进入国际市场。

4）健全内控制度，提高管理水平，规避经营管理风险。严格按照国家相关法律、法规的规定，制订完备的企业内部管理标准、财务内部管理制度、会计核算制度和审计制度，通过各项制度的制定、职责的明确及其良好的执行，使猪场的内部控制得到进一步的完善。重点要抓好防疫管理、饲养管理，搞好生产统计工作。加强对原材料和兽药等采购、饲料加工及出库环节的控制，节约生产成本；加强财务管理工作，降低非生产性费用，做到增收节支；加强生猪销售管理，减少应收款的发生；调整资产结构，降低资产负债率，保障资金良性循环。

5）推行标准化生产，建立诚信档案，规避猪产品安全风险。生猪生产要逐步走向规模化、标准化，推行无公害认证，建立诚信档案，实施跟踪和动态管理制度。猪场的防疫情况、饲料使用情况、标准化和无公害生产情况以及在防疫和使用违禁添加剂等方面的违法违规情况等，都要记录入档，微机管理，可上网查询，以便经营管理者和社会工作者共同监管。

6）建立有效的激励和约束机制，最大限度发挥员工的潜能，规避人力资源风险。采取各种激励政策，发掘、培养和吸引人才，不断提高猪场管理水平。充分发挥每位员工的主观能动性，制订有效的激励措施。按照精干、高效原则设置管理岗位和管理人员，建立以目标管理为基础的绩效考核方法；做好员工的职业生涯规划，保持员工的相对稳定，确保猪场的持续发展；改革薪酬制度，在收入分配上向经管骨干、技术骨干、生产骨干倾斜。通过不断建立新的行之有效的内部激励机制和约束机制，更好地激励、约束和稳定猪场高级管理人员和核心技术人员。

7）加强学习，互相交流，提高生产水平，规避技术风险。随着养猪业的发展，养猪良种化、生产设施化、饲料全价化、猪病复杂化、对养猪生产者的饲养管理技术要求越来越高。这就要求技术管理人员不断学习深造，互相交流借鉴，不断提高自己的饲养管理水平，提高养猪生产经济效益。

8）树立环保安全意识，防止事故发生，规避环境、自然灾害及安全风险。合理地选择猪场场址，规范猪场建设，做到安全牢固耐用，防洪水、暴风雪，冬天防寒，夏天防暑。搞好猪场内的绿化工作，形成较多的绿化带和人工草坪，以利于吸尘灭菌、消减噪声、净化空气。保持猪舍干燥、清洁、卫生，并使“温度、湿度、密度、空气新鲜度”均保持在合适的程度，给猪只提供一个适宜生长繁殖的良好环境。

9）掌握国家有关政策和规定，规避政策风险。要充分关注政府有关政策和经济动向，了解政府税收政策变化，不断加强决策层对经济发展和政策变化的应变能力，充分利用国家对农业产业结构调整带来的机遇和优惠政策及时调整经营和投资战略，规避政策风险。充分利用国家对外贸出口产品实行国际通行的退税制度，扩大生猪外贸出口，增强盈利能力。

附录A　规模化养猪场生产技术规范

1　范围

GB/T 17824 的本部分规定了规模猪场的生产工艺和环境要求、引种和留种、饲料要求、猪群管理、兽医防疫和记录等技术要求。

本部分适用于规模猪场的生产技术管理，也可供其他类型猪场参考使用。

2　规范性引用文件

下列文件中的条款能过 GB/T 17824 的本部分的引用而成为本部分的条款。凡是注日期的引用文件，其随后所有的修单（不包括勘误的内容）或修订版均不适用于本部分。然而鼓励根据本部分达成的各方研究是否可使用这些文件及其凡是不注日期的引用文件，其最新版本适用于本部分。

GB 13078　饲料卫生标准

GB 16567　种畜禽调运检疫技术规范

GB/T 17823　中、小型集约化养猪场兽医防疫工作流程

GB/T 17824.1　规模猪场建设

GB/T 17824.3　规模猪场环境参数及环境管理

GB/T 65　猪饲养标准

3　术语和定义

下列术语和定义适用于 GB/T 17824 的本部分。

3.1　规模猪场

采用现代养猪技术与设施设备，实行自繁自养，全年均衡生产工艺，存栏基础母猪100头以上的养猪场。

3.2　全进全出制

同一批次猪同时进、出同一猪舍单元的饲养管理制度。

4　生产工艺和环境要求

4.1　规模猪场应根据种公猪、空怀妊娠母猪、生长育肥猪和后备公、母猪的生理特点，进行分段式饲养，开成全年连续、均衡、周期性运转的生产工艺，按照GB/T 17824.1的猪群周围流程组织生产。

4.2　猪场内的环境要求按照GB/T 17824.3的规定执行。

5　引种和留种

5.1　制订引种计划和留种计划，内容包括：品种或品系、引种来源、引种时间、隔离方法与设施、疫病与性能检验等。

5.2　引进种猪和精液时，应从具有《种猪生产经营许可证》和《动物防疫合格证》的种猪场引进，种猪引进后应隔离观察30天以上，并按GB 16567的规定进行检疫。若从国外引种，应按照国家相关规定执行。

5.3　引进或自留的后备种猪应无临床和遗传疾病，发育正常，四肢强健有力，体型外貌符合品种特征。

5.4　不得从疫区或可疑疫区引种。

6　饲料要求

6.1　猪场应按照猪群类别饲喂对应的全价配合饲料，猪群包括：种公猪、后备公猪、后备母猪、空怀妊娠母猪、哺乳母猪、哺乳仔猪、保育猪和生长育肥猪等。

6.2　配合饲料的营养水平应符合NY/T 65的规定。

6.3　配合饲料的卫生指标应符合GB 13078的规定。

6.4　配合饲料应色泽一致，无发霉变质、结块及异味。

6.5　配合饲料中不得添加国家禁止使用的药物。

6.6　配合饲料中使用药物添加剂时，应按有关规定执行休药期。

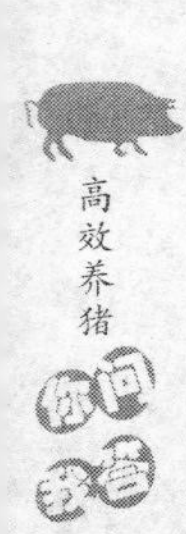

7 猪群管理

7.1 种公猪采用单栏饲养，空怀母猪和妊娠母猪采用小群栏饲养，分娩母猪和哺乳母猪采用全漏缝高床分娩栏饲养，保育猪采用全漏缝高床保育栏饲养，生长育肥猪采用小群栏饲养。

7.2 种公猪、空怀母猪、妊娠母猪、哺乳母猪、后备公猪和后备母猪宜采用定量饲喂，哺乳仔猪、保育猪和生长育肥猪宜采用自由采食方式。变换饲料应逐步过渡，过渡期为4~7天。

7.3 种公猪应保持身体强壮，在12~24月龄时，每周配种1~2次；在24~60月龄时，每周配种4~5次。

7.4 空怀母猪应抓好发情配种工作，保持八成膘情；妊娠母猪应抓好保胎工作，保持环境安静、营养合理；哺乳母猪应抓好泌乳工作，保持足够的饮水、营养和采食量，在分娩前后和断奶前应适当减少饲喂量。

7.5 对初生仔猪应做好标识、称重、补铁、补锌、补硒和免疫注射工作，断奶前做好驱虫、去势和稳重等工作。

7.6 哺乳仔猪、保育猪和生长育肥猪转群时，宜采用原圈转群；在特殊情况下，应按照体重和日龄相近者并圈。

7.7 生产管理人员应爱护猪群，平时细心观察猪群的精神状况、健康状况、发情状况、采食状况和粪尿情况，及时检查照明设备、饮水装置、配合饲料、舍内温度、湿度和空气质量，发现问题及时解决。

7.8 规模猪场的生产技术性能指标宜达到附录B的水平。

8 兽医防疫

规模猪场的卫生、消毒、防疫和用药等按照GB/T 17823的规定执行。

9 记录

饲料、兽药、配种、转群、接产、断奶、疾病诊断和治疗等日常工作，应有详细记录，并有专人负责，记录要定期检查和统计分析，有效记录应保存两年以上。

附录 B　规模化养猪的生产技术性能指标

一、猪场生产指标

目前先进的规模化猪场，生产线均实行均衡流水作业式的生产方式，采用先进饲养工艺和技术，其设计的生产性能参数一般选择为：平均每头母猪年生产 2.2 窝，提供 20.0 头以上育肥猪，母猪利用期平均为 3 年，年淘汰更新率为 30% 左右。育肥猪达 90 ~ 100kg 体重的日龄为 161 天左右（23 周）。育肥猪屠宰率为 75%，胴体瘦肉率为 65%。各项生产技术指标见附表 B-1，生产计划一览表见附表 B-2。

附表 B-1　生产技术指标

项　目	指　标	项　目	指　标
配种分娩率（%）	85	24 周龄个体重/kg	93.0
胎均活产仔数/头	10	哺乳期成活率（%）	95
出生重/kg	1.2 ~ 1.4	保育期成活率（%）	97
胎均断奶活仔数/头	9.5	育肥期成活率（%）	99
21 日龄个体重/kg	6.0	全期成活率（%）	91
8 周龄个体重/kg	18.0	全期全场料肉比	3.1

附表 B-2　生产计划一览表　（单位：头）

基础母猪数	473		
	周	月	年
满负荷配种母猪数	24	104	1 248
满负荷分娩胎数	20	87	1 040
满负荷活产仔数	200	867	10 400
满负荷断奶仔猪数	190	823	9 880
满负荷保育成活数	184	797	9 568
满负荷上市育肥猪数	182	789	9 464 ~ 10 000

二、猪场生产流程

本方案以万头生产线为例，以“周”为生产节律，采用工厂化流水作业均衡生产方式，全过程分为4个生产环节。

（1）待配母猪阶段 在配种舍内饲养空怀、后备、断奶母猪及公猪进行配种。每条万头生产线每周参加配种的母猪24头，保证每周能有20头母猪分娩。妊娠母猪放在妊娠母猪舍内定位栏饲养，在临产前1周转入产房。

（2）母猪产仔阶段 母猪按预产期进分娩舍产仔，在分娩舍内4周（临产1周，哺乳3周），仔猪平均21天断奶。母猪断奶当天转入配种舍（先在运动场饲养3天），仔猪原栏饲养7天后转入保育舍。如果有母猪产仔少、哺乳能力差等特殊情况，可将仔猪进行寄养过哺并窝，这样不负担哺乳的母猪可提前转回配种舍等待配种。

（3）仔猪保育阶段 断奶7天后强弱分群、仔猪平均两窝并1栏，转入仔猪保育舍培育至8周龄转群，仔猪在保育舍饲养4周。

（4）肥猪饲养阶段 8周龄仔猪由保育舍转入肥猪舍饲养15周，预计饲养至23周龄左右，体重达90~100kg出栏上市。

附录C 规模化养猪场系统规划与建设参数规程

一、规模化养猪场的生产技术目标参数

对规模化、工厂化养猪场制订科学合理的生产技术目标，是发展现代养猪生产的前提和落脚点。而生产技术目标又是猪场制订其他系列技术参数的基础和前提。应以取得较高的生产技术水平为出发点，按本地区的具体情况和条件来确定生产目标。

我国规模化、工厂化养猪的生产技术性能指标：

1. 繁殖性状指标

1）产仔数：每头母猪平均年产仔2.2窝，经产母猪每胎平均产仔10头，初产母猪则为9.5头。

2）产活仔数：经产母猪每窝平均产活仔10头，初产母猪为

8.5头。

3）初生个体重：1.1～1.4kg。

4）初生全窝重：11～14kg。

5）断奶全窝重：45～65.7kg。

6）哺育率（断奶成活率）：90%以上。

7）母猪年产窝数：2.2窝。

8）母猪产后14天配种率：90%以上。

9）一次情期受孕率：85.0%。

10）仔猪35日断奶，成活率达到90.0%以上，断奶重达8.5kg。

11）育成仔猪：仔猪断奶后在育成舍培育35天，培育期成活率在98.0%以上，70日龄转群重达到28～30kg。

2. 生长育肥性状指标

1）平均日增重：750～800g，育肥期105天（15周），平均体重达100kg出栏，育肥期成活率在98.0%以上，育肥期每增重1kg活重消耗饲料在3.0kg以下。

2）出栏率：160.0%。

3）全群料肉比：生产每千克育肥猪活重消耗的饲料数量，若以仔猪出生到育肥应摊的母猪和公猪所消耗的饲料加上育肥猪本身消耗的饲料计算，为3.5～3.8kg。

4）育肥速度：170～180日龄，体重达100kg。

3. 胴体性状指标

1）屠宰率：75%。

2）背膘厚：1.4cm以下。

3）瘦肉率：60%以上。

4. 经济技术指标

1）每头育肥猪占用的建筑面积及生产成本：每头育肥猪所占用的建筑面积一般为0.8～1.0m²。

2）劳动生产率：按全员（养猪场的全员包括直接生产人员和管理人员）计算劳动生产率，每个劳动人员年生产育肥猪400～500头。

二、规模化养猪场的生产工艺流程技术参数

先进的生产工艺是确保规模化养猪生产进行高效率运行的重要

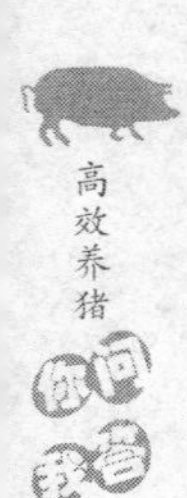

条件。工厂化养猪的生产工艺流程，在国内多数采用“五段式”的版块式建场工艺模式。

主要生产过程包括：“空怀配种→单体妊娠→产仔哺乳→仔猪保育→生长育肥”几个主要的生产环节。各环节有其特点，相互关联，形成流水式生产作业，构成一条循环往复的生产链式结构。每道工序必须完成规定的生产工艺，分工明细，指标明确，设备、设施能得以充分利用，保障“全进全出”制得以实现。

三、规模化养猪生产群体构成的技术参数

流水式生产有节律的商品猪生产，是以最大限度地利用猪群、猪舍和设备为原则，以精确计算猪群规模和栏位数为基础。为此，首先要求将猪群按工艺划分为不同的工艺群，计算其存栏数，并将它们配置在相应的专门化车间和栏位，以完成整个生产过程。不同规模猪场猪群结构参数见附表 C-1。

附表 C-1　不同规模猪场猪群结构参数

猪群类别	生产母猪/头				
	100	200	300	600	900
空怀母猪	15	46	70	140	210
妊娠母猪	53	106	160	320	480
分娩母猪	23	46	70	140	210
后备母猪	10	17	26	52	78
公猪	4	8	12	24	36
哺乳仔猪	200	400	600	1 200	1 800
保育仔猪	219	438	654	1 308	1 962
育肥猪	495	1 005	1 500	3 015	4 500
合计存栏	1 029	2 070	3 098	6 211	9 294
全年上市商品猪	1 716	3 461	5 148	10 384	15 444

四、规模化养猪场“繁殖节律”与栏位配置技术参数

确定各种生产猪群的栏位需要量。流水式生产工艺流程是否畅通循环，一个重要条件是各专门车间是否具有足够的栏位数。计算

栏位数时除了要考虑各生产群实际饲养期外，还要考虑猪舍的消毒、准备时间以及机动备用期，以免生产线运行中发生栏位不足的现象。

五、规模化养猪场系统规划技术参数

1. 养猪场规划与功能性区域布局

规模化养猪场应建立在远离主要交通干道 1.5km 以上，不与其他畜牧场或加工厂相邻。猪场在总体布局上至少应包括几个功能性区域，即生产区、生产辅助区、管理与生活区。

1）生产区：包括种猪舍、各种类型的生产车间、消毒室、消毒池、药房、兽医室、出猪台、病死猪处理室、隔离舍、维修室及仓库、值班室、粪便处理区。

2）生产辅助区：包括饲料厂及仓库、水塔、锅炉房、屠宰加工厂、车库等。

3）管理与生活区：包括办公室、食堂、职工宿舍等。

2. 各类猪群的有效建筑面积

各类猪群的有效建筑面积见附表 C-2。

附表 C-2　各类猪群的有效建筑面积

猪群种类	有效面积/(m^2/头)	饲养方式
种公猪	12.5	地面平养
空怀配种母猪	2.5～3.0	地面平养
单体妊娠母猪	1.3	限位饲养
产仔哺乳母猪	1.3	高床养猪
哺乳仔猪	0.30	高床养猪
保育仔猪	0.40	高床养猪
生长育肥猪	0.9～1.0	地面平养

六、规模化养猪车间小气候环境参数

工厂化养猪主要利用人工的方法调控生产小气候环境。由于猪群是在生产车间封闭式环境中高密度饲养，因而对舍内的温度、湿度、气流和有害气体的浓度都有严格的要求。这些环境因素对猪群的生理过程、猪的健康状况和生产水平的高低，起到重要的作用。

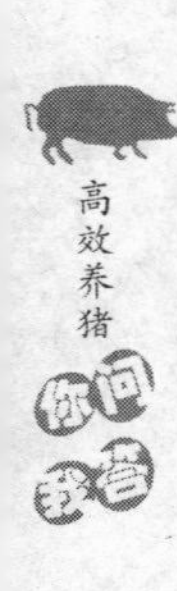

只有各类猪群处在最适宜的环境下，才有可能达到繁殖率高、增重快和最经济的利用饲料之目的。

七、规模化养猪场主要技术设备配置参数

1. 规模化养猪场的主要技术设备

猪在繁殖、生长发育的不同时期，对环境条件有不同的要求。工厂化养猪就是利用现代技术设备，创造良好的小气候环境条件。为此，就必须有成套的养猪设备和合理的生产设施等。特别应注意设备、设施的标准化、系列化和集成化。

（1）猪栏

1）公猪栏与配种栏：可采用待配母猪与公猪分别相对隔通道配置。

2）母猪栏：以大小相结合的群养方式，并有群外运动场较好。

3）产仔栏：采用高床母猪产仔栏，这种栏设在离地面20cm高处。金属网上装有限位架、仔猪围栏、仔猪保温箱、饮水器、补料槽等。

4）保育栏：我国广泛采用高床网上保育栏，它能给仔猪提供一个清洁、干燥、温暖、空气清新的生长环境。

（2）饲料供给 现在我国采用的有金属食槽、水泥食槽等。在国内有条件的地方，引进了ACEMA饲料自动饲喂系统，每栏圈花费约为1万美元，可以自动计量。

（3）通风、降温及保暖设备 通风设备有排风扇，降温设备有湿帘降温系统、雾化降温系统、滴水降温等，保暖设备有热风炉、热水循环供暖等。

（4）粪便处理设备 主要用水冲清粪，由翻斗式水箱、地沟组成。设备简单，效率高，故障少。但舍内湿度大，在水源缺乏地区使用较困难。

（5）清洁消毒设备

1）人员消毒设施：包括消毒室、更衣室等。工作人员必须经过严格的消毒甚至洗澡更换专门的衣服才能进入猪舍。

2）车辆消毒设施：猪场尽量做到场内料车不出场，场外车辆不进场。如要进出应经过消毒池，池的长度是车轮周长的3～5倍。

3）环境清洁消毒设施：可采用地面冲洗消毒机（如P4×P220

型冲洗喷雾机)，工作时由柴油机或电动机带动。

八、规模化养猪场建筑工艺及设施的配置

工厂化养猪要求生产车间工艺设计先进、合理、实用。规模化养猪的猪舍通常有单列式和双列式2种。以双列封闭式为主，并且因群体而异。现对猪舍的建筑设计参数提出如下：

1）猪舍规格：深度为8~8.5m，开间为3~4m，长度为50~70m（视地形而定），沿口（滴水）高度为3.2~3.5m。

2）猪舍屋顶式样：多数是人字形或平顶形。人字形采用木材或水泥钢筋混凝土屋架，屋面盖瓦，瓦下是一层油毡和篾垫或纤维板等物。平顶用钢筋混凝土浇筑，务必要保暖防漏。新建的单位还可以采用轻钢结构活动厂房，既经济，又耐用。

3）墙体：包括东、西山墙，南、北围墙及舍内猪栏隔墙，在1.2米高的范围内为实砖墙，其上部为空斗砖墙。集约化养猪对种猪和成品育肥猪群也可砌半墙，上面采用转帘。

4）门窗设计：集约化养猪南、北墙设移窗，规格为宽1.5m、高1.2m，也可不设窗而设半墙围布。最好每个房子南、北墙设地窗，规格为长0.5m、宽0.2m，窗门面积可参考采光系数标准，即种猪舍窗门的有效采光面积应占舍内总面积的8.5%~10%，育肥猪舍应占7%~8.5%。

5）门：设东、西两扇门，宽1.4m、高2m。猪栏通运动场的门宽0.6m、高1.2m。

6）走道：一般设3条走道，中间1条（1m），两边各1条（0.8m）。

7）运动场：集约化养猪一般不设运动场，但根据经验，空怀配种舍和育肥舍设运动场比较好，运动场与猪舍宽度相同，长为2~3m。

8）猪栏：内设60~80cm的漏缝地板，下设地下排粪沟，自动饮水器装在离漏缝地板40~60cm的高度。

规模化养猪场系统规划与建设工艺技术参数规程的基本理论，是建立在符合各生长阶段猪群的生理和生长发育的特点基础上的，满足其对空间、面积及小气候环境、兽医防疫和环境保护等方面的要求；并对养猪生产的性能表现进行综合分析，有利于进一步完善、提高现代养猪生产水平。

附录D　常见计量单位名称与符号对照表

量的名称	单位名称	单位符号
长度	千米	km
	米	m
	厘米	cm
	毫米	mm
面积	平方千米（平方公里）	km^2
	平方米	m^2
体积	立方米	m^3
	升	L
	毫升	mL
质量	吨	t
	千克（公斤）	kg
	克	g
	毫克	mg
物质的量	摩尔	mol
时间	小时	h
	分	min
	秒	s
温度	摄氏度	℃
平面角	度	(°)
能量，热量	兆焦	MJ
	千焦	kJ
	焦［耳］	J
功率	瓦［特］	W
	千瓦［特］	kW
电压	伏［特］	V
压力，压强	帕［斯卡］	Pa
电流	安［培］	A

参考文献

[1] 陈清明，王连纯. 现代养猪生产［M］. 北京：中国农业大学出版社，1997.

[2] 加拿大阿尔伯特农业局畜牧处. 养猪生产［M］. 刘海良，译. 成都：四川科学技术出版社，1998.

[3] 李震钟. 畜牧场生产工艺与畜舍设计［M］. 北京：中国农业出版社，2000.

[4] 李德发. 猪的营养［M］. 北京：中国农业大学出版社，1996.

[5] 段诚中. 规模化养猪新技术［M］. 北京：中国农业出版社，2001.

[6] 李同洲. 科学养猪［M］. 北京：中国农业大学出版社，2001.

[7] 蔡宝祥. 家畜传染病学［M］. 4版. 北京：中国农业出版社，2001.

[8] 黄瑞华. 生猪无公害饲养综合技术［M］. 北京：中国农业出版社，2003.

[9] 赵书广. 中国养猪大成［M］. 北京：中国农业出版社，2003.

[10] 白玉坤，王振来. 肉猪高效饲养与疫病监控［M］. 北京：中国农业大学出版社，2003.

[11] 苏振环. 现代养猪实用百科全书［M］. 北京：中国农业出版社，2005.

[12] 杨公社. 绿色养猪新技术［M］. 北京：中国农业出版社，2004.

[13] 周元军，谭善杰，张树村. 自然养猪法［M］. 山东：山东科学技术出版社，2008.

[14] 王爱国. 现代实用养猪技术［M］. 北京：中国农业出版社，2005.

[15] 周元军. 轻轻松松学养猪［M］. 北京：中国农业出版社，2010.

[16] 于桂阳，王美玲. 养猪与猪病防治［M］. 北京：中国农业大学出版社，2011.

[17] 周元军，马书珍，孙洪军等. 养猪300问［M］. 3版. 北京：中国农业出版社，2014.

读者信息反馈表

亲爱的读者：

您好！感谢您购买《高效养猪你问我答》一书。为了更好地为您服务，我们希望了解您的需求以及对我社图书的意见和建议，愿这小小的表格为我们架起一座沟通的桥梁。

姓　名		所从事工作、单位		
通信地址			电　话	
E-mail			QQ	

1. 您喜欢的图书形式是
□系统阐述　□问答　□图解或图说　□实例　□技巧　□禁忌　□其他________
2. 您能接受的图书价格是
□10-20 元　□20-30 元　□30-40 元　□40-50 元　□50 元以上
3. 您觉得该书存在哪些优点和不足？
4. 您觉得目前市场上缺少哪方面的图书？
5. 您对图书出版的其他意见和建议？

您是否有图书出版的计划？打算出版哪方面的图书？

为了方便读者进行交流，我们特开设了养殖交流 QQ 群：278249511，欢迎广大养殖朋友加入该群，也可登录该群下载读者意见反馈表。

请联系我们——

地　　址：北京市西城区百万庄大街 22 号　机械工业出版社技能教育分社（100037）

电话：（010）88379761　88379080　传真：68329397

E-mail：12688203@ qq. com